Data Visualization

Second Edition

数据可视化

（第二版）

李伊　主编

林华珍 周凡吟 戴家佳 武装 副主编

北京大学出版社
PEKING UNIVERSITY PRESS

首都经济贸易大学出版社
Capital University of Economics and Business Press

~联合出版~

·北 京·

图书在版编目(CIP)数据

数据可视化／李伊主编. -- 2 版. -- 北京：首都经济
贸易大学出版社，2022.8
ISBN 978-7-5638-3330-6

Ⅰ.①数… Ⅱ.①李… Ⅲ.①软件工具—程序设计—
教材 ②Python Ⅳ.①TP311.561

中国版本图书馆 CIP 数据核字(2022)第 007928 号

数据可视化(第二版)

李 伊 主编

Shuju Keshihua

责任编辑	徐燕萍
封面设计	风得信·阿东 FondesyDesign
出版发行	首都经济贸易大学出版社
地　址	北京市朝阳区红庙 (邮编 100026)
电　话	(010)65976483　65065761　65071505(传真)
网　址	http://www.sjmcb.com
E-mail	publish@cueb.edu.cn
经　销	全国新华书店
照　排	北京砚祥志远激光照排技术有限公司
印　刷	唐山玺诚印务有限公司
成品尺寸	185 毫米×260 毫米 1/16
字　数	633 千字
印　张	23
版　次	2020 年 1 月第 1 版 **2022 年 8 月第 2 版** 2024 年 1 月总第 3 次印刷
书　号	ISBN 978-7-5638-3330-6
定　价	55.00 元

编 委 会

（按姓氏汉语拼音排序）

⚲总序

当前,以人工智能和大数据技术为代表的新一轮科技革命正在重塑全球的社会经济结构,"数据"是这个过程中最重要、最有活力的生产要素。如何高效发挥大数据的作用并实现其价值,成为社会各界必须面临和思考的重要问题。除实验、理论和仿真之外,新的科学研究范式——"数据科学"因此应运而生。数据科学与大数据技术同人工智能一道,将成为改变人类社会活动和改变世界的新引擎。

世界主要发达国家已把发展数据科学与大数据技术作为提升国家竞争力、维护国家安全的重大战略,加紧出台了规划和政策,围绕核心技术、顶尖人才、标准规范等强化部署,力图在新一轮国际科技竞争中掌握主导权。2015 年 8 月,我国国务院印发的《关于促进大数据发展行动纲要》明确了发展大数据的指导思想、发展目标和发展任务,标志着大数据正式上升为国家核心战略。同年 10 月,《中共中央关于制定国民经济和社会发展第十三个五年规划的建议》提出要"实施国家大数据战略,推进数据资源开放共享",标志着大数据正式成为"十三五"规划的核心内容。2016 年的政府工作报告中也专门提出"促进大数据、云计算、物联网广泛应用",这就意味着自 2014 年首次进入政府工作报告以来,大数据连续三年受到我国政府的高度关注。在党的十九大报告中,习总书记强调要推动互联网、大数据、人工智能和实体经济深度融合,在中高端消费、创新引领、绿色低碳、共享经济、现代供应链、人力资本服务等领域培育新增长点,形成新动能。2017 年,国务院印发的《新一代人工智能发展规划》中指出,要抢抓人工智能发展的重大战略机遇,构筑我国人工智能发展的先发优势,加快建设创新型国家和世界科技强国,并提出了我国人工智能发展的重点任务之一就是加快培养人工智能高端人才。然而在我国数据科学与大数据技术、人工智能领域发展过程中仍旧面临着众多制约因素。

在国务院印发的《新一代人工智能发展规划》的重点任务中,明确提出要研究统计学习基础理论、不确定性推理与决策、分布式学习与交互、隐私保护学习、小样本学习、深度强化学习、无监督学习、半监督学习、主动学习等学习理论和高效模型,并统筹布局概率统计、深度学习等人工智能范式的统一计算框架平台和人工智能创新平台。

数据科学与大数据技术是一个需要具备多方面学科知识背景并涉及多个应用领域的交叉专业。当前我国共有 280 多所高校在工学和理学学科门类中开设数据科学与大数据技术本科专业,培养掌握统计学、计算机科学、数学等主要知识、符合国家发展战略的重大需求的高级人才。相对于其他成熟的本科专业,数据科学与大数据技术人才的稀缺成为制约大数据领域发展的重要因素,是当前亟须解决的重大问题。

数据科学与大数据技术本科专业的建设实际上是一场教育革命,是受业界需求驱动形成的,其理论基础、课程体系和知识结构框架均处于探索阶段。但有一点非常明确,"实践"是学习该专业最重要、最高效的方式,这也成为本套教材——"普通高等教育数据科学与大数据技术专业'十三五'规划教材"的编写导向。这不仅需要学生夯实统计学、应用数学以及计算机科学等学科的基础,也需要学生具备大数据所服务行业的相关知识积累和实践经验。只有掌握多学科融会贯通的能力,才能真正成为一个有思想的数据科学家。

为了探索学科人才培养模式,北京大学、中国人民大学、中国科学院大学、中央财经大学和首都经济贸易大学在 2014 年共同搭建了"大数据分析硕士"培养协同创新平台。在不断的摸索中，一套科学完整的课程体系逐渐建立起来。随后，相关课程也在全国多所院校中实施，成为我国大数据技术高端人才培养体系的蓝本。

为紧跟科学技术的发展潮流，引领中国大数据理论、技术、方法与应用，在北京大数据协会及相关机构的组织下，开展了教材编写的大量前期国内外调研工作，并于 2017 年 6 月在云南举办了"第一届全国数据科学与大数据技术本科专业建设研讨会"，展示了调研成果，为中国数据科学与大数据技术人才培养奠定了基础。为进一步厘清该专业的培养方案和课程内容建设的目标和路径，从培养方案、课程体系、培养过程、教材建设等方面深入交流探讨，于 2019 年 5 月在北京召开了"第二届全国数据科学与大数据技术本科专业建设研讨会"，会上正式发布了本套系列教材。

本套教材凝聚了全国相关院校数据科学与大数据技术领域著名专家和学者的智慧和力量。在教材编写过程中更加关注的是数据分析思想的引导，体现数据分析的艺术，侧重于从数据和案例出发，厘清数据分析的基本思路，这样能够让读者更好地理解各种假设、公式、定理和模型背后的逻辑。为了结合现实需求，每本教材均配套相关的 Python 编程代码，让读者在练中学、学中练的过程中夯实基础，积累经验，提升竞争力。尽管编写人员投入了大量的心血，但教材内容还需不断突破和完善，希望能够得到各位专家和同行的批评指正，共同实现此套教材满足教学需求的编写宗旨。

本套系列教材是集体创作的成果。感谢编委会成员和其他编写人员的辛勤付出，以及北京大学出版社和首都经济贸易大学出版社的大力支持。希望此套教材能对广大教师和学生及各数据科学领域的从业人员具有重要的参考价值。

北京大数据协会会长

2019 年 9 月

这是一个令人振奋的时代,也是一个迎接空前挑战的时代,大数据时代的大门已经开启,它不再是未来而已然成为现在。数据智慧,已成为政府决策和社会发展的科学依据。可视化通常是理解数据和交流分析的第一步,因为当数据以图形方式而非数字方式呈现时,人们会更善于理解数据。数据可视化也是传达发现的有效方式,利用人类视觉的快速感知直觉,支持更轻松的协作和更快的创新。随着数据的普及,数据可视化技术的应用越来越多,并且在众多学科中不断涌现。

正因如此,本书的第一版在问世以来的短短两年时间内,在我国高等院校内引起强烈反响,成为包括西南财经大学在内的多所高校数据科学相关专业的指定教材。在教材使用过程中,作者团队获得了教师及学生们积极踊跃提出的众多意见和建议,因此,为了更好地为高等院校相关专业的教师和学生服务,我们对教材进行了大刀阔斧的调整和补充。

首先,为了更好地理解人类视觉对于可视化图形的感知,教材补充了格式塔原理、视觉感知及视觉通道等理论知识,为读者理解众多可视化方式的特点提供了更深入的理论依据。

其次,教材在原有基于 Python 的可视化工具介绍中增加了 Seaborn 这一常用的可视化库,为读者实现可视化提供了更多工具选择。特别是,这一版的教材系统归纳总结了 7 大类 40 种不同的可视化图形,从基本信息、构成与视觉通道、适用数据、使用场景、注意事项、变体等多方面详细介绍了每种可视化图形的使用方法,为读者提供了常用可视化图形的使用手册。

再次,在案例分析方面,教材重新编写了 6 个更贴近大学生学习生活的可视化案例,为读者灵活自主使用可视化方法提供了有力参考。

最后,由于教材篇幅原因,原有的 Python 使用基础部分放在附录中,为 Python 初学者提供零基础的使用指导。

在教材数字化方面,为了让读者更好地使用教材,每一章的彩图都将以二维码的形式提供给读者查阅。除此之外,教材中使用的数据及代码都将提供给读者参考。

本书的组织结构

本书一共分为四个部分。

第一部分为数据可视化概论,主要介绍数据可视化在数据科学中的作用以及数据可视化的价值。

第二部分为如何做好数据可视化,主要介绍什么是好的数据可视化,数据可视化的一般流程,以及常用数据可视化工具。

第三部分为数据可视化基础图形与叙事,主要介绍包括比较与排序、局部与整体、分布、时间趋势、地理特征、相关类以及网络关系类在内的 7 大类 40 种基础可视化图形,如何使用可视化进行叙事,以及美国枪击、电影票房、高中教学、世界杯、就业岗位、B 站番剧等 6 个案例分析。

第四部分为数据可视化建模,扩展性地介绍常用的数据可视化建模方法,包括统计学习模型,网络模型等。教材附录主要介绍 Python 使用基础。

目标读者与基础知识要求

本书的主要目标群体为各大高校数据科学相关专业本科及硕士低年级学生。作为基础入门教材,教材第一至第三部份不需要过于复杂的理论基础,适合本科一二年级及低年级研究生学习。第四部分为进阶部分,需要读者具有一定的高等数学、统计学和数据科学相关知识基础,适合本科三四年级和高年级研究生学习。对于初学者,推荐更多学习本书前三部份的内容。如果读者不具备 Python 软件的使用基础,建议参考教材附录。

本书的代码

本书实现可视化的大部分代码使用 Python 语言编写。本书代码的实现需要提前安装和加载相应的库文件。建议读者在熟悉 Python 的编程语法基础上自己尝试编写相应程序实现各种可视化需求,本书的程序仅作参考,授课老师如有需要,可向出版社申请该资源包。

本书部分章节的代码参考主要来自以下网站:

第 6 章

https://www.csdn.net/

第 7 章

https://www.python-graph-gallery.com/circular-packing-several-levels-of-hierarchy

https://blog.csdn.net/lsxxx2011/article/details/98764545

https://blog.csdn.net/maiyida123/article/details/116598502? utm_medium = distribute.pc_aggpage_search_result.none-task-blog-2~aggregatepage~first_rank_v2~rank_aggregation-9-116598502.pc_agg_rank_aggregation&utm_term=python+漏斗图 &spm=1000.2123.3001.4430

https://pyecharts.org/#/zh-cn/basic_charts

https://antv-2018.alipay.com/zh-cn/g2/3.x/demo/funnel/comparision.html

https://www.highcharts.com.cn/demo/highcharts/pyramid

第 9 章

https://blog.csdn.net/qq_40260867/article/details/95310956

https://blog.csdn.net/wx740851326/article/details/101533167

https://blog.csdn.net/ezreal_tao/article/details/90795193

第 11 章

Python 绘制热力图示例_python——脚本之家(jb51.net)

Python 可视化 24|seaborn 绘制多变量分布图(jointplot|JointGrid)——灰信网(软件开发博客聚合)(freesion.com)

Seaborn(sns)官方文档学习笔记(第三章 分布数据集的可视化)——知乎(zhihu.com)

📖 目 录

第三部分　数据可视化基础图像与叙事

第四部分 数据可视化建模

第一部分 数据可视化概论

当今互联网和社交媒体的普及使得数据出现了爆发式的增长。根据国际数据公司(IDC)的估算,仅到 2015 年为止,全球的数据增长速度已是 2012 年的两倍,年数据总量已经达到惊人的 5.6ZB(1ZB = 1 024³ TB),这一数字在 2020 年增长到 44ZB。这是什么概念? 按照 2020 年世界人口 76 亿来计算,平均每人拥有的数据量为 6.2TB。照此速度,将会有异常庞大的数据等待我们处理和利用。我们将如何面对这样的数据风暴呢?

有研究发现,大脑处理视觉的速度比文字快 6 万倍,这使人更容易利用可视化来理解数据的意义。数据中包含的结构、趋势和相关信息很难通过文字描述被察觉,但它们在可视化图表中却一目了然。随着数据量的扩大和数据结构的复杂化,如何进行可视化对我们来说仍然是极大的挑战,而这正是本书希望帮助大家解决的问题。在此之前,让我们首先了解一下数据可视化的价值以及它是如何帮助我们了解这个世界的。

本部分由两章组成,将主要介绍以下内容:
- DIKW 体系
- 数据可视化的作用
- 什么是数据可视化
- 数据可视化的历史
- 数据可视化的优势
- 数据可视化的应用场景

1 数据可视化在 DIKW 体系中的作用

　　几千年来,人类的智慧从未停止发展与更新的脚步。例如,20 世纪末到 21 世纪初,得益于互联网的蓬勃发展,企业的决策不再仅仅依赖于管理者的经验和远见。一种通过收集、处理、分析数据从而帮助企业进行决策的新兴模式应运而生。与此同时,像谷歌、百度、腾讯、脸谱网这样拥有大规模数据资源的互联网企业开始利用数据获得前所未有的发展。正是这些依靠数据进行决策的模式和拥有数据资源的互联网企业所获得的成功促进着数据科学技术的发展,从而推动着大数据时代的到来。那么,人们是如何利用数据来创造新的智慧呢?

　　在回答这个问题之前,我们必须首先搞清楚这几个重要的概念:数据、信息、知识、智慧。这 4 个概念可以帮助我们了解数据这个原材料如何最终变成人类的智慧,它们是进行数据可视化的出发点。与此同时,我们需要知道这些概念之间是如何进行转换的,这样才能清楚知道数据可视化在其中起到的作用。

1.1　DIKW 体系

　　"数据""信息""知识""智慧"这 4 个词来源于 DIKW 体系(即 Data, Information, Knowledge, Wisdom)。DIKW 体系的来源可以追溯至托马斯·斯特尔那斯·艾略特所写的诗《岩石》。在首段,他写道:"我们在哪里丢失了知识中的智慧?又在哪里丢失了信息中的知识?"哈蓝·克利夫兰据此于 1982 年 12 月在《未来主义者》杂志中的文章《资讯有如资源》的基础上构建了这个体系。后来这个体系得到米兰·瑟兰尼及罗素·艾可夫不断的扩展。DIKW 体系将数据、信息、知识、智慧纳入一种金字塔形的层次体系(如图 1-1 所示),每一层相比下层都被赋

图 1-1　DIKW 金字塔体系

予了新的特质。我们从原始观察及量度中获得数据;给数据赋予知识体系和背景获得了信息;分析信息间的关系并在行动上应用信息产生了知识;智慧更加关注未来,它是对知识的归纳和升华。

　　对于数据、信息、知识和智慧的定义非常多,并且大部分都不尽相同。我们这里将从数据科学、计算机科学以及统计学的综合角度去分析和解释它们。在对它们进行逐一讨论之前,我们首先必须明白它们与数据可视化之间的关联:数据可视化的主要目的是从数据或信息中获得智慧,也就是获得数据背后隐藏的真理。对以上 4 个概念的分析,很多来源于传统的心理学或认知科学,大家可以找到很多相关文献,但本书提到的这 4 个概念均是在数据科学的背景下进行讨论的。

1.1.1　数据

　　数据是什么?这个问题归根结底需要由使用它的人来回答。虽然数据和稍后讨论的信息

在某种意义上有一定的关联性,但实际上数据无外乎就是客观事实的某种数字化表达。数据就像积木一样,通过不同方式进行组织和搭建,然后变成信息来帮助我们回答相应的问题。例如,当我们看到数字"15,2019,1,15,37.5"时,我们很难看出它们的含义。但如果我们得知"小明,15岁,2019年1月15日体温为37.5摄氏度",这些数字(数据)就变得有意义了,我们称之为信息。数据有时候看起来非常简单,但庞大且无规律。这些离散无意义的数据无法直接用于获得知识,更重要的是这些数据之间并没有任何结构与关系。

数据的收集、传输、储存方式根据不同数据类型和表达方式而各不相同。例如数据可由表格形式(Excel,数据库)、文本形式(PDF,Word)、图像形式、音频或视频形式、网络形式等不同类型进行表达和存储。

1.1.2　信息

信息是经过处理用于回答实际问题的数据。只有当赋予数据实际背景或应用场景从而让数据有一定的含义和关联时,数据才能变成信息。问题背景对于数据来说尤为重要,没有它,数据只是一些毫无意义的数学符号。只有当这些数据用于描述一个客观事物或客观事物之间的关系,形成有逻辑的数据流,它们才能被称为信息。例如,我们获得历年全国各大城市经济总量的数据后,这些信息就可以帮助我们回答很多问题,例如,"哪个城市是经济增长最快的中西部城市?"每个城市每年的信息都是数据的一部分。我们可以通过所有城市的数据获得综合的信息,例如,"珠海是2018年经济增长最快的大城市,名义增速达到15.7%"。

除此之外,事实上信息还包含一个非常重要的特性:时效性。例如新闻说北京气温18摄氏度,这个信息对我们是无意义的,它必须说明是今天或明天北京气温18摄氏度。再例如公司通告说,在三楼会议室开会,这个信息也是无意义的,它必须告诉我们是哪天的几点钟在三楼会议室开会。信息的时效性对于我们使用和传递信息有重要的意

图1-2　数据到信息的转换

义。它提醒我们,如果失去信息的时效性,信息就不完整,甚至会变成毫无意义的数字。所以我们认为:信息是具有时效性的、有一定含义的、有逻辑的、经过加工处理的、对决策有价值的数据。图1-2形象地展示了从数据到信息的转变过程。

1.1.3　知识

当我们在理解信息的基础上,对信息进行必要的组织和分析,从而利用它们来指导决策时,知识就出现了。获得知识不单单需要数据和信息,还需要从实际经验中获得获取知识的技能。知识包含了做出正确决策的能力和执行这种能力的技能。更好地利用数据信息的关键是将数据提供的信息关联起来。我们通过比较从历史信息中获得的结果以及识别相应的结构来解决问题,而不是对杂乱无章的信息胡乱拼凑和猜测。

信息虽然能展示出数据中一些有意义的东西,但它的价值往往会随着其时效性的丧失开始衰减而最终消失,只有当人们通过归纳、演绎、比较等手段对信息进行挖掘,使其有价值的部分沉淀下来,并与已有的知识体系相结合,这部分有价值的信息才能转变成知识。例如:"北京7月1日,气温为30度;12月1日气温为3度"。这些信息一般会在时效性消失后,变得没有价值,但当人们对这些信息进行归纳和对比后,就会发现每年的7月气温会比较高,12月气温比较低,于是总结出北京一年有春、夏、秋、冬四个季节。这时候,信息就被沉淀下来变成了知识。

图 1-3 形象地展示了从数据到信息再到知识的演化过程:

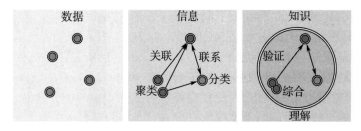

图 1-3 从数据到信息到知识的演化过程

知识会在信息的不断重组和技术方法的不断改进过程中不断进化。知识就像路标,将从数据中获得的历史信息通过合理的算法指向正确的结果。与此同时,新的知识也来源于对已有知识的可视化和相互比较,而智慧则是打开未来知识之门的钥匙。

1.1.4 智慧

在我们讨论什么是智慧以及如何利用它解决实际问题之前,我们先看看人们是如何获得智慧的。20 世纪末,随着数据的爆发式增长,很多企业和组织已经开始利用手中的数据和信息并使之展示出它们的价值,数据分析在帮助优化和实现决策的过程中起到了重要的作用。通过数学算法,数据分析搭建起了数据与智慧之间的桥梁。

我们可以通过一个简单的类比来了解什么是智慧:数据提供的信息就像被打乱的魔方,当它没有出现与实际问题相关联的结构或没有按照实际问题的需要进行排列时,我们将不断变换魔方,尝试将数据转换成与实际问题相关联的样子来更全面深入地理解它,直到魔方能被我们熟练地还原时,智慧就出现了。智慧是人类基于已有的知识,针对物质世界运动过程中产生的问题,利用所获得的信息进行分析、对比、演绎,找出问题解决方案的能力。对这种能力的运用能将信息中有价值的部分挖掘出来,并使之成为已有知识架构的一部分。

1.2 数据可视化的作用

通过 DIKW 体系,我们已经了解到人们如何从数据中最终获得智慧。那么,在此演进过程中,数据可视化又扮演着什么样的角色呢? 数据可视化是数据的眼睛,也是通往智慧之路的明灯,正是由于它的存在,我们才可以在庞大的数据海洋中找到一条通往智慧的捷径。接下来,我们将分别介绍数据可视化如何帮助我们从数据中获得信息,从信息中提炼知识,从知识中找到智慧。

1.2.1 从数据到信息

数据可以描述自然或社会现象,帮助我们回答关于这些现象的问题。数据要转化为信息,需要经过数据收集、数据处理、数据组织以及数据存储等过程。在这些过程中,保证数据的准确性以及完整性尤为重要,否则,基于数据获得的结果也不可能准确和完整。

在数据的收集和处理过程中,不可避免地会出现疏漏和错误。例如,若原始数据来源于人工的获得与录入,那么不可避免地会出现录入错误的情况,如将 100.5 错录为 10.5 等。若有些数据需要通过对不同数据来源及不同格式的数据进行整合,在此过程中不同数据的单位就可能会被错误合并。在海量数据中,我们如何找到这些错误或不合理的数据呢? 数据可视化可以帮上大忙。我们通过以下例子来说明这一点。

钻石是最为昂贵的珠宝之一。为了了解不同钻石的价格规律，我们收集了 53 940 颗不同钻石的数据，其中包括每颗钻石的参考价格、4C 标准（切工 Cut，净度 Clarity，颜色 Color，克拉 Carat）以及钻石的尺寸（长 x，宽 y，高 z）。数据来自 R 软件 ggplot2 包。由于数据为人工收集，因此我们需要验证数据的正确性。通过绘制钻石宽度的直方图（如图 1-4 所示）可以清晰地发现，某些钻石的宽度为 0，而某些钻石的宽度异常大（58.9mm，31.8mm）。通过调出相应数据我们可以发现，其中有 7 颗宽度为 0 的钻石，其尺寸数据应为缺失

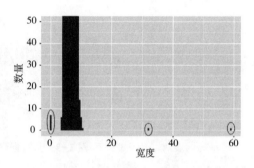

图 1-4　利用数据可视化发现数据中的异常值

值。而通过进一步与其他正常钻石尺寸对比，有两颗宽度异常大的钻石很可能是宽度小数点错标，真实宽度很可能为 5.89mm 和 3.18mm。

从以上例子我们可以看到，数据可视化可以帮助我们很好地筛选异常数据，使得数据的准确性有所提高，大大减少数据失真带来的误差。

1.2.2　从信息到知识

信息是可测度和量化的。它具有一定的形态，是可被访问、生成、储存、传播、搜索、简化以及复制的。它可根据其容量或数量进行量化。而知识往往是定性的，信息转化为知识需要借助相应的算法。知识就像是食谱，能让我们将信息做成面包，当然，这时候我们的原材料是面粉和酵母。从另一个角度来看，知识是数据和信息的结合，并在此基础上借助经验和专业知识进行归纳和总结。我们用一个形象的类比来形容信息和知识的内在联系：一门课程的教材给我们提供所学知识的必要信息，而老师通过讨论帮助学生更好地理解知识。这种讨论的形式帮助学生获得课程的知识。

从信息到知识的过程中，需要对信息进行高度的提炼和归纳总结，而数据可视化可以很好地帮助我们对数据的形态进行必要的展示，使得我们更容易从中找到规律，获得知识。例如，通过绘制 2013 年纽约每日出发航班总量的折线图（如图 1-5 所示），可以清晰地发现航班数量具有一定的周期性，通过分析，我们发现航班数量的周期极有可能为一周。接下来，我们进一步绘制工作日及周末每天的航班箱线图（如图 1-6 所示），

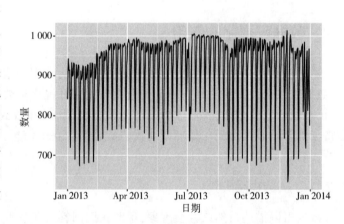

图 1-5　"2013 年纽约每日出发航班总量"折线图

便可验证上述分析，并可进一步分析获得结论：由于纽约出发航班多为商务人士乘坐，因此周六的航班数量会显著地少于其他日期。我们通过回归分析排除工作日和周末对航班数量的影响，进一步绘制排除工作日和周末影响后的航班数量折线图（如图 1-7 所示），我们可以发现，法定节假日的航班数量也会与平时有显著差异。

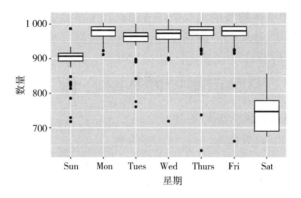

图 1-6 "2013 年纽约工作日及周末每日航班数"箱线图

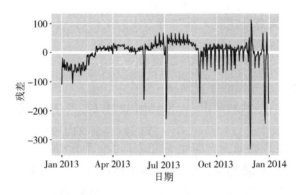

图 1-7 "2013 年纽约排除工作日和周末影响后的每日航班数"折线图

通过以上例子,我们发现,利用数据可视化,结合算法与专业知识,便可以从海量信息中挖掘出有价值的知识和结论。在此过程中,数据可视化可以很好地引导我们建立适当的模型来挖掘出信息中的宝藏。

1.2.3　从知识到智慧

要将知识转化为智慧,需要对知识进行整合与分析。智慧意味着我们已经找到一类问题普适的答案,并意识到需要如何行动。获得信息和知识相对容易,我们可以利用现有的技术和方法,但获得智慧却非常困难。获得智慧需要更新的创造性思维和将各个知识点关联起来的能力。除了应用创新思维,数据可视化也起到了举足轻重的作用。

例如,现在已经收集到的消费者行为数据可以为适应性强的公司带来许多新的机遇。当然,这需要他们不断地收集和分析这些数据。通过使用数据可视化来监控关键指标,企业决策者更容易发现各种数据的市场变化和趋势。具体来说,一家化妆品企业可能会发现,口红的在线浏览量在双十一和元旦前都会出现显著攀升(如图 1-8 所示),这可能会让其在这两个节日前适时推出新的产品。这样的决策往往能使其远远领先于那些尚未注意到这一趋势的竞争对手。

从以上介绍我们可以发现,数据

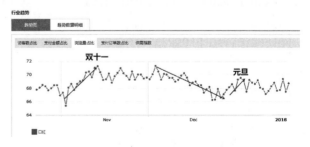

图 1-8 "口红在线浏览量"折线图

可视化对于人们从数据中获得智慧的每一个环节都起到了至关重要的作用。在下一章,我们将从数据可视化的定义、历史、优势和应用场景进一步介绍数据可视化的价值。

[小测验]

1. 相比于数据,信息包含的重要特征是( )。
A. 完整性　　　　B. 时效性　　　　C. 多维性　　　　D. 可读性

2. 如果我们发现"今天天气比较冷",那么我们获得的是( )。
A. 数据　　　　　B. 信息　　　　　C. 知识　　　　　D. 智慧

3. 如果我们发现"冬天总是比夏天冷",那么我们获得的是( )。
A. 数据　　　　　B. 信息　　　　　C. 知识　　　　　D. 智慧

4. 我们通过可视化发现数据的异常值属于哪个环节?( )
A. 数据到信息　　B. 信息到知识　　C. 知识到智慧　　D. 信息到智慧

5. 我们通过可视化发现数据的周期性规律属于哪个环节?( )
A. 数据到信息　　B. 信息到知识　　C. 知识到智慧　　D. 信息到智慧

2　数据可视化的价值

在信息化高速发展的今天,数据已经出现在我们生产生活中的各个角落。我们已经开始有意识地利用数据来获得更多的智慧。从上一章我们已经看到,在利用数据获得智慧的过程中,数据可视化发挥着至关重要的作用。那么,什么是数据可视化?它是如何发展而来的?相比其他方法它的优势何在?我们会在哪些地方使用它?这一章我们将回答这些问题。

2.1　什么是数据可视化

数据可视化的范畴分为狭义的数据可视化和广义的数据可视化。我们常常听说的数据可视化,大多指狭义的数据可视化。朱莉·斯蒂尔(Julie Steele)在《数据可视化之美》中提到:"数据可视化和信息可视化是两个相近的专业领域名词。狭义上的数据可视化指的是将数据用统计图表方式呈现,而信息可视化则是将非数字的信息进行可视化。前者用于传递信息,后者用于表现抽象或复杂的概念、技术和信息。而广义上的数据可视化则是数据可视化、信息可视化以及科学可视化等等多个领域的统称。"

科学可视化、信息可视化、数据可视化并没有严格的界限(见图2-1),但三者各有不同的关注点。科学可视化是科学中的一个跨学科研究与应用领域,主要关注三维现象的可视化,如建筑学、气象学、医学或生物学方面的各种系统,重点在于对体、面以及光源等的逼真渲染。科学可视化是计算机图形学的一个子集,是计算机科学的一个分支。信息可视化与科学可视化的差别在于,科学可视化处理的数据具有天然几何结构(如磁感线、流体分布等),信息可视化处理的数据具有抽象数据结构,它关注于将抽象的概念转化成为可视化信息。数据可视化和信息可视化较为类似,数据可视化将数据库中每一个数据项作为单个图元元素表示,大量的数据集构成数据图像,同时将数据的各个属性值以多维数据的形式表示,可以从不同的维度观察数据,从而对数据进行更深入的观察和分析。而信息可视化,旨在把数据资料以视觉化的方式表现出来。信息可视化是一种将数据与设计结合起来的有利于个人或组织简短有效地向受众传播信息的数据表现形式。

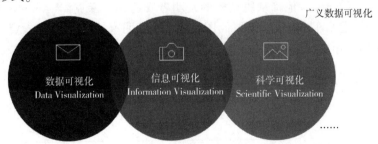

图 2-1　数据可视化分类

总结起来,科学可视化主要展现天然的几何结构;数据可视化展现数据主要是为了深入分析,发现规律;信息可视化更注重于方便地向受众展示抽象数据提供的信息(见图2-2)。本书主要介绍狭义的数据可视化方法，也会兼顾部分信息可视化的内容。

图 2-2　数据可视化、信息可视化与科学可视化

2.2　数据可视化的历史

数据可视化的历史悠久，最早用墙上的原始绘图和图像、表中的数字以及黏土上的图像来呈现信息。它们并没有被称为数据可视化，却为数据可视化的发展奠定了基础。计算机的出现使得真正的数据可视化变为现实，而互联网时代的到来为数据可视化插上了翅膀。

2.2.1　计算机出现前的数据可视化

在巴比伦时代早期，图片被绘制在黏土上，随后被渲染在纸草上（见图 2-3）。那些图的目标是给人们提供对信息的定性理解。众所周知，作为一种信息的可视化展示，我们对图片的理解是一种本能，因此理解过程非常轻松。

图 2-3　巴比伦早期的数据可视化

本节将给大家介绍 4 位数据可视化历史上的"里程碑式人物"①

（1）威廉·普莱菲（William Playfair，1759—1823）

普莱菲是苏格兰的工程师、政治经济学家，生于 1759 年 9 月 22 日。当时欧洲正处于启蒙运动时期，是艺术、科学、工业与商业的黄金发展时代。他是家里的第四个儿子，哥哥们分别是苏格兰著名建筑家、数学家。他师从脱粒机的发明者安德鲁·米克洋（Andrew Meikle）。维基百科上说，他曾当过造水车木匠、工程师、绘图员、会计、发明家、银匠、商人、投资经纪人、经济学家、统计学家、小册子作者、翻译家、出版人、投机者、罪犯、银行家、热心的保皇党人、编辑、敲诈者、记者。但是他最著名的身份是统计制图法的创始人。他创了世界上第一张有意义的线图、条形图、饼图和面积图。这 4 种图表类型直到现在都是最常用的图表类型。

图 2-4 是威廉·普莱菲绘制的条形图，出现在他主编的《商业与政治图集》（*Commercial and Political Atlas*）中。

图 2-5 是 1801 年威廉·普莱菲在出版的《统计摘要》（*Statistical Breviary*）中绘制的世界上第一张饼图，阐述的是土耳其帝国当时在欧洲、非洲、亚洲占有的领土面积。

---

①　来源于：https://blog.csdn.net/kMD8d5R/article/details/79674666

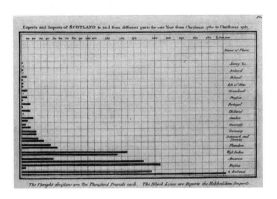

图 2-4 威廉·普莱菲绘制的条形图

图 2-5 威廉·普莱菲和他绘制的饼图

作为一个既懂统计学(身份:统计学家)又富有游说技巧(身份:热心的保皇党人、敲诈者、编辑、记者、出版人),同时还有创新精神(身份:发明家),还会绘画(身份:绘图员)的人,被点亮了一身的技能点,"统计制图法之父"这一称呼非他莫属。当然,最重要的就是,他坚信图表比数据表更有表现力。

(2)查尔斯·约瑟夫·米纳德(Charles Joseph Minard,1781—1870)

相信很多人都见过图 2-6,该图被爱德华·塔夫特(Edward Tufte)认为是史上最杰出的统计图。它的名字叫作《1812—1813 对俄战争中法国人力持续损失示意图》,也被简称为《拿破仑行军图》或《米纳德的图》,这张图表描绘了拿破仑的军队自离开波兰—俄罗斯边界后军力损失的状况,在这张图中,通过两个维度,呈现了 6 种资料:拿破仑军队的人数、行军距离、温度、经纬度、移动方向以及时间—地域关系。现在,大家更熟悉的带状图表的名字叫作"桑基图",然而,它比米纳德的图晚了 30 年,而且,只用于解释能量的流动。

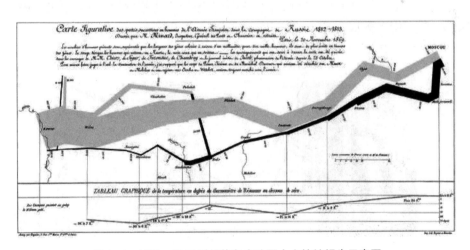

图 2-6 1812—1813 对俄战争中法国人力持续损失示意图

米纳德的成就不只是一张行军图,他还是首个把饼图与地图结合在一起的人(如图 2-7 所示),而且是第一个在地图上加流线(如图 2-8 所示)的人。米纳德的作品受欢迎到什么程度呢?相传,在米纳德的法文讣告中提到,1850—1860 年间,法国政府部门的官员希望在自己的画像中,出现米纳德画的图表。

图 2-7　米纳德绘制的
带饼图的地图

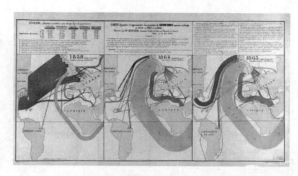

图 2-8　米纳德绘制的带流线的地图

（3）约翰·斯诺(John Snow,1813—1858)

约翰·斯诺医生是英国麻醉学家、流行病学家,曾经当过维多利亚女王的私人医师,被认为是麻醉医学和公共卫生医学的开拓者。1854 年,伦敦西部西敏市苏活区爆发霍乱,当时许多医生认为霍乱和天花是由"瘴气"或从污水及其他不卫生的东西中产生的有害物所引起的。然而,约翰·斯诺通过调查,证明了霍乱是由被粪便污染的水传播的。

他将苏活区的地图与霍乱数据结合在一起(图 2-9),锁定了霍乱的流行来源地——百老大街(Broad Street)水泵。随即,他推荐了几种实用的预防措施,如清洗肮脏的衣被、洗手和将水烧开饮用等,取得了良好的效果。那时候,没有 GIS,地图都靠手绘,约翰·斯诺却创造性地把数据与地图结合在一起。这充分说明了一件事:每一种图表类型的诞生,都是由于明确而迫切的需要。所以当你需要在已知的图表类型中进行选择时,先想想自己要解决的到底是什么问题。

（4）弗罗伦斯·南丁格尔(Florence Nightingale,1820—1910)

佛罗伦斯·南丁格尔出现在了数据可视化中,会不会有点怪呢?但是,如果你曾用过玫瑰图(图 2-10),或者南丁格尔图,就应该知道:首先,它是以自己的缔造者命名的;其次,这位南丁格尔,就是大家熟悉的白衣天使南丁格尔。

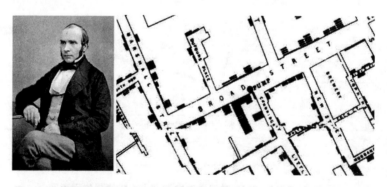

图 2-9　英国医生约翰·斯诺与他绘制的西敏市苏活区霍乱爆发示意图

在克里米亚战争期间,南丁格尔通过搜集数据,发现很多人死亡的原因并非是战死沙场,而是因为在战场外感染了疾病,或是在战场上受伤没有得到适当的护理而致死。为了解释这个原因并降低英国士兵的死亡率,她绘制了这张著名的图表——玫瑰图,并于 1858 年递到了维多利亚女王手中。一个切角是一个月,其中面积最大的蓝色块,代表着可预防的疾病。

这个图表真的很厉害,为什么呢?第一,它用面积直观地表现出了一个时间段内几种死因

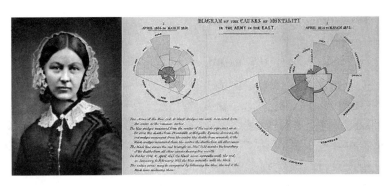

图 2-10　统计学家南丁格尔和她绘制的玫瑰图

的占比,让任何人都能看懂;第二,它还长得很漂亮,像一朵玫瑰花一样。那么我们来想一想,它为什么要长得那么漂亮?因为这张图表的汇报对象以及最终的决策人是维多利亚女王!南丁格尔的故事告诉我们:数据可视化是为了更好地促进行动,所以要让行动的决策者接受并看懂!

2.2.2　计算机出现后的数据可视化

数据可视化的起源,可以追溯到 20 世纪 50 年代计算机图形学的早期。当时,人们利用计算机创建出了首批图形图表。

1987 年,由布鲁斯·麦考梅克(Bruce H. McCormick)、托马斯·德房蒂(Thomas A. Defanti)和玛克辛·布朗(Maxine D. Brown)编写的美国国家科学基金会报告 *Visualization in Scientific Computing*,对这一领域产生了大幅度的促进和刺激。这份报告强调了新的基于计算机的可视化技术方法的必要性。随着计算机运算能力的迅速提升,人们建立了规模越来越大、复杂程度越来越高的数值模型,从而造就了形形色色体积庞大的数值型数据集。同时,人们不但利用医学扫描仪和显微镜之类的数据采集设备产生大型的数据集,而且还利用可以保存文本、数值和多媒体信息的大型数据库来收集数据。因而,就需要高级的计算机图形学技术与方法来处理和可视化这些规模庞大的数据集。

短语"Visualization in Scientific Computing",意为"科学计算之中的可视化",后来变成了"Scientific Visualization",即"科学可视化"。前者最初指的是作为科学计算之组成部分的可视化,也就是科学与工程实践当中对于计算机建模和模拟的运用。

后来,可视化也日益关注数据,包括那些来自商业、财务、行政管理、数字媒体等方面的大型异质性数据集合。20 世纪 90 年代初期,人们发起了一个新的称为"信息可视化"的研究领域,旨在对于许多应用领域之中抽象的异质性数据集的分析工作提供支持。因此,21 世纪的人们正在逐渐接受这个同时涵盖科学可视化与信息可视化领域的新术语"数据可视化"。

一直以来,数据可视化就是一个不断演变的概念,其边界不断地扩大,因而,最好对其加以宽泛的定义。数据可视化指的是通过使用一些较为高级的技术方法,允许利用图形、图像处理、计算机视觉以及用户界面,通过表达、建模以及对立体、表面、属性以及动画的显示,对数据加以可视化解释。与立体建模之类的特殊技术方法相比,数据可视化所涵盖的技术方法要广泛得多。

2.3　数据可视化的优势

人类利用视觉获取的信息量,远远超出其他器官。人类的眼睛是一对高带宽巨量视觉信号输入的并行处理器,拥有超强识别能力,配合超过 50% 功能用于视觉感知相关处理的大脑,使得人类通过视觉获取数据比任何其他形式的获取方式更好,大量视觉信息在潜意识阶段就被处理完成,人类对图像的处理速度比文本快 6 万倍。数据可视化正是利用人类这一天生技能来增强数据处理和组织效率的。

20 世纪 20 年代,德国心理学家开始研究人类的感知组织,他们中的先锋就是格式塔理论学家。"格式塔"一词是德语 Gestalt 的音译,意思是"形状"和"图形"。格式塔原理是德国心理学家在研究人类视觉工作原理时观察到的一些现象,即:人类视觉是整体的,我们的视觉系统自动对视觉输入构建结构,并且在神经系统层面上感知形状、图形和物体,而不是只看到互不相连的边、线和区域。例如,当我们描述一棵树,你可以

图 2-11　格式塔原理直观理解

说它有不同的部分,包括树干、树叶、树枝、果实。但当我们观察整棵树时,我们不会意识到这些部分,而仅仅将它看作一个整体,也就是一棵树(见图 2-11)。

由此可见,格式塔是一种描述性的框架,是心理学家对观察到的现象的描述,没有涉及背后的理论,没有对这个现象做出解释。但这并不妨碍其为图形和用户界面设计准则提供有用的基础。格式塔原理包括:接近性原理、相似性原理、封闭性原理、连续性原理、对称性原理、主体/背景原理和共同命运原理。下面逐一进行介绍。①

(1)接近性原理。 物体之间的相对距离会影响我们感知它们是否以及如何组织在一起。互相靠近(相对于其他物体)的物体看起来属于一组,而那些距离较远的就不是。比如图 2-12,我们会认为左边是三行,右边是三列。接近性原理的应用是,不必使用分隔线或者分组框对内容进行归纳整理,可以直接通过不同对象之间的距离来达到同样的效果,而且界面更整洁,开发难度也相对较低。

图 2-12　格式塔接近性原理

在数据可视化中,也常常利用接近性原理对图形进行分类。例如图 2-13 的并排柱状图利用接近性原理来区分不同月份的金额。

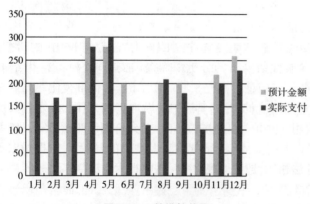

图 2-13　并排柱状图

图 2-14　格式塔相似性原理

(2)相似性原理。 相似的物体看起来应该属于同一组。我们会把图 2-14 中空心的五角星

---

① 参考:https://zhuanlan.zhihu.com/p/52413528,https://www.jianshu.com/p/25f64137505b

看作一组,其他实心的看作一组。对比接近性,相似性的特征更强,如果两个物体距离不是很接近,但是其有相似的属性,我们也会将其看作是相关的。在数据可视化中,我们也常利用相似性原理,利用不同的颜色或形状来区分不同类别的数据。例如图2-13中,我们使用不同颜色来区分预计金额和实际支付金额。

(3) 封闭性原理。我们的视觉系统会自动尝试将敞开的图形关闭起来,从而将其感知为完整的物体而不是分散的碎片。即使一个形状的部分边缘缺失,我们依然能够识别出完整的形状从而忽略掉那些缺失部分。如图2-15所示,我们可以观察到一个完整的熊猫而不会因为某些部分的不闭合而将图形分成几个部分。

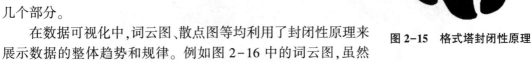

图2-15 格式塔封闭性原理

在数据可视化中,词云图、散点图等均利用了封闭性原理来展示数据的整体趋势和规律。例如图2-16中的词云图,虽然各个关键词之间存在空隙,但是词云图的轮廓形状仍然可以清晰地辨识出来。

(4) 连续性原理。连续性原理指我们的视觉倾向于感知连续的形式而不是离散的碎片。尽管线条受其他线条阻断,却仍像未阻断或仍然连续一样为人们所认知到。与前面不同,这个原理与对象分组无关,而是用于感知整个物体的情况。如图2-17所示,我们会认为左边是一根红线和蓝线交叉在一起,然后被一个圆形挡住,而不会认为是一个圆和四条线段组成。右边的图也是这样,三段分开的物体,但是在我们看来就是一条完整的蛇。

在数据可视化中,当多个图形叠加展示时,难免会出现相互遮挡。连续性原理可以帮我们分别识别重叠的图形。如图2-18所示,虽然多个面积图相互重叠,但借助不同颜色,仍然可以识别不同面积图的形状。

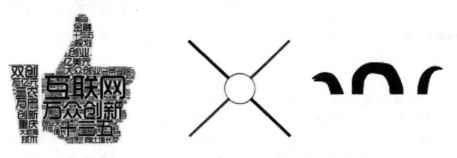

图2-16 词云图　　　　　　　　　图2-17 格式塔连续性原理

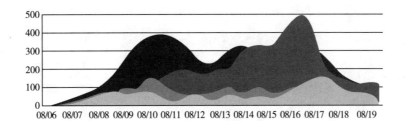

图2-18 面积图

(5) 对称性原理。相比于连续性和封闭性,对称性倾向于将整体的东西进行分解,以便更好地理解。分解有多种方式,对称是比较常用的。如图2-19所示,对于第一个图形的分解有多种方法,我们更倾向于选择第一种,也就是将其看作是两个矩形叠加在一起。一是因为这样更简单,二是因为这样更对称。常用的数据可视化图形中,很多图形都是对称的,例如图 2-20 中的漏斗图和小提琴图等。

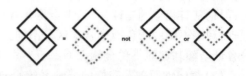

图 2-19　格式塔对称性原理

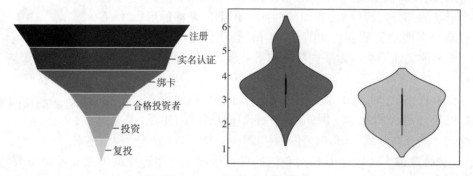

图 2-20　漏斗图与小提琴图

(6)主体/背景原理。我们的大脑会将视觉区域分为主体和背景,然后主体会占据我们主要的注意力。这个原理也说明了场景的特点会影响视觉系统对场景中主体和背景的解析。例如图 2-21(左)所示,我们会认为三角形是主体,而圆形是背景,尽管圆形的面积更大,颜色更鲜艳。但有时候,主体与背景并不由场景所决定,而是依

图 2-21　格式塔主体/背景原理

赖于观看者的注意力的焦点,图 2-21(右)就是很经典的例子。

在数据可视化中基于地图的可视化方法便利用主体/背景原理。地图通常作为背景,而基于地图的饼图等其他可视化图形作为主体,如图 2-22 所示。

(7)共同命运原理。共同命运是涉及运动的物体,一起运动的物体会被感知为一组或者有较大的相关性。在一堆图形中,如果有几个做同样的运动,不管位置和形状是否相同,我们都会倾向于将其视为同一组。如图 2-23 所示。在数据可视化中,共同命运原理通常应用于交互式数据可视化。

图 2-22　包含饼图的世界地图

图 2-23　格式塔共同命运原理

在实际使用中,格式塔原理的各个部分不是孤立的,而是一起产生作用。同一个可视化设

计会涉及多个原理的使用。格式塔原理的另外一个应用,就是用来检测可视化设计结果是否合理。有时候无意使用了某些原理,会带来一些错误的信息表达,所以我们最好能用每个格式塔原理对其进行考量,看是否符合设计的初衷。图 2-24 总结了以上提到的大部分原理以及暂时没有提到的其他原理。感兴趣的读者可以阅读其他心理学书籍做进一步了解。

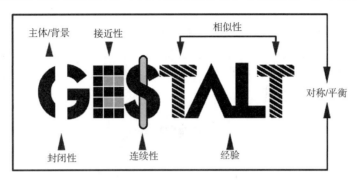

图 2-24　格式塔原理图示

除此之外,数据可视化可以帮助我们处理更加复杂的信息并增强记忆。大多数人对统计数据了解甚少,基本统计方法(平均值、中位数、范围等)并不符合人类的认知天性。一个典型的例子是"安斯库姆四重奏":4 组数据的两个变量都有着非常类似的简单统计特征,但当画出散点图之后,我们发现这 4 组数据其实截然不同。图 2-25 中,x 和 y 的均值、方差、相关系数、线性回归线以及可决系数均相同,但它们的结构却截然不同。

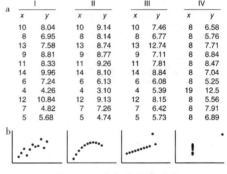

图 2-25　安斯库姆四重奏

2.4　数据可视化的应用场景

数据可视化可以应用在我们希望通过数据看到更多知识和价值的任何地方。总的来说,可视化在组织数据和展示数据价值上都能起到重要作用。在过去,数据的容量和多样性并没有太多挑战。因此,认知和分析数据是很直接的。如今,随着数据在无数的研究和实践领域呈现爆发式增长,维度逐渐丰富,关联关系日益复杂,传统的文字或表格的展示很难全面有效地突出数据中蕴含的信息和规律,而可视化却能很好地帮助人们在探索数据的过程中全面和清晰地认知数据。在整个分析过程中,可视化系统作为一种辅助工具,让我们可以自主地探索和挖掘数据的价值,从而认知数据全貌和特征,获得信息并进行决策。正因如此,交互式数据可视化作为一种新的形式应运而生,它使用户与数据可以进行更灵活的沟通交流。

具体来说,在数据认知阶段,企业管理者可以通过 BI 报表、可视化看板或者生产大屏等高效地认知数据的全貌,从生产、销售、财务、人力资源等各方面对企业的整体运行情况有一个宏观的把控。其次,企业可以通过可视化有效地理解和洞察数据背后的商业活动和业务问题。例如,企业管理者可以有效地评估某次商业推广产生的效果,或者某次人事变动带来的影响。另外,企业决策者可以通过数据可视化敏锐地发现数据的特征,如规律、趋势、异常等。例如,当企业运行出现某些异常情况,可以尽早介入,防止情况的恶化。

在利用数据可视化进行数据展示时,我们需要着重关注以下三点:

第一,强调差异和对比。可视化最大的优势便是能够凸显差异,方便对比。在对比过程中,我们很容易发现业务提升的机会点。例如,当我们发现某产品更受年轻消费者青睐,那么在进行商业推广时,就可以选择更受年轻消费者欢迎的方式。

第二,注重呈现趋势,表达对未来的预测,支撑对未来的规划发展政策或预警方案。数据可视化不仅能展示现在,还能通过趋势揭示未来。例如,汽车企业可以通过发现 SUV 车型的持续热销而提前制定相应的发展规划。

第三,关注规律或异常,帮助用户找到支持或推翻所提假设的证据从而改进他们现有的模型或策略。很多时候,可视化是从一个问题或假设出发的,而不是泛泛地展示数据。例如,我们关注大量的广告投入是否可以有效地改善销量。那么我们就需要在建模的基础上展示各类广告投入的效果,为决策者提供参考。

[小测验]

1. 以下可视化属于狭义的(　　　)。

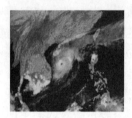

  A. 科学可视化
  B. 信息可视化
  C. 数据可视化
  D. 视觉可视化

2. 以下哪种图形不属于 19 世纪出现的最早的可视化图形?(　　　)

A. 条形图   B. 饼图   C. 箱线图   D. 地图

3. 以下图片体现了格式塔原理中的(　　　)。

  A. 相似性原理
  B. 接近性原理
  C. 共同命运原理
  D. 连续性原理

4. 以下图片属于格式塔原理中的(　　　)。

  A. 相似性原理
  B. 封闭性原理
  C. 主体/背景原理
  D. 对称性原理

5. 以下图片属于格式塔原理中的(　　)。

    A. 相似性原理
    B. 对称性原理
    C. 连续性原理
    D. 封闭性原理

6. 在进行可视化展示时,以下哪条不是我们需要重点关注的?(　　)

A. 强调差异和对比　　　　　　　　B. 注重呈现趋势
C. 注重分析与总结　　　　　　　　D. 关注规律或异常

7. 以下哪句话可以说明可视化的作用?(　　)

A. 一图胜千言　　　B. 力透纸背　　　C. 掷地有声　　　D. 画龙点睛

第二部分　如何做好数据可视化

通过第一部分的讲述,我们已经了解了数据可视化在帮助人们获得智慧的过程中起到的作用,以及数据可视化的存在价值。由于数据可视化的应用范围非常广泛,理论上有着成百上千种对数据进行可视化的方式。但在某种意义上,只有极少的方法能让我们从数据可视化中发现一些新的结论与规律。数据可视化并不像看起来那么简单,它是一门需要无数次训练与经验积累的艺术。就像绘画一样,没有人能在一天内成为绘画大师,而是需要经历千锤百炼才可能达到。

那么如何才能做好数据可视化呢? 本部分将系统地分享做好数据可视化的思路和步骤。主要包括以下内容:

- 什么是好的数据可视化
- 可视化的一般流程
- 常用数据可视化工具

◆ 3 什么是好的数据可视化

当计算机领域在很多方面致力于用自动化替代人类判断时,数据可视化却反其道而行之,它是为数不多的并非用于替代人类的设计。实际上,数据可视化恰恰被用于帮助人类更好地参与整个数据分析过程。数据可视化的受众并不是电脑,而是人类的双眼和大脑。因此,只有适用于人类双眼和大脑的数据可视化才算好的可视化。要搞清楚这个问题,我们必须首先了解人类双眼和大脑是如何处理数据的。

3.1 视觉感知

人类双眼和大脑对数据的分析是从眼睛接收到物体光反射开始的。在大脑最终获得数据信息的过程中,视觉感知一共经历以下 4 个阶段:
- 眼睛接收到物体的光反射;
- 物体在视网膜上的成像通过感光细胞被编译为电信号传递到大脑;
- 大脑对物体的基本特征进行判断,这些基本特征也被称为前注意特质,包括颜色、长度、宽度、方向、简单形状、大小、闭合、色相、强度/阴影、位置等;
- 大脑进行分析,并对记忆信息(映像记忆、工作记忆以及长期记忆)进行编译。

在这 4 个阶段中,前 3 个阶段所花的时间是非常短的,大概为 200~250 毫秒,而第 4 阶段所花的时间相对较长,具体时间取决于所面临问题的信息量大小和分析难度。因此,好的数据可视化能让大脑在视觉感知的前 3 个阶段完成更多的任务,这样就可以大大缩短大脑获得信息并做出有效判断的时间。

如图 3-1 所示,要在一堆杂乱的数字中找到数字 5 出现的次数,我们可能需要花上很长的时间,并且还可能出错。这是因为数字不属于前注意特质,大脑对它的分析需要进入视觉感知的第 4 阶段。但是如果我们将数字 5 填涂不同的颜色,答案便一目了然。原因是颜色属于前注意特质,我们的分析只需要经过视觉感知的前 3 个阶段,其速度可想而知。

大脑除了对物体不同特征感知的速度不同以外,感知不同特征的精确度也是不同的。人们感知任务的精确感知度从大到小排序如下:
- 置于一个坐标轴内或同一区域内进行对比
- 置于两个坐标轴或不同区域进行对比
- 长度、方向、角度
- 面积
- 体积、弯曲率
- 阴影、颜色饱和度

这些感知任务也常被归纳为不同的视觉通道,我们将在下一小节进行详细介绍。

我们要注意区分感知的速度和精确度。例如,大脑对于颜色的感知速度是非常快的,我们的双眼

```
90864082462086568708238737466668
73756463664463647348347108924733
98947477462872742746247264726 44
64734734674992910104775738 81846

90864082462086568708238737466668
73756463664463647348347108924733
98947477462872742746247264726 44
64734734674992910104775738 81846
```

图 3-1 视觉感知实验

可以在 200 毫秒以内识别不同的颜色，但是对于极为相近的颜色却较难进行精确的区分。我们可以通过以下例子来感受大脑对不同感知任务精确度的差异。

如图 3-2 所示的圆环图可以比较不同行业在 2010 年和 2015 年获得风投基金的额度。如果想知道哪个行业获得 2015 年最大风投基金，哪个行业获得 2015 年第二大风投基金，通过图形可能很难获得问题的答案。原因是 2015 年风投基金的额度是通过圆环面积来展示的，人类大脑对面积的感知精度相对较差。

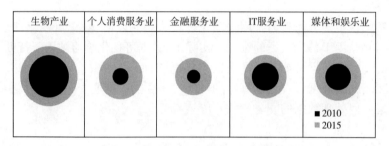

图 3-2　"不同行业风投基金对比"圆环图

相对于面积，人脑对于长度的感知精度是最高的，因此我们试着将圆环图换成条形图，如图 3-3 所示，回答上面的问题可能会容易很多。但是虽然我们能一眼看出 2015 年生物产业所获得的风投基金额度是最高的，但是谁又是第二名呢？个人消费服务业还是媒体和娱乐业？我们很难回答这个问题，原因是这两者的差别非常微小，图 3-3 虽然利用的是长度，但是条形图被置于不同的坐标轴和区域，其精确度会小于置于一个坐标轴内或同一区域内进行对比。

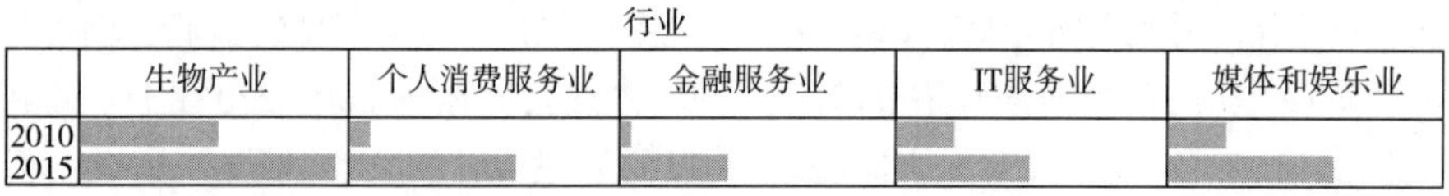

图 3-3　"不同行业风投基金对比"条形图

我们将以上条形图置于同一个坐标轴，如图 3-4 所示。那么，我们想要的答案就一目了然了。

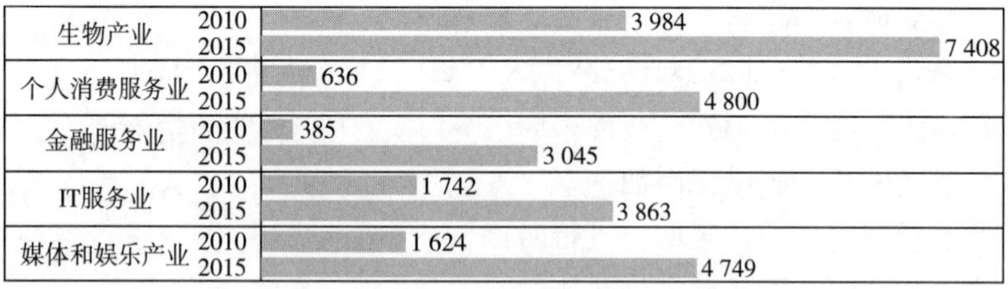

行业		数值
生物产业	2010	3 984
	2015	7 408
个人消费服务业	2010	636
	2015	4 800
金融服务业	2010	385
	2015	3 045
IT服务业	2010	1 742
	2015	3 863
媒体和娱乐产业	2010	1 624
	2015	4 749

图 3-4　"不同行业风投基金对比"条形图

3.2　视觉通道

数据可视化为了达到增强人脑认知的目的，会利用不同的视觉通道对冰冷的数据进行视觉编码。我们在进行数据可视化的时候，一方面可以展现可视化对象本身的位置、特性，其对应的视觉通道类型是定性或者分类，如汽车在什么地方、汽车的种类；另一方面展现对象的某一个属性值大小,其对应的视觉通道类型是定量或者定序,如汽车的油耗、汽车加油的排队顺序。那么,有哪些具体的视觉通道呢? 下面就跟大家介绍几种常见的视觉通道。[①]

3.2.1　用于定性或分类的视觉通道

用于定性或者分类的视觉通道主要包括平面位置、色调、形状和图案等。我们可以利用这些视觉通道来区分不同的属性,或对数据进行分类。

1) 平面位置

位置在所有的视觉通道中比较特殊,如图 3-5 所示。一方面,平面上相互接近的对象会被分成一类,所以位置可以用来表示不同的分类;另一方面,平面使用坐标来标定对象的属性大小时,位置可以代表对象的属性值大小,即平面位置可以映射定序或者定量的数据,比如后面会讲到的坐标轴位置。

平面位置又可以被分为水平和垂直两个方向的位置,它们的差异性比较小,但是受到重力场的影响,人们更容易分辨出高度,而不是宽度,这就解释了为什么计算机屏幕设计成 16∶9 和 4∶3,这样的设计可以使得两个方向的信息量达到平衡。

在数据可视化中,散点图常常被用于进行聚类可视化(如图 3-6 所示),这主要利用的就是平面位置视觉通道。除此之外,地图类可视化也会利用平面位置来表示不同数据之间的位置关系。

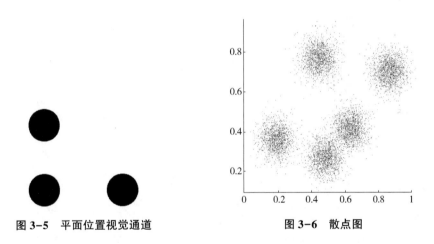

图 3-5　平面位置视觉通道　　　　图 3-6　散点图

2) 色调(颜色)

平常我们所说的"冷暖色调",就是我们对颜色的心理感觉,这只能从定性的角度来进行判别。认识色调,我们要明白这三点:纯色就是色调;向纯色(色调)增加黑色就构成了暗色;向纯色(色调)增加白色就构成了亮色,如图 3-7 所示。

在数据可视化中,我们常利用不同的色调来对数据进行分类。几乎所有的可视化中都会将不同的色调应用其中,如图 3-8 所示。

---

① 　参考 https://www.jianshu.com/p/67f599fb7555

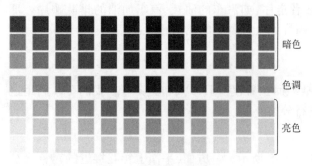

图 3-7 "色调"视觉通道

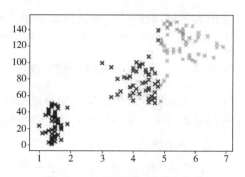

图 3-8 包含不同色调的散点图

3) 形状

形状所代表的含义很广,一般理解为对象的轮廓或者对事物外形的抽象,可以用来定性描述一个东西,比如圆形、正方形等,更复杂一点是几种图形的组合,如图 3-9 所示。

在数据可视化中,我们除了利用不同的色调,也常利用不同形状表示不同类型的数据,如图 3-10 所示。

图 3-9 "形状"视觉通道

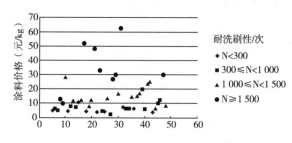

图 3-10 包含不同形状的散点图

4) 图案

图案也被称为纹理,大致可以被分为自然纹理和人工纹理。自然纹理是自然世界中存在的图案,比如树木的年轮;人工纹理是指人工实现的规则图案,比如中学课本上求阴影部分的面积示意图。由于纹理可以看作是对象表面或者内部的装饰,所以将纹理映射到线、平面、曲面、三维体的表面中,可以分类不同的事物,如图 3-11所示。

3.2.2 用于定量或定序的视觉通道

用于定量或者定序的视觉通道主要包括坐标轴位置、长度、角度、面积、亮度/饱和度以及图案密度等。我们可以利用这些视觉通道来区分定量或定序数据的大小关系。

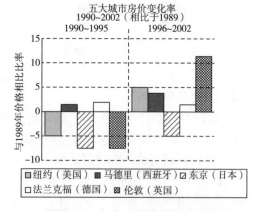

图 3-11 包含不同图案的柱状图

1) 坐标轴位置

坐标轴上的位置就是前面讲到的位置中的定量功能,使用坐标轴对数据的大小关系进行定量或者排序操作,如图 3-12 所示。在数据可视化中,箱线图是一个利用坐标轴位置来反映数据分布规律的典型例子,如图 3-13 所示。

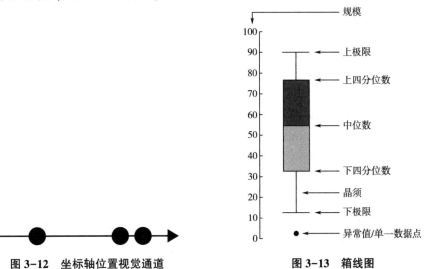

图 3-12　坐标轴位置视觉通道　　　　图 3-13　箱线图

2) 长度

长度也可以被称之为一维尺寸,如图 3-14 所示,当尺寸比较小的时候,其他的视觉通道容易受到影响。比如一个很大的红色正方形比一个红色的点更容易让人区别。根据史蒂文斯幂次法则,人们对一维的尺寸,即长度或宽度,有清晰的认识。随着维度的增加,人们的判断越来越不清楚,比如二维尺寸(面积)。因此,在可视化的过程成,我们往往将重要的数据用一维尺寸来编码。

在数据可视化中,长度是进行定量数据可视化时最常用的视觉通道。常见的柱状图便是利用长度来进行可视化编码的,如图 3-15 所示。

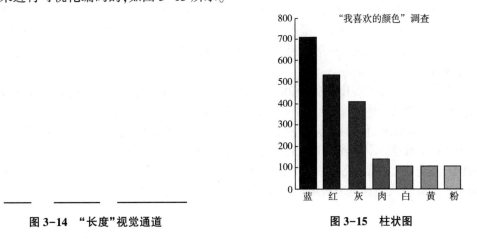

图 3-14　"长度"视觉通道　　　　图 3-15　柱状图

3) 角度

角度还有一个名字叫作方向,方向不仅仅可以用来分类,也可以用来排序,这得看我们可视化的时候选择什么样的象限,如图 3-16 所示。

在二维可视化的世界里,四个象限可以有三种用法。其中在一个象限内表示数据的顺序;在两个象限内表现数据的发散性;在四个象限内可以对数据进行分类,如图 3-17 所示。

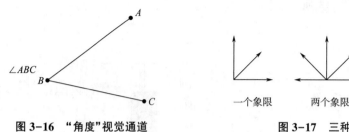

图 3-16 "角度"视觉通道   图 3-17 三种象限的用法

一个象限　　两个象限　　四个象限

在极坐标系下的可视化图像往往会利用角度视觉通道,例如饼图就是最常见的利用角度来进行视觉编码的可视化图形,如图 3-18 所示。

4) 面积

面积在前面的长度小节中已经讲过了,就是二维尺寸。利用面积进行编码的可视化图形代表为矩形树图,如图 3-19 所示。

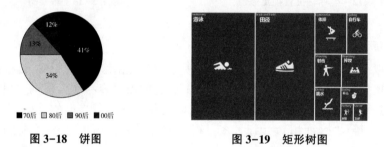

图 3-18 饼图   图 3-19 矩形树图

5) 亮度/饱和度

亮度是表示人眼对发光体或被照射物体表面的发光或反射光强度实际感受的物理量。简而言之,当任何两个物体表面被拍摄出的最终结果是一样亮、或被眼睛看起来一样亮,它们就是亮度相同。在可视化方案中,尽量使用可辨识的亮度层次不要超过 6 个,两个亮度层次之间的边界也要明显,如图 3-20 所示。

饱和度指的是色彩的纯度,也叫色度或彩度,是"色彩三属性"之一。如大红比玫红更红,这就是说大红的色度要高。饱和度跟尺寸有很大的关系,区域大的适合用低饱和度的颜色填充,比如散点图的背景;区域小的使用更亮、颜色更加丰富、饱和度更高的颜色加以填充,便于用户识别,比如散点图的各个散点。小区域使用的饱和度通常只有 3 层,大区域的可以适当增加一些。

数据可视化中,不同的亮度或饱和度常被用于热力图等可视化图形中。这些图形通常在二维平面中利用亮度或饱和度来对第三个维度进行定量表示,如图 3-21 所示。

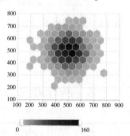

图 3-20 亮度视觉通道   图 3-21 蜂窝热力图

6）图案密度

图案密度是表现力最弱的一个视觉通道，如图3-22所示，在实际应用中很少看到它的身影。如果把它当作同一形状、尺寸、颜色的对象的集合，可以用来表示定量或定序的数据。

图3-22　"图案密度"视觉通道

3.2.3　用于表示关系的视觉通道

用于表示关系的视觉通道主要包括包含，连接，相似以及接近等。我们主要利用这些视觉通道来对数据之间的网络关系进行可视化。

1）包含

包含是将相同属性的对象聚集在一起，并把它们囊括到一个区域，这个区域与其他区域具有明显的分界线，比如方框、圆形等等，如图3-23所示。

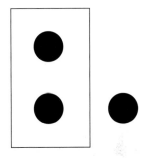

图3-23　"包含"视觉通道

在数据可视化中，维恩图是较为常见的利用包含视觉通道进行编码的可视化图形，如图3-24所示。

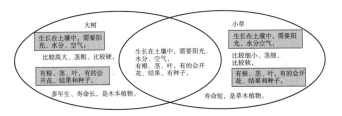

图3-24　"大树和小草"维恩图

2）连接

连接关系通常在表示网络关系型的数据中使用，比如邮件收发关系中，收件人与发件人之间的关系，使用线段进行连接，表示他们之间具有一定的联系。常见的网络图就是利用了这个视觉通道，如图3-25所示。

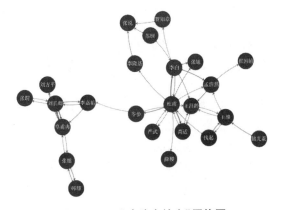

图3-25　"盛唐诗人社交"网络图

3）相似

相似经常和颜色进行搭配使用,属性类似的对象之间的关系,使用相同色调但不同亮度的颜色进行表示,如图 3-26 所示。

4）接近

如果说相似借用颜色来聚类属性相似、相同的对象,那么接近就是利用距离来表示这些对象,如图 3-27 所示。这可以体现在设计原则中的亲密性原则,相同性质的事物应该放在一起。

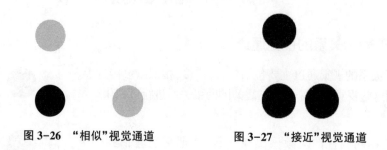

图 3-26　"相似"视觉通道　　　　　图 3-27　"接近"视觉通道

3.2.4　各种视觉通道的表现力强弱关系

需要注意的是,视觉通道的分类不是唯一的。比如位置信息,既能区分不同的分类,又可以用来表示连续数据的差异,所以在数据可视化的过程中,我们应该根据需要做一定的调整和整合。

除此之外,不同的视觉通道在表现力上是有一定区别的。例如,在用于定性或分类的视觉通道中,表现力由强到弱依次为:平面位置>色调>形状>图案;在用于定量或排序的视觉通道中,表现力由强到弱依次为:坐标轴位置>长度>角度>面积>亮度/饱和度>图案密度;在用于表示关系的视觉通道中,包含和连接的表现力强于相似和接近。

在选择不同的视觉通道时,我们尽量选择表现力强的视觉通道。但也要注意视觉通道选择的多样性,过于单一的视觉通道会造成大脑的视觉疲劳。

3.3　好的数据可视化

了解了双眼和大脑如何处理信息后,我们便可以借助学到的相关理论来进行数据可视化。例如,根据格式塔相似性原理,在选择颜色时,用相似的颜色代表相近的类别。这可以帮助我们更好地理解类别之间的关系。

例如图 3-28 中,上图没有将属于同类型的手机不同系统进行颜色上的归类,从而减弱了比较的作用。下图就通过深色系把 iPhone、Android、WP 版归为一类,从而能很好地与 iPad 版、其他种类比较。[①]

数据可视化是一门由人类创造、数据驱动、受助于多种计算工具的艺术。画家利用画笔和颜料进行创作,类似的,人们应用数据可视化使用计算机和算法进行创作。可视化既能带来审美愉悦感,又能帮助我们看清某些规律。因此,结合审美和实用的数据可视化才算是可视化中的精品。可很多时候可视化的创造者很难做到两全其美,因此我们需要在两者中进行权衡,最终达到平衡。

---

① 参考:数极客用户行为数据分析

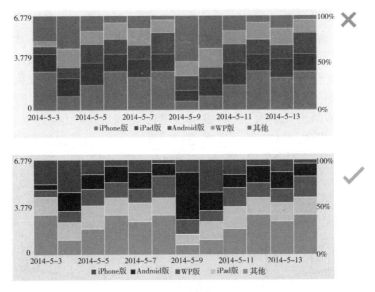

图 3-28　电子产品市场占有率可视化

　　例如在绘制柱状图时,建议将柱子的间隔设置为柱宽的 1/2,这样更为美观(如图 3-29 所示)。

图 3-29　不同宽度的柱状图

　　数据可视化是数据分析和研究中找到数据结构与趋势的核心工具。现今,有超过百种不同的可视化展现方法,每一种都以一种特殊的形式来展示数据。虽然有很多表现数据的方法,但很多时候只有屈指可数的方式是有效的。那么什么是有效的数据可视化?总的来说它应该是准确高效的,有吸引力的,并且是易懂的(好的可视化并不一定要很复杂)。使可视化准确高效的核心原则是找出你想要说明的重点是什么,你的受众有着怎么样的背景和水平,准确地展示数据,并且将它们清楚地传达给受众。

　　例如当我们绘制散点图时,我们可以通过添加趋势线来帮助受众理解数据的规律(如图 3-30 所示),而不用耗费受众过多的精力。

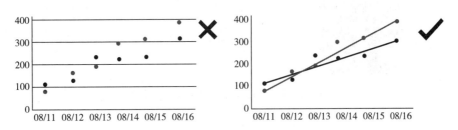

图 3-30　添加辅助线前后的散点图

　　进行数据可视化,首先必须对数据进行分析。我们必须了解,数据转换、数据分析和数据可视化需要循环往复很多次。为什么这么做呢?我们都知道一句名言:"知识是找到问题的答案,智慧是提出正确的问题"。数据分析帮助我们更好地了解数据,回应数据给我们提出的问题。然而,当数据通过很多不同的方式可视化后,一些新的问题又浮现出来。这正是为什么我们需要重复进行数据分析和数据可视化的原因之一。数据可视化是强大的数据分析工具,但很多时候它并不是一蹴而就的。有时候缺乏必要分析和研究的数据可视化甚至会误导我们得到荒谬的结论。下面用一个简单的例子来对此进行说明。

　　我们使用前一部分提到的数据:为了了解不同钻石的价格规律,收集 53 940 颗不同钻石的数据①,其中包括每颗钻石的参考价格(Price)以及 4C 标准(切工 Cut,净度 Clarity,颜色 Color,克拉 Carat)。其中切工、净度和颜色为分级变量,参考价格和克拉为数值变量。

　　我们使用箱线图(如图 3-31 所示),来对不同等级的钻石与价格之间的关系进行可视化。

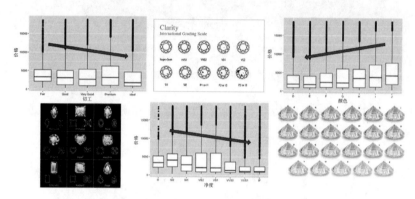

图 3-31　钻石等级与价格

　　从图形中我们惊讶地发现,无论是切工、净度还是颜色,等级越低的钻石价格越昂贵。这与我们实际的认知是不相符的。那么到底问题出在哪里呢?

　　我们认真思考后发现,其实我们忽略了 4C 标准中最重要的标准:克拉,也就是钻石的重量。于是我们将克拉的影响从钻石价格中去掉(钻石价格对克拉回归,计算其残差),重新进行可视化(如图 3-32 所示)。结论发生了改变:等级越高的钻石价格相对越昂贵。

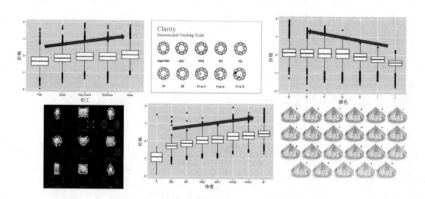

图 3-32　钻石等级与去掉重量影响的价格

---

①　数据来源于 R 软件 ggplot2 包。

通过上述的可视化,数据分析(回归分析,计算残差),再可视化,我们找到了问题的关键:质量越大的钻石价格越昂贵,而越大的钻石往往更难达到高的等级(切工,净度,颜色)。因此,如果不进行深入的数据分析,我们可能被蒙蔽而得到与事实完全不相符的错误结论。

[小测验]

1. 什么样的数据可视化是好的数据可视化?(　　　)
A. 适用于人类双眼和大脑的数据可视化
B. 适用于人工智能的数据可视化
C. 使人印象深刻的数据可视化
D. 让人迅速做出判断的数据可视化

2. 以下视觉感知精确度最高的是(　　　)。
A. 长度,方向,角度　　　　　　　　B. 面积
C. 体积,弯曲度　　　　　　　　　　D. 阴影,颜色饱和度

3. 以下属于定性和分类的视觉通道是(　　　)。
A. 长度　　　　　B. 面积　　　　　C. 包含　　　　　D. 颜色

4. 以下属于关系类视觉通道的是(　　　)。
A. 位置　　　　　B. 面积　　　　　C. 包含　　　　　D. 颜色

5. 以下定量类视觉通道表现力最强的是(　　　)。
A. 长度　　　　　B. 面积　　　　　C. 亮度　　　　　D. 图案密度

本章插图

❖ 4 数据可视化的一般流程

数据可视化是一个繁琐的分析流程,整个过程需要结合不同人的技能和专业知识。数据收集者拥有收集数据和分析数据的能力;数学家和统计学家深知可视化的设计原理并能使用这些原理与数据进行沟通;设计者或艺术家(有时候是前端开发者)拥有可视化必要的设计技能;商业分析师了解并更加关注诸如消费者行为模式、异常值、或者突发异常趋势等特征。将这些技能有机地结合起来才能最终完成数据可视化的工作。

数据可视化从收集数据开始,最终通过展示可视化图形来向受众讲述一个有趣的故事。这其中需要经过前期、中期、后期三个阶段。

前期为数据准备工作,需要遵循以下的步骤:

- 数据收集:从互联网或者磁盘文件这样的外部资源中获得或收集数据。
- 数据处理:解析并筛选数据。利用程序方法解析、清洗、简化数据。
- 数据分析:分析提炼数据,去掉噪音和不必要的变量并发现数据中的规律。

中期步骤为数据可视化展示,主要利用简单易懂的方法来展示数据的信息和规律。

后期为叙事步骤,主要结合可视化展示向受众讲述有趣的故事。

以上步骤需要循环往复才能最终完成。就如前面章节所讨论的,很多时候,分析和可视化是需要反复迭代的。换句话说,这些步骤的多少是很难提前预测的。

4.1 数据收集、处理与分析

数据收集是一个耗时费力的过程。因此,虽然实际问题中人们往往努力寻求自动采集数据的方式,但是数据的人工采集仍然是很普遍的。现代数据的自动采集往往是通过使用类似传感器的输入设备完成的。例如:利用传感器对海洋温度进行检测;使用传感器检测土壤质量、控制灌溉、施肥等。另一种自动收集数据的方式是通过扫描文档及日志文件完成的,这是一种服务器端数据收集的方式。与此同时,也可以通过人工的方式获得数据,例如,利用网络收集数据并储存到数据库中。现今高效的网络沟通与网络数据共享使得通过网络获得数据成为收集数据的一大主流。传统的数据可视化与可视化分析工具主要针对于单个用户的单机可视化应用。而随着多用户多端口协作的技术进步,基于多端口多用户的大数据分析和实时可视化已成为当今数据可视化发展的方向。

现在的数据由于其庞大的数据量、来源的多元化以及资源与类型的差异性,极容易受到噪音和数据不一致的影响。因此,很多数据预处理技术应运而生,例如:数据清洗、数据整合、数据简化以及数据转换等。数据清洗主要用于去除数据噪音与纠正数据不一致。数据整合则可合并及联合多个数据来源的数据最终使之成为一致的整体,有时也被称为数据仓库。数据简化是一种减少数据容量的技术,主要通过合并、聚合以及删除冗余特征来实现。当数据范围过小时,数据转换是一种优化数据处理与改进可视化准确性及效率的方法。

异常值检测是数据处理的常见技术。异常值检测主要用于识别可能没有处于预期范围与结构中的异常数据。这些异常值也被称为离群值或噪音。例如,信号数据中,一些异常的特殊信号被称为噪音;交易数据中,欺诈交易数据被看作离群值。异常值是不能轻易进行直接删除的。因此,为了保持数据完整性,准确的数据收集方式是必不可少的。当然,事事都具有两面性,从另一个角度看,离群值也有它的价值。例如,有时候我们恰恰希望从海量数据中找到那些存在欺诈的保险申报数据。

在数据可视化前期工作中,数据处理是非常有必要的,尤其是我们关注数据质量的时候。某些数据处理过程有助于修补数据,以更好地了解和分析数据,最常见的包括关联建模与聚类分析等。关联建模是一种最为基础的用于发现变量的属性和结构的建模方法。此过程主要是寻找变量之间的关联性。例如,商场收集消费者购买习惯的数据,用于寻找消费者最为喜欢的畅销商品。聚类分析则是一种发现数据群组关系的方法。这种方法可在数据真实结构未知的情况下找到数据间的相似结构,在机器学习中常被称为一种无监督学习。

数据库管理系统能帮助用户以结构化的格式存储和访问数据。然而,当数据过于庞大而超过内存处理范围时,我们通常使用以下两种方式来结构化数据:

- 在磁盘中使用结构化格式存储大量数据,例如,表格、树或图等;
- 在内存中使用访问更为迅速的数据结构格式用于存储数据。

数据结构由一系列不同的格式组成,这些格式用于结构化数据使之便于存储和访问。一般的数据结构类型包括:数组、文件、表格、结构树、列表、映射等。任何数据结构的设计都是用于组织数据从而达到相应的目的,并使之能流畅地进行存储、访问和操作。数据存储结构的选择和设计主要决定于如何使得算法能够更快地进行访问和运算。

让收集、处理和分析数据变得简洁,往往能使数据可视化展示中使用的数据也更加简单易懂。

4.2 数据可视化展示

数据可视化展示是数据可视化的核心步骤,选择什么样的可视化图像,以及如何展示可视化图像都尤为关键。现今有超过百种不同的可视化展现方法,每一种方法都能通过某个角度展示数据的某些特征。我们进行数据可视化操作时,不仅仅只有柱状图和饼图。缺乏对数据必要的了解和必要的可视化图形选择和规划,都可能导致杂乱图表的堆砌,而不能达到数据可视化的目的。

数据可视化展示的主要流程包括:

- 确定关注的问题
- 选择可视化视角
- 确定变量的个数
- 选择可视化图形
- 图形展示优化(坐标轴及颜色的选择)

科学可视化和信息可视化的主要目的是为了客观地展示具体或抽象的数据,就像对一个人物进行画像,它们呈现的信息通常是客观完整的。而大部分数据可视化的工作都来源于问题的提出。希望通过数据可视化回答的一个或多个问题是引导我们进行数据可视化的方向。对同样的数据,回答不同问题使用的数据可视化图像与展示方法会截然不同。例如,当我们需要对全国各大城市每月空气质量进行可视化时,我们提出的问题可能是:"哪些城市的污染较为严重,哪些城市的污染相对较轻";或者是"各城市污染情况随时间变化的趋势是什么";也可能是"不同的污染物指数之间有什么样的关系"等等。回答以上不同问题,我们选择的数据可视化手段是不同的。

当我们确定需要回答的问题后,就需要根据所提问题寻找对数据进行可视化的视角。典型

的可视化视角可以分为以下 7 类:

- 比较与排序
- 局部与整体
- 分布
- 时间趋势
- 地理特征
- 相关性
- 网络关系

不同的可视化视角是选择不同可视化图形的最主要依据。在这一章,我们重点介绍不同视角的区别。具体使用什么可视化图形我们将在下一部分详细讲述。

4.2.1 比较与排序

比较与排序主要关注无序或有序的定性数据之间某个定量指标的大小关系。例如,全国各大城市的房价比较。比较和排序可通过很多种方式进行,最为传统的方式是柱状图。柱状图是从相同的基准(横坐标)出发,根据不同的数值来设计柱子长度。然而,这并不一定总是比较和排序最好的方式。例如,图 4-1 展示了某商场商品品类排名,这种树图能更好地对不同商品品类的比例进行一目了然的比较和排序。

图 4-1　某商场商品品类排名

4.2.2 局部与整体

局部与整体的关系主要关注的是定性数据中的某一类与总体之间的比例关系。饼图是最常用于展示部分与整体关系的方法,但我们也有其他选择。并排柱状图是比较一个组中的不同元素以及比较不同组中元素的可视化方法。然而,分组之后,将组别作为整体进行相互比较变得困难。这就是堆栈柱状图出现的原因。堆栈柱状图可以很好地展示每个组的整体,因为组内的元素是重叠起来的,但是缺点是比较组内的部分变得不那么直观了。图 4-2 是利用堆栈柱状图和并排柱状图来描述钻石不同切工和净度的数量关系。

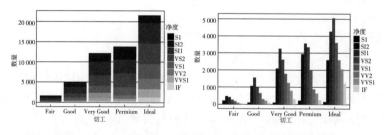

图 4-2　"钻石切工和净度"堆栈柱状图和并排柱状图

4.2.3 分布

分布展示了定量数据在其取值范围内的分布特征,因此在数据分析中非常有用。例如,如果我们仅仅关注月收入这个单一特征的分布情况,那么最常用的方法是直方图。直方图类似于柱状图,区别在于柱状图的横坐标表示不同的类别,而直方图的横坐标代表数值的不同区间。因此通常情况下,柱状图中的柱子是分开的,而直方图是连在一起的。直方图的样式除了取决于数据本身以外,还取决于窗宽的选择,也就是每一个柱子代表的数值范围大小。窗宽越小,直方图显示的分布特征越细节;相反,窗宽越大,显示的分布特征越粗略。图4-3展示了4种不同窗宽选择下(10美元、25美元、50美元和100美元)直方图的样式。

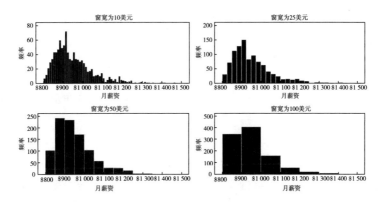

图4-3 "收入分布"直方图

如果我们同时关注并希望比较多个变量或者类别的分布,那么直方图就不是一个最好的选择,这时候我们通常使用箱线图。箱线图同时显示各个类别数值变量的中位数、25%和75%分位点、1.5倍四分位差,以及离群值的信息,非常利于进行比较。但相比于直方图,每个箱线图展示的信息相对粗略一些。图4-4展示了不同性别的吸烟者和不吸烟者在午餐和晚餐中花销的分布情况。

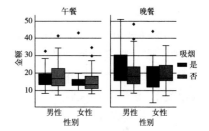

图4-4 午饭及晚餐消费箱线图

4.2.4 时间趋势

时间趋势主要关注定量数据随时间变化的规律。展示时间趋势是数据分析最常见的可视化方法之一。图4-5展示了1950—2010年美国的取水量趋势数据。图形结合了柱状图和时序图,同时展现取水的用途与取水量的时间变化趋势。我们通过时序图可以很好地对未来的发展趋势进行预测。

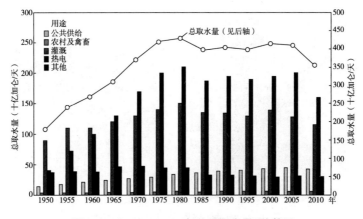

图4-5 "1950—2010年美国取水量"趋势图

4.2.5　地理特征

地理特征主要反映数据在二维或三维坐标空间中的位置关系。地图是展示地理特征的最好方式。地图与其他图像相结合能更好地展示地图想要告诉我们的信息(例如,柱状图从小到大排序、折线图表示趋势等)。图4-6展示了由 Economsit.com 发布的 2007—2017 年全球各大宜居城市的宜居指数变化情况。

图4-6　2007—2017 年全球宜居指数变化分布图

4.2.6　相关性

相关性主要关注两个或多个定量变量之间的结构关系。简单的相关分析是描述两个或多个变量关系的很好开端。但统计意义的相关并非一定有因果关系。如果我们需要验证变量之间的因果关系,需要进一步使用相应的统计分析方法。散点图可以很好地展现两个定量变量之间的相关性。除了两个变量,我们可以进一步把散点图拓展到三个变量甚至更多的情况,图4-7是为了展示不同温度、风速和太阳辐射下的臭氧含量数据。

除此之外,我们还可以使用其他方式来展示多个变量的相关矩阵。例如,我们可以使用相关矩阵图、热力图或一些其他特别的方式来展示变量之间的关系。需要强调的是,相关矩阵是以矩阵数据的形式呈现的,数据的相关强弱用相应的颜色区间来表示。如果变量维度不高,可以同时使用数字和颜色,而如果维度过高,只使用颜色是一个更好的选择。

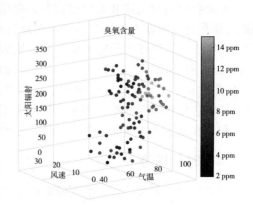

图4-7　"臭氧含量"散点图

相关矩阵是用于同时观察多个变量之间相关性的方法。其结果是一个包含相关系数的对称表格,如图4-8左所示。热力图通过 2D 的方式给相关系数着色,如图4-8右所示。很多不同的着色方案可以选择,各有各的优缺点。这里需要注意,统计中的相关系数仅能反映定量变量之间的线性关系,不能反映非线性关系。

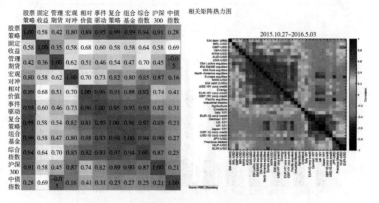

图4-8　相关矩阵图和相关矩阵热力图

4.2.7　网络关系

与相关性关注变量之间的关系不同，网络关系所关注的是样本或节点之间的关系。反映网络关系的最为常见的图为网络图，但我们也有一些其他常用的图形。例如，关注各种颜色的发色之间的变化关系，我们可以利用和弦图来表示。图 4-9 反映了 4 种发色：黑色、金色、棕色和红色从原有的发色到最喜欢的发色之间的转换关系。其转换矩阵和图形如图 4-9 所示。需要注意的是，节点之间网络关系可能是有向的，也可能是无向的；可能是有环的，也可能是无环的。

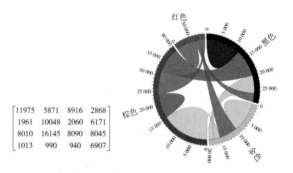

11975	5871	8916	2868
1961	10048	2060	6171
8010	16145	8090	8045
1013	990	940	6907

图 4-9　转换矩阵与和弦图

从前面 7 种数据可视化视角的例子中我们不难发现，可视化视角并不一定是唯一的。我们可以将不同视角融合在同一个可视化图形中。例如，图 4-4 的箱线图既可以反映分布，又可以进行比较。而图 4-5 的取水量趋势图中，我们结合柱状图和折线图，既可以反映比较与排序，又可以反映时间趋势。因此，在现实应用中，我们可以从所提问题中凝练出多个视角，并在同一可视化图形中展示多个视角。但需要注意的是，由于人类的视觉注意力有限，可视化图形不宜过于复杂。如果问题需要展示的视角较多，视角之间又相对独立，建议使用不同的可视化图形分别展示。

确定数据可视化视角后，我们需要确定每个可视化视角需要利用哪些变量。这些变量将在可视化图形中以坐标、颜色、大小或者形状的形式展示出来。其中，对于定性变量，通常使用坐标、颜色或形状展示；定量变量通常用坐标、颜色或大小展示。如果不同视角使用相同的变量，我们可以考虑将可视化图形进行合并。例如图 4-5 中不同用水方式的比较以及取水量的趋势这两个视角都用到时间变量，因此我们可以将时间作为横坐标并将柱状图和折线图进行合并展示。

接下来我们就可以通过选择适当的可视化图形进行可视化展示。具体图形的选择我们将在下一部分详细介绍。这里需要注意的是，对可视化图形进行优化是非常必要的，其中主要包括坐标轴的优化、颜色以及透明度的优化。

坐标轴的优化对于可视化的展示非常重要，不恰当的坐标轴设定可能会传递不恰当的信息。例如在绘制柱状图时，纵坐标的截断会严重误导受众。在图 4-10 的左图中，数据起始点被截断为从 50 开始。

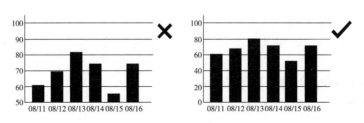

图 4-10　"截断与未截断"柱状图

同样的，我们对颜色的选择也是非常重要的。相似的颜色代表相近的类别可以更好地帮助我们理解类别之间的关系。与此同时,合理地使用透明度可以有效地避免信息被遮挡或覆盖,如图 4-11 所示。

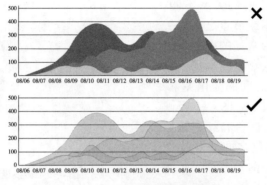

图 4-11 "调节透明度前后"面积图

4.3 数据可视化叙事

数据可视化最根本的目的是为了回答某些关于数据的问题。如何将问题的提出和通过数据可视化和数据分析获得的问题答案传达给受众就非常重要了。因此,利用数据可视化叙事的方式直接决定着数据可视化的效果。我们将在第 13 章为大家展示一些数据可视化的叙事案例,以帮助大家更好地进行数据可视化展示。

[小测验]

1. 以下哪个步骤不属于数据可视化的一般流程?(   )。
A. 数据收集,处理及分析   B. 数据可视化展示
C. 视觉可视化分析   D. 数据可视化叙事

2. 数据可视化的目标是(   )。
A. 美观炫酷   B. 清洗噪音
C. 理解数据   D. 阻止数据爆炸

3. 数据可视化的输入是(   )。
A. 语言   B. 数据   C. 视觉形式   D. 代码

4. 数据可视化的输出是(   )。
A. 语言   B. 数据   C. 视觉形式   D. 代码

5. 以下不属于常用的数据可视化视角的是(   )。
A. 比较与排序   B. 相关性   C. 时间趋势   D. 排列与组合

6. 如果我们关注不同样本是否是微信好友,我们应该使用什么可视化视角?(   )
A. 分布   B. 相关性   C. 网络关系   D. 地理特征

本章插图

❖ 5 常用数据可视化工具

数据可视化是进行数据探索分析的主要工具之一,它往往先于数据分析,并给数据分析提供灵感和思路。现在可用的数据可视化工具有很多,根据其便利程度和可视化效果主要分为工具类、编程开发类,以及交互类。

工具类数据可视化工具,又被称为开箱即用的数据可视化工具,使用起来最为简便。这类工具往往界面简单,不需要使用过多的编程语言,并且简单易学,是初学者的不二之选。常见的工具类可视化工具主要包括 Tableau、Excel、Google Spreadsheets、Power BI、IBM Many Eyes 等。工具类可视化工具主要用于单纯的可视化作图,而在很多时候,我们需要将数据分析和数据可视化进行结合。工具类可视化工具往往在数据分析方面较为欠缺,而像 R、Matlab 和 Python 这样的编程开发类工具在数据分析中表现更好。

对于有网页图表处理展示以及实时互动需求的用户,交互类可视化工具更为常用。交互类可视化的优点是人们能够在短时间内探索更大的信息空间,并在单一平台上完成对信息的理解,具体可参考 Gapminder World。然而,交互类可视化工具的缺点是需要费时来检测可视化系统的每一种功能和变化,同时,保证系统能够立刻对使用者的动作作出反应也需要很强的算法支持。现在最为常见的交互类可视化工具大多为在 Javascript 上运行的工具库,包括 D3. js、processing. js 等。

本章我们首先介绍 3 种最为常用的基于 Python 的可视化绘图库,包括 Matplotlib、Seaborn,以及 Pyecharts。这 3 个库各有各的特点,读者可以根据自己的习惯进行选择。当然,这 3 个库也有各自的局限,因此在进行可视化分析时,我们常常将这些可视化工具进行混用,发挥其各自的优势。需要注意的是,此部分的介绍基于读者已经对 Python 的基本操作有所了解。对于 Python 零基础的读者,建议首先阅读本书附录来学习 Python 的基础操作。

除此之外,本章还将介绍 Python 以外的 3 种常用可视化工具,包括工具类可视化工具 Tableau、编程开发类工具 R,以及交互式可视化工具 D3. js。

5. 1 Python 中的 Matplotlib 库

Matplotlib 是一个 Python 的 2D 绘图库,它以各种硬拷贝格式和跨平台的交互式环境生成出版质量级别的图形。Matplotlib 的功能和 MATLAB 中的画图功能十分类似。用 MATLAB 画图相对来说比较复杂,而通过 Matplotlib,开发者仅需要几行代码,便可以生成包括折线图、直方图、热力图、条形图、饼图、散点图在内的常见可视化图形,还可以将多个图形画在同一个坐标系中。

Matplotlib. pyplot 是 Matplotlib 中一个有命令风格的函数包。每一个 pyplot 函数都可以使图像做出改变,例如创建一幅图、在图中创建一个绘图区域、在绘图区域中添加一条线等等。在 Matplotlib. pyplot 中,各种状态通过函数调用保存起来,以便于可以随时跟踪像当前图像和绘图区域这样的参数。

使用 Matplotlib 绘制的可视化图形主要包含以下元素,见图 5-1。其中每个元素都可以通过相应的命令进行设置。例如设置标题使用 plt. title( )、设置图例使用 plt. legend( )等。下面我们分别用一个单图样例和一个多图样例来介绍 Matplotlib 的基本用法。

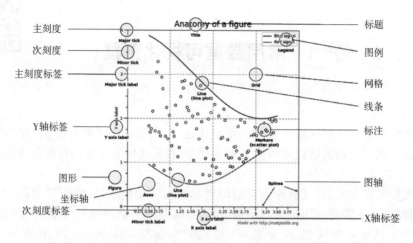

图 5-1 Matplotlib 绘制图形的基本元素

5.1.1 Matplotlib 单图样例

如果我们需要绘制如图 5-2 所示的图形,其中包括 3 个用不同线型和颜色表示的函数(分别为一次函数、二次函数和三次函数)。同时,在此基础上设置图形标题(Sample Graph)、横纵坐标轴的范围,名称(X axis 和 Y axis)及刻度,以及图例等。

我们用到的代码如下:

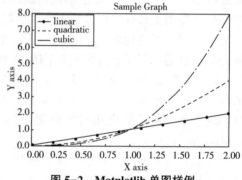

图 5-2 Matplotlib 单图样例

```
import matplotlib.pyplot as plt
import numpy as np
x = np.linspace(0,2,10)


plt.plot(x, x, color='b',label='linear',linewidth=1,linestyle='-',marker='o')
plt.plot(x, x* * 2, color='g',label='quadratic',linewidth=2,linestyle=':')
plt.plot(x, x* * 3, color='r',label='cubic',linewidth=3,linestyle='-.')


plt.title('Sample Graph') #设置绘图标题名称
plt.xlabe1('X label') #设置 X 轴名称
plt.ylabel('Y label') #设置 Y 轴名称
plt.legend(loc='upper left') #显示折线的名称标签,loc 设置显示位置
plt.xlim([0, 2]) #设置 X 轴的边界
plt.ylim([0, 8]) #设置 Y 轴的边界
plt.xticks(np.linspace(0, 2, 9)) #设置 X 轴的刻度
plt.yticks(np.linspace(0, 8, 9)) #设置 Y 轴的刻度
ax.set_xticklabels('% .2f'% i for i in np.linspace(0, 2, 9)) #设置 X 轴刻度上的标签
ax.set_yticklabels('% .1f'% i for i in np.linspace(0, 8, 9)) #设置 Y 轴刻度上的标签
```

绘制函数线条使用 plt. plot( )命令。在此基础上线条颜色、图例标签、线条宽度、线型和样本点标记分别用 color、label、linewidth、linestyle 和 marker 进行参数设定。多个线条或图形的重

叠只需要重复调用绘图函数命令即可。对坐标轴的名称、范围和刻度以及刻度标签分别使用 plt. xlabel( )、plt. xlim( )、plt. xticks、plt. set_xticklabels( )命令(以 x 轴为例)。对图例的设定使用 plt. legend( )命令,其中参数 loc 设定图例所在位置。在坐标轴刻度标签设置中,'%. 1f'和'%. 2f' 分别表示刻度数字显示小数点后 1 位和 2 位。

对于其他类型的图形,我们仅需要将绘图函数从 plt. plot( )命令换成其他命令即可。需要注意的是,使用 Matplotlib 绘图,需要使用的数据类型主要是列表或者 NumPy 中的数组。如果我们使用 Pandas 库对数据进行前期分析,那么需要把 Pandas 库中的数据(DataFrame)转化成列表或者数组的形式。

5.1.2 Matplotlib 多图样例

有时候我们需要在同一个画布中分别罗列多个图形。例如,需要在同一个画布中从左到右分别绘制柱状图、散点图和折线图(如图 5-3 所示)。

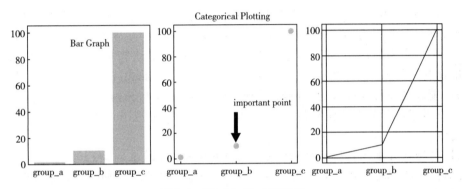

图 5-3 **Matplotlib 多图样例**

我们用到的代码如下:

```
name = ['group_a', 'group_b', 'group_c']
values = [1, 10, 100]


plt.figure(figsize=(9, 3))


plt.subplot(131) #图形按1行3列排列,此图为图1
plt.bar(names, values)
plt.text(0.5, 90, 'Bar Graph') #添加文本


plt.subplot(132) #图形按1行3列排列,此图为图2
plt.scatter(names, values)
plt.annotate('important point', xy=(1, 10), xytext=(1,40), arrowprops=dict(facecolor='
black', shrink=0.05)) #添加箭头


plt.subplot(133) #图形按1行3列排列,此图为图3
plt.plot(names, values)
plt.grid() #添加网格


plt.suptitle('Categorical Plotting')
plt.show()
```

设置画布使用 plt. figure（）命令,其中参数 figsize 表示画布的尺寸。我们使用 plt. subplot（）命令对画布进行拆分绘图,其中数字 131 表示画布被分成 1 行 3 列,此处绘制的是其中的第一幅图。绘制柱状图、散点图和折线图分别使用 plt. bar（）、plt. scatter（）和 plt. plot（）命令。plt. text（）、plt. annotate（）和 plt. grid（）命令分别用于在图形的某个坐标位置添加文本信息、注释符号和添加网格。给整个画布添加标题使用 plt. suptitle（）命令。在代码最后使用 plt. show（）命令将最终图形展示出来。

通过以上内容,我们简单介绍了利用 Matplotlib 进行可视化的几种常见的方法。当然,Matplotlib 的功能远远不止于此,我们可以使用 Matplotlib 完成几乎所有类型的可视化。在本书的第三部分,我们还将使用 Matplotlib 绘制更多的可视化图形。对于其他应用,可以参考 Matplotlib 的官方网站 https：//matplotlib. org 进行进一步的学习。

5.2 Python 中的 Seaborn 库

Seaborn 是基于 Matplotlib 的图形可视化 Python 库。它提供了一种高度交互式界面,便于用户能够做出各种有吸引力的统计图表。Seaborn 在 Matplotlib 的基础上进行了更高级的 API 封装,从而使得作图更加容易。在大多数情况下使用 Seaborn 能绘制出更具吸引力的图,而使用 Matplotlib 能制作更多具有特色的图。应该说 Seaborn 是 Matplotlib 的补充,而不是替代物。同时,Seaborn 能高度兼容 Numpy 与 Pandas 数据结构以及 Scipy 与 Statsmodels 等统计模式。

Seaborn 要求原始数据的输入类型为 Pandas 的 DataFrame 或 NumPy 数组,画图函数有以下几种形式[①]:

sns. 图名（x="x 轴列名", y="y 轴列名", data=原始数据 df 对象）

sns. 图名（x="x 轴列名", y="y 轴列名", hue="分组绘图参数", data=原始数据 df 对象）

sns. 图名（x=np. array［…］, y=np. array［…］）

利用 Seaborn 对数据的可视化操作,总结起来可以分为下面几种:

- 单变量分布可视化（displot）
- 双变量分布可视化（jointplot）
- 数据集中成对双变量分布（pairplot）
- 双变量—三变量散点图（relplot）
- 双变量—三变量连线图（relplot）
- 双变量—三变量简单拟合（regplot）
- 分类数据的特殊绘图（catplot）

5.2.1 单变量分布

单变量分布可视化是通过将单变量数据进行统计从而实现画出概率分布的功能,同时概率分布有直方图与概率分布曲线两种形式,如图 5-4 所示。利用 displot（）对单变量分布画出直方图（可以取消）,并自动进行概率分布的拟合（也可以使用参数取消）。

```
import numpy as np
import matplotlib as mpl
import matplotlib.pyplot as plt
```

---

① 参考 https：//www. jianshu. com/p/94931255aede

```
import seaborn as sns
sns.set_style('darkgrid') #主题设置
x = np.random.randn(200)
sns.distplot(x) #默认包含直方图和分布图

sns.distplot(x,hist = False) #取消直方图
```

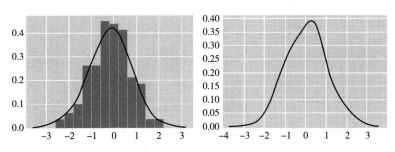

图 5-4　Seaborn 单变量分布可视化

在 Seaborn 中,我们使用 sns. set_style( )对图形的主题进行设定。Seaborn 主要包含 5 种主题:darkgrid、whitegrid、dark、white 和 ticks。需要注意的是,使用 set_style( )对主题的修改是全局性的,会影响后面所有的图像。

5.2.2　双变量分布

双变量分布就是分析两个变量的联合概率分布和每一个变量的分布,如图 5-5 所示。

```
import pandas as pd
mean, cov = [0, 1], [(1, .5), (.5, 1)]
data = np.random.multivariate_normal(mean, cov, 200)
df = pd.DataFrame(data, columns=["x", "y"])
sns.jointplot(x="x", y="y", data=df) #默认双变量分布

sns.jointplot(x="x", y="y", data=df, kind="kde") #使用曲线拟合分布密度
```

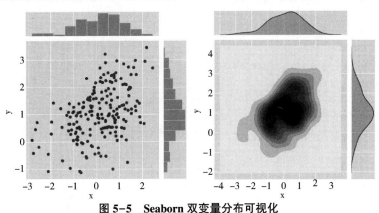

图 5-5　Seaborn 双变量分布可视化

5.2.3　数据集中成对双变量分析

对于数据集有多个变量的情况,如果每一对都要画出相关关系可能会比较麻烦,利用

Seaborn 可以很简单地画出数据集中每个变量之间的关系。这里我们使用鸢尾花数据 iris,其中包含 4 个变量,分别是鸢尾花花瓣的长度和宽度,以及花蕊的长度和宽度,如图 5-6 所示。

```
iris = sns.load_dataset("iris")
sns.pairplot(iris)
```

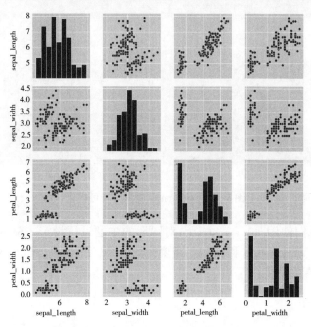

图 5-6　Seaborn 成对双变量分析

5.2.4　双变量—三变量散点图

统计分析是了解数据集中的变量如何相互关联以及这些关系如何依赖于其他变量的过程,有时候在对数据集完全不了解的情况下,可以利用散点图和连线图对其进行可视化分析,这里主要用到的是 relplot 函数。我们利用就餐小费金额数据 tips 来分析小费金额与就餐消费金额之间的关系。在此基础上我们还可以将"是否吸烟"这个变量通过颜色或图形加入其中,如图 5-7 所示。

```
tips = sns.load_dataset("tips")
sns.relplot(x="total_bill", y="tip", data=tips)
#使用颜色区分吸烟者和非吸烟者
sns.relplot(x="total_bill", y="tip", hue="smoker", data=tips)
#使用颜色和图形区分吸烟者和非吸烟者
sns.relplot(x="total_bill", y="tip", hue="smoker", style="smoker",data=tips)
```

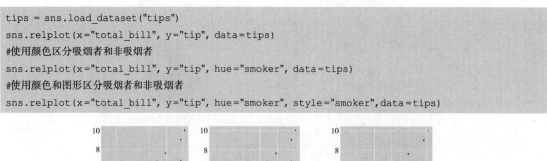

图 5-7　Seaborn 散点图

5.2.5　双变量—三变量连线图

为了进行数据分析,除了散点图,同样可以使用连续的线形来描述变化趋势,如图5-8所示。

```
df=pd.DataFrame(dict(time=np.arange(500),value=np.random.randn(500).cumsum()))
sns.relplot(x="time", y="value", kind="line", data=df)
```

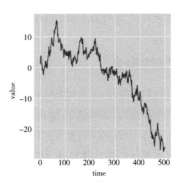

图5-8　Seaborn 折线图

我们也可以选择不对 x 进行排序,而是按样本的原始顺序连接样本点,如图5-9所示。此时,仅仅需要修改 sort 参数即可。

```
df = pd.DataFrame(np.random.randn(500, 2).cumsum(axis=0), columns=["x", "y"])
sns.relplot(x="x", y="y", sort=False, kind="line", data=df)
```

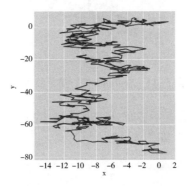

图5-9　不按 x 排序的折线图

为了使线形更加平滑可以使用聚合功能,即当对 x 变量的相同值进行多次测量时,取平均,并取置信区间,如图5-10所示。同时,也可以使用颜色来区分不同类型。

```
fmri = sns.load_dataset("fmri")
plt.figure()
sns.relplot(x="timepoint", y="signal", kind="line", data=fmri)
plt.figure()
#不进行平滑的曲线
sns.relplot(x="timepoint", y="signal",estimator=None,kind="line", data=fmri)
#使用颜色来区分不同类型
sns.relplot(x="timepoint", y="signal", hue="event", kind="line", data=fmri)
```

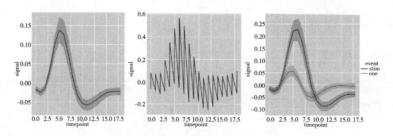

图 5-10　平滑与未平滑的折线图

5.2.6　双变量—三变量简单线性拟合

Seaborn 的目标是通过可视化快速简便地探索数据集。用统计模型来估计两组观察值之间的简单关系可能会非常有用，因此就需要用简单的线性来可视化。这里我们主要用 regplot( ) 进行画图。这个函数绘制两个变量 x 和 y 的散点图，然后拟合回归模型并绘制得到的回归直线和该回归的 95% 置信区间。这里我们仍然使用小费数据为例，如图 5-11 所示。

```
sns.set_style('darkgrid')
sns.regplot(x="total_bill", y="tip", data=tips)
```

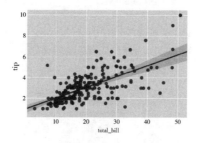

图 5-11　Seaborn 进行简单线性拟合

线性模型对某些数据可能适应不够好，可以使用参数 order 进行高阶模型拟合。这里我们使用安斯库姆四重奏的数据为例，如图 5-12 所示。

```
anscombe = sns.load_dataset("anscombe")
#线性拟合
sns.regplot(x="x", y="y", data=anscombe.query("dataset == 'II'"),ci=None)
#多项式拟合
sns.regplot(x="x", y="y", data=anscombe.query("dataset == 'II'"),ci=None,order = 2)
```

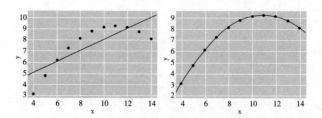

图 5-12　线性拟合与二次拟合

如果有明显错误的数据,可以利用参数 robust 进行删除,如图 5-13 所示。

```
sns.regplot(x="x", y="y", data=anscombe.query("dataset == 'III'"),ci=None)
plt.figure()
sns.regplot(x="x", y="y", data=anscombe.query("dataset == 'III'"),ci=None,robust = True)
```

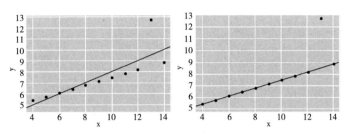

图 5-13　非稳健与稳健拟合

5.2.7　分类数据的特殊绘图

我们之前学习了如何使用散点图和回归模型拟合来可视化两个变量之间的关系。但是需要注意的是,散点图和回归模型通常需要两个变量均为定量变量。如果我们感兴趣的主要变量之一为分类变量,那该怎么办? 在这种情况下,就需要利用专门的分类可视化函数进行拟合,这时通常使用 catplot( ) 函数。

我们可以使用两种方法来画出不同数据的分类情况。第一种是每个类别分布在对应的横坐标上;第二种是为了展示出数据密度的分布,从而将数据产生少量随机抖动进行可视化。Seaborn 中默认使用第二种方法。这里我们仍然使用小费数据,但此时关注的是账单金额与星期几之间的关系,其中星期几为分类变量,如图 5-14 所示。

```
#随机抖动
sns.catplot(x="day", y="total_bill", data=tips)
plt.figure()
#取消随机抖动
sns.catplot(x="day", y="total_bill", jitter = False,data=tips)
```

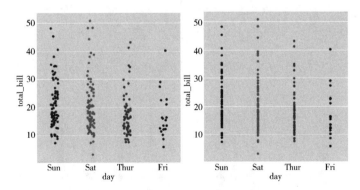

图 5-14　随机抖动与取消随机抖动

同时,我们可以使用分群(swarm)方法来使得图形分布均匀,如图 5-15 所示。值得注意的是,与上面的 scatter 相同,catplot 函数可以使用 hue 来添加一个维度,但是暂不支持 style。

```
#使用 swarm 方法来使图形分布均匀
sns.catplot(x="day", y="total_bill", kind="swarm", data=tips)
#使用 hue 来添加一维
sns.catplot(x="day", y="total_bill", hue="sex", kind="swarm", data=tips)
```

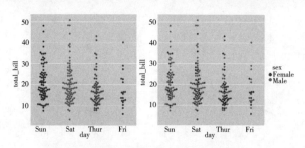

图 5-15　使用分群以及分类分群的可视化

　　除此之外,我们还可以使用箱线图和小提琴图来反映不同类别定量数据的分布关系,如图 5-16 和图 5-17 所示。这两类图形的具体用法我们将在本书的第三部分具体介绍。

```
#箱线图
sns.catplot(x="day", y="total_bill", kind="box", data=tips)
#使用 hue 来增加箱线图的维度
sns.catplot(x="day", y="total_bill", hue="smoker", kind="box", data=tips)
```

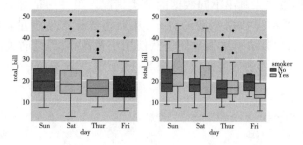

图 5-16　Seaborn 绘制的箱线图

```
#小提琴图
sns.catplot(x="day", y="total_bill", hue="time",kind="violin", data=tips)
#拆分小提琴图
sns.catplot(x="day", y="total_bill", hue="sex",kind="violin", split=True, data=tips)
```

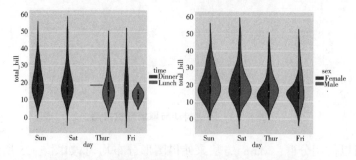

图 5-17　Seaborn 绘制的小提琴图与拆分小提琴图

如果我们更加关心类别之间的变化趋势,而不是每个类别内的分布情况,同样可以使用 catplot 来绘制柱状图。我们使用不同舱位和性别的泰坦尼克号幸存人员数据为例。柱状图的纵坐标可以表示每个类别所占的比例或者是总数。图 5-18(左)柱状图上的黑色竖杠代表置信区间。

```
titanic = sns.load_dataset("titanic")
sns.catplot(x="sex", y="survived", hue="class", kind="bar", data=titanic)
plt.figure()
sns.catplot(x="deck", kind="count", data=titanic)
```

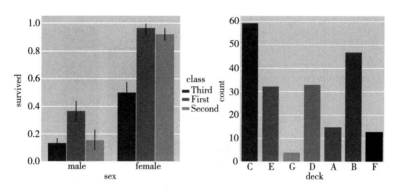

图 5-18　Seaborn 绘制的柱状图

5.3　Python 中的 Pyecharts 库

ECharts(Enterprise Charts),商业级数据图表,是百度的一个开源数据可视化工具,一个纯 Javascript 图表库。ECharts 提供直观、生动、可交互、可高度个性化定制的数据可视化图表。而 Python 是一门富有表达力的语言,很适合用于数据分析。当数据分析遇上数据可视化时, Pyecharts 便诞生了。Pyecharts 的作图功能非常强大,能满足绝大部分可视化需求。本章我们将介绍一些 Pyecharts 的基本作图思路和方法,使读者能快速入门。更为详细的 Pyecharts 介绍可以参考其官网使用手册 https://pyecharts.org。

5.3.1　Pyecharts 快速入门

在使用 Pyecharts 之前,我们需要提前安装 Pyecharts 库。如果 Anaconda 导航界面中无法找到 Pyecharts,可以在 Anaconda Prompt 中输入 pip install pyecharts 利用 pip 安装 Pyecharts。

为了让大家更快地熟悉 Pyecharts,我们以绘制柱状图为例,介绍 Pyecharts 的基本语法和编程框架。当大家了解基本框架后,其他的可视化需求便能很好地举一反三。

使用 Pycharts 生成图表主要步骤包括:

(1)导入相关图表包。

(2)进行图表的基础设置,创建图表对象。

(3)利用 add()方法进行数据输入与图表设置。

(4)利用 render()方法来进行图表保存和展示。

在以下示例程序中,Bar 为 Pyecharts 中绘制柱状图的包。我们通过添加其横纵坐标的方式来赋予柱状图相应的内容,如图 5-19 所示。需要注意的是,Pyecharts 中的数据需要以列表的形式输入。如果数据是其他形式,需要首先将其转换为列表或高维列表。最后我们使用 render

将图形生成本地 HTML 文件，默认会在当前目录生成 render.html 文件，也可以传入路径参数，如 bar.render("C:/pyecharts/mycharts.html")。

```
from pyecharts.charts import Bar
bar = Bar()
bar.add_xaxis(["衬衫","羊毛衫","雪纺衫","裤子","高跟鞋","袜子"])
bar.add_yaxis("商家A", [5, 20, 36, 10, 75, 90])
bar.render()
```

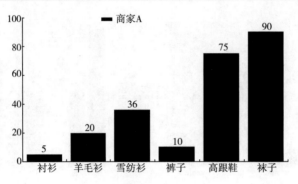

图 5-19　柱状图

除以上的方式外，我们还可以使用链式调用的方式来进行编程。当我们需要添加的参数较多时，这种形式会更为方便简洁。

```
from pyecharts.charts import Bar
bar = (
Bar()
    .add_xaxis(["衬衫","羊毛衫","雪纺衫","裤子","高跟鞋","袜子"])
    .add_yaxis("商家A", [5, 20, 36, 10, 75, 90])
)
bar.render()
```

在以上基本构图的基础上，我们可以通过设置配置项的方式来优化图形，例如添加标题以及设置主题等，如图 5-20 所示。其中，设置配置项需要调用 Pyecharts 中的 options 包，可通过设置全局配置 set_gobal_opts() 进行设置，以及在调用绘图包 Bar() 中进行初始化设置。设置全局变量需要调用 pyecharts.globals 中的相应类型。例如主题为 ThemeType。对于配置项的设置，我们将在后面的小节中具体介绍。

```
from pyecharts.charts import Bar
from pyecharts import options as opts
from pyecharts.globals import ThemeType
bar = (
Bar(init_opts=opts.InitOpts(theme=ThemeType.LIGHT))
    .add_xaxis(["衬衫","羊毛衫","雪纺衫","裤子","高跟鞋","袜子"])
    .add_yaxis("商家A", [5, 20, 36, 10, 75, 90])
    .add_yaxis("商家B", [15, 6, 45, 20, 35, 66])
    .set_global_opts(title_opts=opts.TitleOpts(title="主标题", subtitle="副标题"))
)
bar.render()
```

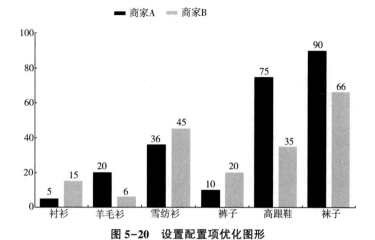

图 5-20 设置配置项优化图形

生成图表后,我们除了可以生成 html 文件外,还可以使用 snapshot_selenium 将其渲染为图片格式,具体方式如下:

```
from pyecharts.charts import Bar
from pyecharts.render import make_snapshot
from snapshot_selenium import snapshot
bar = (
Bar()
    .add_xaxis(["衬衫", "羊毛衫", "雪纺衫", "裤子", "高跟鞋", "袜子"])
    .add_yaxis("商家 A", [5, 20, 36, 10, 75, 90])
)
make_snapshot(snapshot, bar.render(), "bar.png")
```

5.3.2 Pyecharts 中的图表类型

在 Pyecharts 中,有丰富的图表可以选择,其使用方法和上一小节介绍的柱状图类似。具体的图表包括以下类型。每种类型的图形具体生成格式,请参考 Pyecharts 官网使用手册。

(1)基础类图表,如图 5-21 所示。

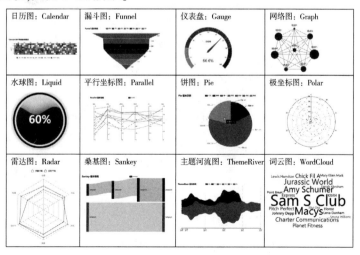

图 5-21 基础类图表

（2）直角坐标系图表，如图 5-22 所示。

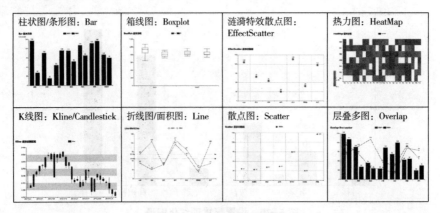

图 5-22　直角坐标系图表

（3）树型图表，如图 5-23 所示。

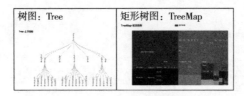

图 5-23　树型图表

（4）地理图表，如图 5-24 所示。

图 5-24　地理图表

（5）3D 图表，如图 5-25 所示。

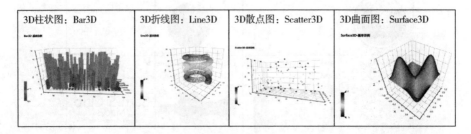

图 5-25　3D 图表

（6）组合图表，如图 5-26 所示。

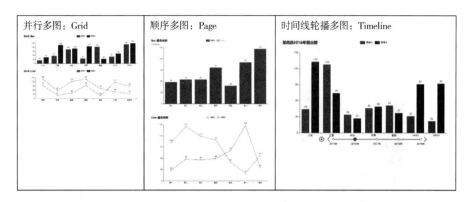

图 5-26　组合图表

5.3.3　Pyecharts 中的配置选项

我们可以通过设置 Pyecharts 中的配置选项来优化或个性化设置表格。Pyecharts 中的配置选项分为初始化配置项、全局配置项以及系列配置项。例如，下面绘制条形图的程序中 init_opts＝opts. InitOpts( ) 为设置初始化配置项，set_global_opts( ) 为设置全局配置项，set_series_opts( ) 为设置系列配置项。需要注意的是，初始化配置项一般在调用图形函数中设置。

```
from pyecharts. charts import Bar
from pyecharts import options as opts
from pyecharts. globals import ThemeType
def bar_reversal_axis()-> Bar:
    c = (
Bar(init_opts=opts. InitOpts(theme=ThemeType. LIGHT))
        .add_xaxis(Faker.choose())
        .add_yaxis("商家 A", Faker.values())
        .add_yaxis("商家 B", Faker.values())
        .reversal_axis()
        .set_series_opts(label_opts=opts. LabelOpts(position="right"))
        .set_global_opts(title_opts=opts. TitleOpts(title="Bar-翻转 XY 轴"))
    )
return c
```

初始化配置主要设置图形的基本规格和风格形式，主要包括的内容如表 5-1 所示。

表 5-1　初始化配置

配置内容	配置名称	默认设置
图表画布宽度	width	"900px"
图表画布高度	height	"500px"
图表 ID	chart_id	
渲染风格(可选 canvas 或 svg)	renderer	RenderType. CANVAS
网页标题	page_title	"Awesome-pyecharts"
图表主题	theme	"white"
图表背景颜色	bg_color	
远程 js	js_host	""

全局配置项主要就图表中的某些元素进行设置,主要包含的内容可由图5-27所示。

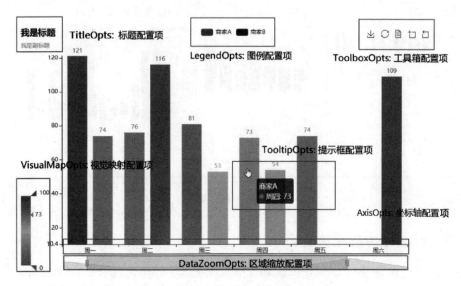

图 5-27　配置项内容

具体的全局配置项包含以下内容,详细使用方法请参见 Pyecharts 官网使用手册。

表 5-2　全局配置项内容

配置内容	配置名称
工具箱工具配置项	ToolBoxFeatureOpts
工具箱配置项	ToolboxOpts
标题配置项	TitleOpts
区域缩放配置项	DataZoomOpts
图例配置项	LegendOpts
视觉映射配置项	VisualMapOpts
提示框配置项	TooltipOpts
坐标轴轴线配置项	AxisLineOpts
坐标轴刻度配置项	AxisTickOpts
坐标轴指示器配置项	AxisPointerOpts
坐标轴配置项	AxisOpts
单轴配置项	SingleAxisOpts

系列配置项主要用于设置在图表中的图形颜色、透明度、添加的文字、标签、分割线、标记点、标记线、标记区域等。具体的系列配置项包含以下内容,详细使用方法请参见 Pyecharts 官网使用手册。

表 5-3　系列配置项内容

配置内容	配置名称
图元样式配置项	ItemStyleOpts

配置内容	配置名称
文字样式配置项	TextStyleOpts
标签配置项	LabelOpts
线样式配置项	LineStyleOpts
分割线配置项	SplitLineOpts
标记点数据项	MarkPointItem
标记点配置项	MarkPointOpts
标记线数据项	MarkLineItem
标记线配置项	MarkLineOpts
标记区域数据项	MarkAreaItem
标记区域配置项	MarkAreaOpts
涟漪特效配置项	EffectOpts
区域填充样式配置项	AreaStyleOpts
分隔区域配置项	SplitAreaOpts

5.4　其他数据可视化工具

以上三节介绍的数据可视化工具均是基于 Python 语言的可视化库。除了 Python 语言外，还有一些常用的其他数据可视化工具。这一小节我们将简单介绍工具类可视化工具 Tableau、编程开发类工具 R，以及交互式可视化工具 D3. js。

5.4.1　Tableau

Tableau 是一款非常容易上手的数据分析软件，使用非常简单，通过数据的导入，结合数据操作，即可实现对数据进行分析，并生成可视化的图表直接给使用者展现他们想要看到的通过数据分析出来的信息。简单地说，使用者可以用它将大量数据拖放到数字"画布"上，转眼间就能创建好各种图表。界面上的数据越容易操控，使用者对自己所在业务领域里的所作所为到底是正确还是错误了解得就越透彻。简单、易用是 Tableau 的最大特点，使用者不需要精通复杂的编程和统计原理，只需要把数据直接拖放到工作簿中，通过一些简单的设置就可以得到自己想要的数据可视化图形，这意味着，我们不再需要大量的工程师团队、大量的时间、定制软件还有陈旧的报告，每个人都可自主服务式分析并展示数据。

Tableau 的主要应用程序包括：
- Tableau Desktop：桌面分析软件，连接数据源后，只需拖拉即可快速创建图表。
- Tableau Server：发布和管理 Tableau Desktop 制作的图表；管理数据源；安全信息管理等。
- Tableau Online：完全托管在云端的分析平台，可在 Web 上进行交互、编辑和制作。
- Tableau Reader：在桌面免费打开制作的 Tableau 工作簿。
- Tableau Moblie：移动端 APP，可查看制作图表。
- Tableau Public：免费版本。与个人版或专业版相比，免费版本无法连接所有的数据格式或者数据源，但是已经能够完成大部分的工作。免费版本无法在本地保存工作簿，而是保存到云端的公共工作簿中，可以在那里下载工作簿，使用起来与收费版本区别不大。

这里,我们主要介绍桌面分析软件 Tableau Desktop 的使用方法。Tableua Desktop 可在 Tableua 官方中文网站 https://www.tableau.com/zh-cn 下载,其中个人版免费试用期为 14 天。

创建任何 Tableau 数据分析报告涉及 3 个基本步骤:

- 连接到数据源:涉及定位数据并使用适当类型的连接来读取数据。
- 选择维度和度量:包括从源数据中选择所需的变量进行分析。
- 应用可视化技术:涉及将所需的可视化方法(如特定图表或图形类型)应用于正在分析的数据。

第一步:连接到数据源

首先,我们在 Tableau 的工作簿中选择连接数据源的类型。例如,Excel 文件。再选择相应的文件路径,点击打开。这里我们选择 Tableau 样例数据中的 Superstore 作为例子,如图 5-28 所示。

接下来,如图左侧有若干张表,将所需表拖至"将工作表拖至此处",然后点击左下角的工作表 1。我们使用数据中的订单表 Orders 作为例子,如图 5-29 所示。

图 5-28　连接到数据源

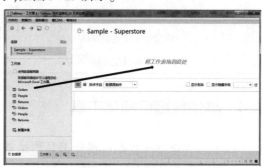

图 5-29　拖拽所需表

第二步:选择维度和度量

维度表示定性数据,而度量是定量数据。我们需要将所需要分析的变量拖至工作表的相应位置,例如行、列、标记等。这里我们选择订单表中的产品类别(Category)和区域(Region)作为行和列,销售额(Sales)作为文本标记。这时,工作表将出现每个产品类别和区域对应的销售总额,如图 5-30 所示。

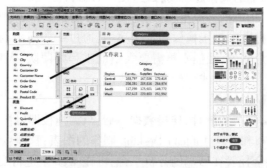

图 5-30　选择维度和度量

第三步:应用可视化技术

在上一步中,数据仅作为数字使用。我们可以考虑将这些数字拖至行或者列来实现可视化。例如,将标记中的 Sales 拖至列,展示销售额数值的表格会自动变为条形图,如图 5-31 所示。

我们还可以进一步添加其他的维度来丰富可视化的信息。例如,我们将派送方式(ship mode)拖至颜色标记,便可实现条形图按颜色进行分类的目的,如图 5-32 所示。

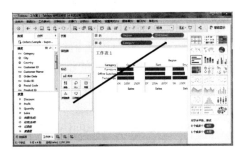

图 5-31　实现可视化

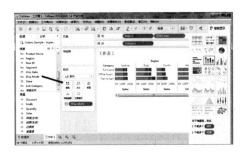

图 5-32　添加维度

至此,我们完成了一个简单的可视化作图。当然 Tableau 的功能远远不止于此。正如 Tableau 官网中提到:"我们坚信,帮助人们查看并理解数据是 21 世纪最重要的使命之一。我们拥有引以为豪的'数据极客'之称。"

5.4.2　R

相比于工具类可视化工具,编程开发类软件更为自由,并能很好地将数据分析和数据可视化结合起来。对于数据科学家来说,目前最为常用的编程开发类软件为 Python 和 R。现在 Python 有大量的工具用于统计建模和数据分析,因此,对于数据科学家来说是个很有吸引力的选择。本书前面三个小节已经介绍了使用 Python 实现数据可视化的方法。这里我们介绍另外一个广受统计学家青睐的编程软件 R。

R 语言是统计领域广泛使用的 S 语言的一个分支。奥克兰大学的罗伯特·杰特曼(Robert Gentleman)和乔治·罗斯·伊哈卡(George Ross Ihaka)及其他志愿人员开发了第一个 R 系统。R 是一套完整的数据处理、计算和制图软件系统。其功能包括:数据存储和处理系统;数组运算工具(其向量、矩阵运算方面功能尤其强大);完整连贯的统计分析工具;优秀的统计制图功能;简便而强大的编程语言;可操纵数据的输入和输出;可实现分支、循环;用户可自定义功能等。

与其说 R 是一种统计软件,还不如说 R 是一种数学计算的环境,因为 R 并不是仅仅提供若干统计程序、使用者只需指定数据库和若干参数便可进行统计分析。R 的思想是:它可以提供一些集成的统计工具,但它更多的是提供各种数学计算、统计计算函数,从而使使用者能灵活机动地进行数据分析,甚至创造出符合需要的新的统计计算方法。

作为编程开发类软件,R 通常与相匹配的集成开发环境 IDE 一起使用。R 中最为常用的集成开发环境为 RStudio。RStudio 的主界面主要由脚本区、控制台、环境区等不同界面组成,能很好地实现代码的编辑、运行以及对象的管理等多个功能的结合,如图 5-33 所示。

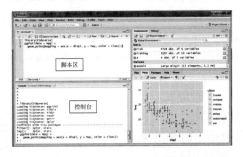

图 5-33　RStudio 主界面

我们还可以在使用 RStudio 中的 R Markdown 编辑运行数据分析和可视化的同时，完成包括 PDF、Word、HTML 等不同形式报告的自动生成和排版，为编写数据分析报告提供便利，如图 5-34 所示。

ggplot2 是使用 R 进行数据可视化最常用的软件包。ggplot2 包是基于 Wilkinson 在 *Grammar of Graphics* 一书中所提出的图形语法的具体实现，这套图形语法把绘图过程归纳为 data、transformation、scale、coordinates、elements、guides、display 等一系列独立的步骤，通过将这些步骤搭配组合，来实现个性化的统计绘图。于是，得益于该图形语法，哈德利·威克姆（Hadley Wickham）所开发的 ggplot2 摒弃了诸多繁琐的绘图细节，实现以人的思维进行高质量作图，如图 5-35 所示。在 ggplot2 包中，加号的引入完成了一系列图形语法叠加，也正是这个符号，让很多人喜欢用 R 来进行统计绘图。

图 5-34　自动生成和排版数据分析报告

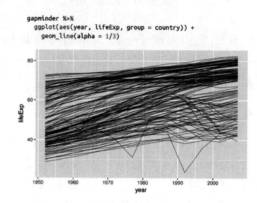

图 5-35　ggplot2 绘制折线图

5.4.3　D3.js

D3 的全称是 Data-Driven Documents（数据驱动的文档），是一个用来进行数据可视化的 JavaScript 函数库。因为 JavaScript 文件的后缀通常为 .js，所以 D3 被称为 D3.js。对 D3 来说，常见的柱形图、散点图、折线图、饼图等都不在话下。当然，D3.js 最大的特点在于其便捷的交互式操作实现。

D3.js 的交互式操作主要通过添加监听事件来实现。事件监听器是一种用于采集和反馈光标运动和点击的程序。技术上来说，有很多类型的所谓事件，但对于交互式可视化来说，我们只需要设计用户使用光标进行可视化的操作，比如说当光标放在某个图形元素上面的时候，就会显示相应的文字，而光标移开后，文字就会消失，或者光标单击一下某图形元素就会使它动起来等。

在 D3.js 中，添加一个监听事件使用 on("eventName",function) 来完成。其中，eventName 表示事件类型，function 表示事件发生时触发的函数。d3.select(this) 表示光标选择的当前元素。常见的鼠标监听事件包括：

- click：光标单击某元素时触发，相当于 mousedown 和 mouseup 的组合。
- mouseover：光标放在某元素上触发。
- mouseout：光标移出某元素时触发。
- mousemove：光标移动时触发。
- mousedown：光标按钮被按下时触发。
- mouseup：光标按钮被松开时触发。

• dblclick：光标双击时触发。

除此之外，还有很多关于键盘的监听事件，可以参考官网 API①。

以下为一个简单的监听事件的例子。其主要实现当光标放在柱状图的某矩形上时，矩形变为黄色，光标移开时矩形变为原来的蓝色，如图 5-36 所示。

```
1  .on("mouseover",function(){
2                  var rect = d3.select(this)
3                  .transition()
4                  .duration(1500)//当鼠标放在矩形上时，矩形变成黄色
5                  .attr("fill","yellow");
6              })
7  .on("mouseout",function(){
8                  var rect = d3.select(this)
9                  .transition()
10                 .delay(1500)
11                 .duration(1500)//当鼠标移出时，矩形变成蓝色
12                 .attr("fill","blue");
13             })
```

图 5-36　监听事件

这里我们仅仅简要介绍 D3. js 进行交互式操作的思想和简要方法。要想设置复杂的交互式可视化操作，需要使用者熟练掌握 JavaScript 的编程语言以及事件监听器的用法。随着时代的发展，还有很多工具类可视化工具提供一些简单的交互式操作工具，相比于 D3. js 更易上手，读者可以参考相应操作手册。

[小测验]

1. import matplotlib. pyplot as plt，那么设置图形图例的代码是(　　　)。
A. plt. title( )　　　　　　　　　　　　B. plt. legend( )
C. plt. label( )　　　　　　　　　　　　D. plt. tuli( )

2. import matplotlib. pyplot as plt，那么设置 x 轴刻度的代码是(　　　)。
A. plt. xlim( )　　　　　　　　　　　　B. plt. xlabel( )
C. plt. xticks( )　　　　　　　　　　　D. plt. xticklabels( )

3. import matplotlib. pyplot as plt，如果需要在一张图纸上同时绘制 4 张图，并按照 2 乘 2 排列，那么绘制第 2 行 1 一列的图时，应该使用的代码是(　　　)。
A. plt. subplot(2,2,2)　　　　　　　　B. plt. subplot(222)
C. plt. subplot(2,2,3)　　　　　　　　D. plt. subplot(223)

4. 使用 Pyecharts 绘制基础柱状图时，使用的数据结构为(　　　)。
A. 列表　　　　　B. 字典　　　　　C. 数组　　　　　D. 数据框

5. 使用 Pyecharts 绘制可视化图形时，设置主标题和副标题应该设置(　　　)。
A. 初始化配置　　B. 全局配置　　C. 系列配置　　D. 基础配置

---

① 　https://developer. mozilla. org/en-US/docs/Web/Events#Standard_events

6. 使用 Pyecharts 绘制可视化图形时,设置图表主题应该设置(   )。
A. 初始化配置　　　B. 全局配置　　　C. 系列配置　　　D. 基础配置

7. 使用 Pyecharts 绘制可视化图形时,设置文字样式应该设置(   )。
A. 初始化配置　　　B. 全局配置　　　C. 系列配置　　　D. 基础配置

8. 以下属于 Seaborn 要求的原始数据输入类型为(   )。
A. 列表　　　　　　B. 字典　　　　　　C. 数组　　　　　　D. 元组

9. Seaborn 进行双变量分布可视化的函数是(   )。
A. displot　　　　　B. jointplot　　　　C. relplot　　　　　D. catplot

10. Seaborn 绘制散点图使用的函数是(   )。
A. displot　　　　　B. jointplot　　　　C. relplot　　　　　D. catplot

第三部分　数据可视化基础图像与叙事

我们进行数据可视化的原因之一是确保从数据中获得知识。然而,如果对数据的认识有所偏差,也许我们根本找不到问题的关键,甚至被数据的表面现象所误导。

在进行数据可视化的时候,第一个步骤是搞清楚我们关心什么问题。换句话说,数据可视化能帮我们什么忙? 我们还有另外一个挑战,那就是找到合适的作图方法。我们总结了常用的可视化图像,共 40 种,根据它们的可视化视角被分为:

- 比较与排序:柱状图、环形柱状图、子弹图、哑铃图、雷达图、平行坐标图、雷达图
- 局部与整体:维恩图、饼图、环形图、旭日图、圆堆积图、矩形树图、漏斗图
- 分布:直方图、密度图、箱线图、小提琴图、峰线图
- 时间趋势:折线图、面积图、地平线图、河流图、瀑布图、烛形图
- 地理特征:分级地图、蜂窝热力地图、变形地图、关联地图、气泡地图
- 相关性:散点图、气泡图、相关图、热力图、二维密度图
- 网络关系:网络图、弧形链接图、环形链接图、和弦图、桑基图

在第二部分中我们系统地介绍了数据可视化的一般流程。为了更好地识别数据可视化表达的信息,我们需要再一次强调以下几个问题:

- 需要处理几个变量? 数据的类型是什么? 要画什么样的图形?
- 图形的横纵坐标分别代表什么? (对于三维图形,三个坐标分别代表什么?)
- 样本的数据量正常吗? 数据容量是否意味着什么?
- 是否使用了正确的颜色和透明度?
- 对于时间序列数据,关注的是时间趋势还是相关性?

对于数据的类型,我们通常可以分为定类和定量两种。定类数据即是分类的意思,可以计算百分比;定量数据是指数字可以对比大小,因而可以进行平均值计算。有时候,我们会进一步将定量数据细分为定比数据、定距数据和定序数据。其中,定比数据可以进行加、减运算以精确计算数据,比如身高、体重等;定距数据有单位,但没有绝对零点,可以做加减运算,不能做乘除运算,比如温度;定序数据是数据的中间级,用数字表示个体在某个有序状态中所处的位置,不能做四则运算。比如您对天猫的满意情况如何(非常不满意、比较不满意、中立、比较满意、非常满意)。

本部分我们将根据不同的可视化视角分 7 章对常用的数据可视化图形进行详细介绍,其中包括图形的基本信息、构成与视觉通道、适用数据、使用场景、各种变体、应用案例及 Python 的实现方法等。除此之外,我们还将介绍如何利用数据可视化讲述故事。最后我们从实际问题出发,使用 6 个案例来帮助读者了解实现数据可视化的完整过程。

6　比较与排序类可视化图像

作为最先诞生的一类可视化方法,比较与排序类可视化方法可以显示不同类别数据之间的相似与不同。这类图形通常使用长度、宽度、位置、面积、角度和颜色等来比较数值的大小,用于展示不同分类和时间的数据对比。时至今日,比较与排序类图像已然成为了实现数据可视化中最常见的图表,是数据可视化的主力军。

常见的比较与排序类可视化图像主要包括柱状图、环形柱状图、子弹图、哑铃图、雷达图、平行坐标图和词云图等。本章我们将分别介绍这 7 种可视化图像。当然,随着时代的发展,将会有更多的比较与排序类可视化图像问世,但无论如何都会与我们介绍的这几种图像有着千丝万缕的联系。

6.1　柱状图

作为比较与排序类图像的元老,柱状图(Bar Chart)是一种以长方形高度为测度标准的统计图表。柱状图用来比较两个或多个类别的定量指标。通常情况下,柱状图只有一个定性维度,被应用于较小的数据集中。同时柱状图亦可横向排列,或用多维方式表达。

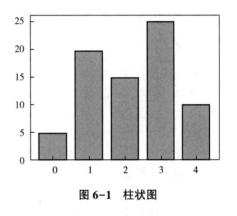

图 6-1　柱状图

6.1.1　基本信息

柱状图,又称长条图、条图、条状图、棒形图,是一种以长方形的高度为定量指标的统计图表。绘制柱状图时,长条柱或柱组中线须对齐分类刻度。相较之下,折线图则是将数据代表之点对齐分类刻度。在数字大且接近时,两者皆可使用波浪形省略符号,以扩大表现数据间的差距,增强理解和清晰度。柱状图和第 8 章介绍的直方图非常类似,但两者最大区别在于柱状图主要分析的是分类数据,而直方图通常用于表达定量数据。

柱状图的常见用途包括:①对一组包含数字和分类的数据,通过排序直观显示重要分类。②通过堆叠柱状图同时呈现出数字变化和各分类占比。③包含时间属性的柱状图也可以展示数字随时间变化的趋势。

6.1.2　构成与视觉通道

柱状图通常可以纵向排列或横向排列。但无论哪种排列方式,柱状图主要由横纵轴、矩形柱和图例组成,如图 6-2 所示。其中,柱状图的柱子可由不同颜色或不同图案进行填充。

柱状图中呈现数据的类别通常使用的是颜色和平面位置视觉通道,属于定性类型的视觉通道;呈现类别的数值以及类别之间数值比较使用的是长度视觉通道,属于定量类型的视觉通道。

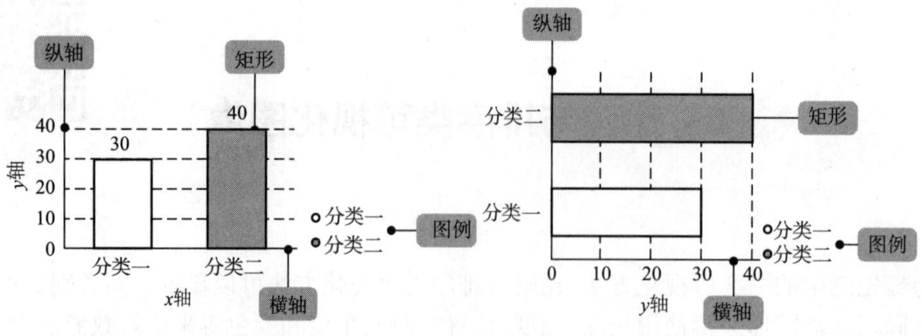

图 6-2　柱状图的构成

6.1.3　适用数据

柱状图适合展示两到三个数据属性。柱状图横轴的不同类别可以用于区分不同对象的符号或名称，例如统计某学校男女的数量，因而具有类别型属性，可以用来表示定类数据；而它每个矩形的高度顺序则可以区分对象的先后和大小顺序，例如纵轴的不同数值代表对象不同程度的属性，所以可以用来表示定序数据；除此之外，它还具有数值型属性，使用柱状图纵轴的不同数值可以表示对象的不同数值，可以用来表示定比数据，当横轴的坐标为年份、年龄等时，可以用来表示定距数据。

6.1.4　使用场景

柱状图的使用场景主要是对分类数据进行对比和排序。使用柱状图可以直观地看到各组数据差异性，强调个体之间的比较。柱状图不适合数据类别较多的场景，容易给人混乱的感觉。

6.1.5　注意事项

• 避免使用太多颜色。一般情况相同的颜色或同一颜色的不同色调柱状图表示一组相同的度量。如果需要强调某个数据时，应使用对比色或者变化色调来突出显示有意义的数据点(见图 6-3)。

• 对多个数据系列排序时，如果不涉及到日期等特定数据，最好能符合一定的逻辑，用直观的方式引导用户更好地查看数据，比如可以通过升序或降序排布(见图 6-4)。

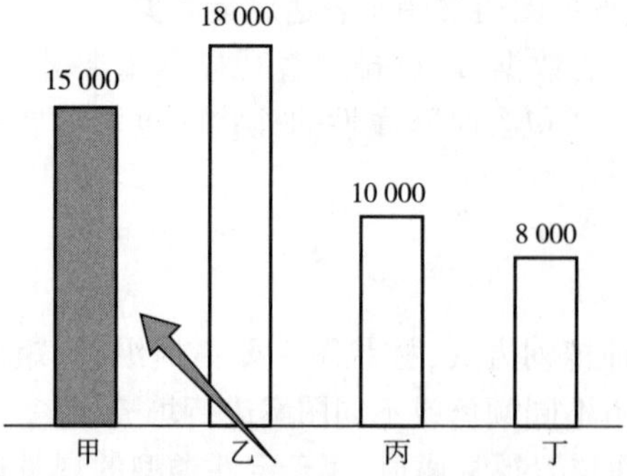

图 6-3　含对比色的柱状图

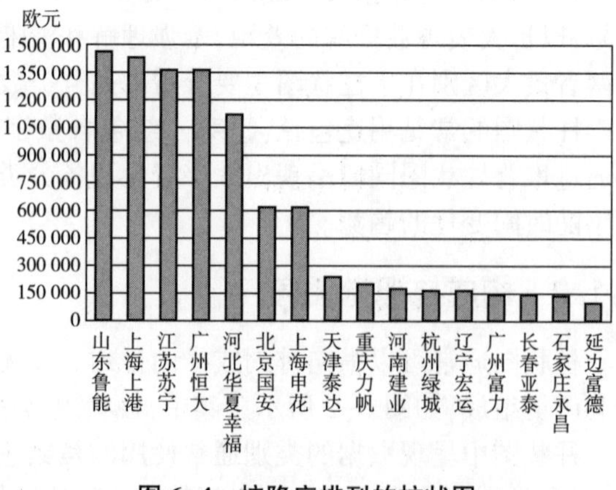

图 6-4　按降序排列的柱状图

• 反映数值的轴应该从 0 基线开始,以恰当地反映数据,否则可能会误导观者做出错误的判断(见图 6-5)。

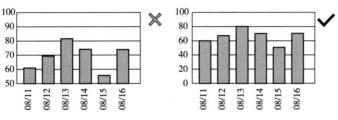

图 6-5　不同基线的柱状图

• 为了美观,建议柱状图的间隔宽度为柱宽的 1/2(见图 6-6)。

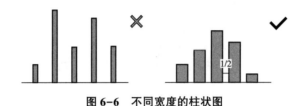

图 6-6　不同宽度的柱状图

• 数据分类较多时,最好采用横向布局的条形图(见图 6-7)。

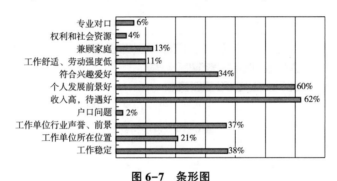

图 6-7　条形图

• 当有很明显的异常值时,比如一个过大或过小的值时,应筛选掉,或换用其他图表(见图 6-8)。

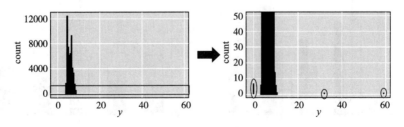

图 6-8　存在异常值的柱状图

• 定性数据的类别数目不能太多,否则就会使得图标直观性减弱。例如,使用堆叠柱状图比较同一柱形中不同类别数据的比例时,如果颜色超过三种,就无法直观表现比例大小。如图 6-9 中的左图,就难以对每组数据的绿色和橙色数据比例有准确的大小结论;图 6-9 中的右图也由于类别数量太多以及排序方式不当使得条形图丧失了很大一部分直观性。

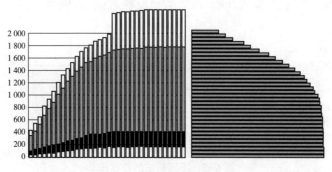

图 6-9　类别过多的柱状图

6.1.6　柱状图的变体

1) 条形图

条形图是用宽度相同的条形长短来表示数据多少的图形,如图 6-10 所示。

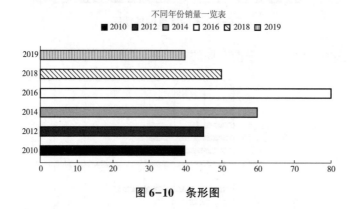

图 6-10　条形图

2) 并列柱状图(分组柱状图)

将柱状图的同种数据分组放置比较它们的分布。适合 2 个或 3 个数据类别的对比,如果数据类型超过 3 个则不适合采用并列柱状图,如图 6-11 所示。

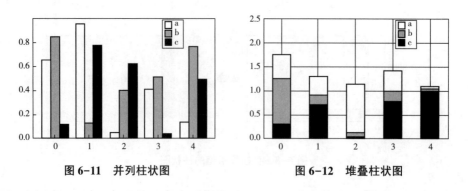

图 6-11　并列柱状图　　　　　　图 6-12　堆叠柱状图

3) 堆叠柱状图

将柱状图的同类型的数据用不同的颜色堆叠在同一组柱子上。适合既要对比总体的数据,又要对比总体各构成项数据的情况,如图 6-12 所示,但一般情况下,构成项数据不要超过 5 个,否则会比较凌乱。

4) 径向条形图(玉珏图)

径向条形图是在极坐标系(而非笛卡尔坐标系)上绘制的条形图,用角度表示数值的大小,空间利用率更高,视觉上也更具有吸引力,如图 6-13 所示。

5) 双向柱状图

将柱状图翻转过来即是双向柱状图。多用于展示包含相反含义的数据对比。其中图表的一个轴显示比较的类别,而另一轴代表对应的刻度值,如图 6-14 所示。

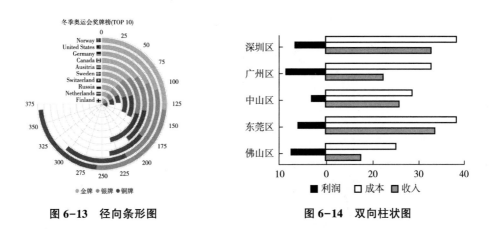

图 6-13　径向条形图　　　　　　　图 6-14　双向柱状图

6) 象柱形图

如果数据本身有比较具体形象的含义和背景,可以将柱状图(条形图)的柱子换成其他的图形,便成了象柱状图,如图 6-15 所示。

7) 3D 柱状图

我们可以将柱状图进行 3D 化,增加可视化包含的信息维度以及增加图形美观性。需要注意的是,为了产生近大远小的 3D 视觉效果,3D 柱状图中柱子的高度可能产生视觉差。因此 3D 柱状图很难进行精确的对比,柱子上通常会添加数据值的标注,如图 6-16 所示。

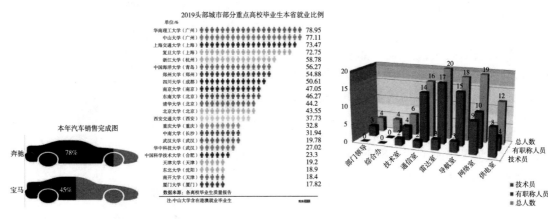

图 6-15　象柱形图　　　　　　　图 6-16　3D 柱状图

6.1.7 应用案例

如图 6-17,为了分析班级中各个同学的身高,我们可以将每个同学的身高画在柱状图中,这样,谁高谁矮便高下立判了。柱状图代码见资源包。

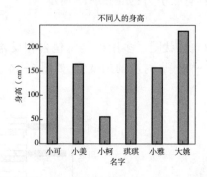

图 6-17　柱状图案例

6.1.8 柱状图小结

小结如图 6-18 所示。

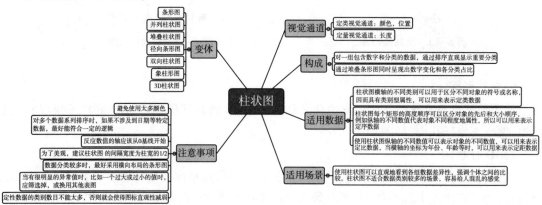

图 6-18　柱状图小结

6.2 环形柱状图

环形柱状图(Circular Bar Chart)是弯成环形的柱状图,它是柱状图变体呈现形式的一种。通常单个类别的最大值以及环形的角度都可以通过自己设置参数来控制,并由内环往外环逐级递增呈现数据。环形柱状图在 360°的情况下相交,相比于柱状图有一种对称的美,如图 6-19 所示。

6.2.1 基本信息

环形柱状图是一种常用的统计图表,它是条形图在极坐标系的变形,其中每个

图 6-19　环形柱状图示例

条形都是沿圆弧而不是直线排列的。这里没有显示轴的刻度,因为确切的值写在了每个条上,或者在与图表交互时表示。

环形柱状图的流行要归因于人们更容易被曲线和圆形吸引注意力的事实。不过也需要注意,圆形的视觉效果同准确的数据通信是存在冲突的:一方面它因其视觉吸引力而广受欢迎,但是另一方面又由于组成它的各个条形图的 y 轴不一定相同,因此应谨慎使用。

环形柱状图通常都是通过等距的条形在同一圆周上排列来展示信息,读者可以通过环形柱状图中各条数据的面积大小来进行对比。环形柱状图避免使用半径表示数据大小,是因为受众更容易关注到图形的面积,而当条形的内环宽度与外环宽度不同时,面积与半径有平方的差别,这样容易产生误导。所以这里直接使用面积来表示数据大小。

总之,当作者的目标主要是呈现一个吸引人的图表并给予读者对数据的总体感觉时,环形柱状图是很好的选择。但是如果需要使用图表进行精确对比,环形柱状图就不合适了。

这里单独介绍环形柱状图家族的重要成员:南丁格尔玫瑰图,相比环形柱状图,它不需要将条形图放置于圆周上,而是直接以扇形形式表示各部分信息,如图 6-20 所示。

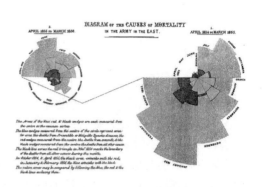

南丁格尔玫瑰图又名鸡冠花图、极坐标区域图,统计学家和医学改革家佛罗伦萨·南丁格尔(Florence Nightingale)在克里米亚战争期间创造了这种图表,用以反映军医院的季节性死亡率,促进了医院条件的改良。

南丁格尔玫瑰图采用同等角度下的半径长度来表示数据大小。由于用扇形表示信息,因此

图 6-20　南丁格尔玫瑰图

它可以算是饼图的变种,但是又由于它在极坐标系下等角度以半径展示数据量化信息,所以又可以将其视作环形柱状图的一员。它以扇形作为标志使得相互之间的接触面积过大,因此南丁格尔玫瑰图必须包含颜色以区分各项信息,但是为了避免过多的颜色扰乱视觉,所以限制了其展示信息的数量。另一方面这种做法也使得南丁格尔玫瑰图拥有足够的空间,可以在每一块扇形上展示层叠的多种信息,与环形柱状图相比,这也是它最后的优势。

6.2.2　构成与视觉通道

1)环形柱状图

与柱状图类似,环形柱状图主要由坐标轴和条形组成。条形柱上的注释以及不同颜色表示不同的分类。其中很多时候 y 轴可以省略,具体每个条形柱的数值由注释标明。需要注意的是,很多时候条形柱不是标准的矩形,而是内短外长的梯形,如图 6-21 所示。

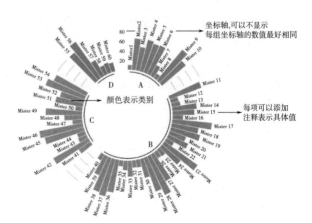

图 6-21　环形柱状图的构成

2)南丁格尔玫瑰图

玫瑰图的构成与环形柱状图类似,只是其条形柱由扇形替代。除此之外,由于各个扇形之间一般没有缝隙,因此不同扇形用不同的颜色来表示,以免造成混淆,如图 6-22 所示。

与柱状图有所不同,除了颜色和平面位置外,面积是环形柱状图主要的视觉通道。众所周知,面积的识别精确性较差,因此环形柱状图不适合进行精确对比。不同的是,玫瑰图使用长度视觉通道,其对比精确性优于环形柱状图。

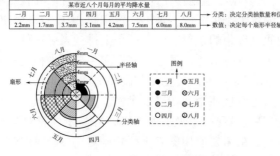

图 6-22　南丁格尔玫瑰图的构成

6.2.3　适用数据

环形柱状图一般适合展示不低于 40 条的定量数据,其面积表示每类数据的大小。特别需要注意的是,环形柱状图的角度是没有差别的,它的主要信息由每一根柱子的面积来表示。颜色不是环形柱状图的必要元素,仅在需要展示分类数据的时候添加颜色信息作为区别。相比于普通的环形柱状图,玫瑰图展示的类别不宜过多,并且每个类别一般需要使用不同的颜色表示。

需要特别指出的是,由于圆形有周期的特性,所以环形柱状图也适用于表示一个周期内的时间概念,比如星期、月份。这是环形柱状图相比于普通柱状图的一个优势。

6.2.4　注意事项

- 环形柱状图的绘制,其内圆半径不能过短,否则可能会导致柱形角度过于倾斜,形成视觉误差,对受众的信息接受造成误导。
- 环形柱状图不适合展示数据差别过大的数据集,这样将导致受众很难准确地了解对小值样本数据部分的细节信息。
- 环形柱状图的纵坐标要尽可能统一,如果不一致,那么它表示的信息就无法保证准确。因此,如果追求图表展示的准确性,环形柱状图就不是最好的选择。
- 如果误用半径展示数量信息,环形柱状图可能会夸大数据之间的差异。
- 环形柱状图具有排序效果。所以在数据较接近时要慎用梯度颜色展示,以免因包含定序信息而造成误导。
- 当展示的数据类别数量过少时,不建议采用环形柱状图,可以尝试柱状图或玫瑰图。
- 我们的视觉系统更擅长解释直线,所以需要对复杂的数据进行比较时,尽量不要使用极坐标系。

6.2.5　环形柱状图的变体

1）环形堆叠柱状图

环形柱状图的实现原理是将柱状图在极坐标下绘制,如果将柱状图扩展为层叠柱状图,同样可以实现层叠的环形柱状图效果,如图 6-23 所示。

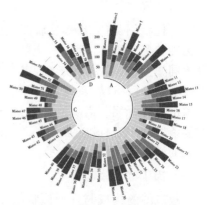

图 6-23　环形堆叠柱状图

2）半圆或四分之一圆上的环形柱状图

我们可以将一个整圆替换为半圆或四分之一圆来改变审美效果。例如，图 6-24 统计了中国星巴克店铺数量最多的城市，以径向的方式排列。上海约有 500 多家星巴克，数量遥遥领先，北京有 200 多家，苏州、杭州、深圳、广州约有 100 多家，在图上与上海的差距显示非常大。当数据间差异较大时，半圆环形柱状图的效果会优于普通环形柱状图。

6.2.6 代码实现

这里选取了玫瑰图为代表，数据为简单的一组数字，且在代码中可自行修改。图 6-25 所示的玫瑰图代码见资源包。

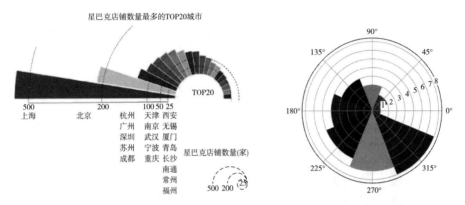

图 6-24　半圆环形柱状图　　　　　图 6-25　南丁格尔玫瑰图

6.2.7 环形柱状图小结

小结如图 6-26 所示。

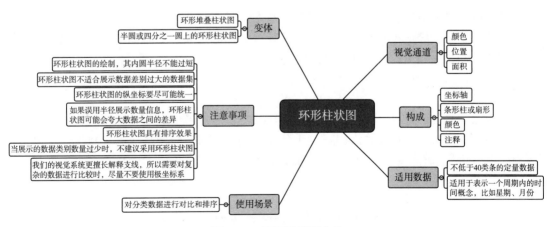

图 6-26　环形柱状图小结

6.3 子弹图

子弹图（Bullet Chart）的样子很像子弹射出后的轨道，所以称为子弹图。子弹图的发明是为了取代仪表盘上常见的里程表、时速表等基于圆形的信息表达方式。相较于圆形的可视化图表,子弹图无修饰的线性表达方式使我们能够在狭小的空间中表达丰富的数据信息,图中线性的信息表达方式与我们习以为常的文字阅读相似,能轻易地区分不同类型的字段,如图 6-27 所示。

6.3.1 基本信息

子弹图的每一个单元只能显示单一的数据信息源,通过添加合理的度量标尺可以显示更精确的阶段性数据信息,通过优化设计还能够用于表达多项同类数据的对比,例如表达一项数据与不同目标的校对结果。

子弹图的常规用途包括:(1)显示阶段性数据信息;(2)表达多项同类数据的对比;(3)表达一项数据与不同目标的校对结果。

6.3.2 构成与视觉通道

子弹图主要由分类标记、数据条测量标记,刻度轴以及背景色条组成,如图 6-28 所示。我们可以将子弹图看作条形图的增强版,也就是在条形图的基础上通过测量标记和背景色条增加更多的信息。

子弹图运用的视觉通道主要包括坐标轴位置视觉通道(分类轴、数据条、刻度轴)和色调视觉通道(背景色条)。

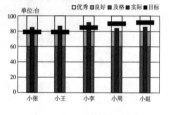

图 6-27 子弹图示例

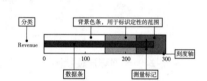

图 6-28 子弹图的构成

6.3.3 适用数据

子弹图适合展示不超过 5 条的定量数据和 2~5 个定性范围标志;分类轴位置表示分类(定类数据),数据条的长度表示数据大小(定量数据),标记的刻度轴位置表示目标数据(定量数据),背景色条的大小表示范围数据(定序数据)等。

6.3.4 使用场景

子弹图主要适用于显示阶段性数据信息。图 6-29 是一个模拟商铺一段时间内经营情况的数据,一共 5 条数据,分别代表收入(单位:千美元)、利率(单位:%)、平均成交额(单位:美元)、新客户(单位:个)和满意度(1－5)五个方面,每个方面都有代表好、中、差的 3 个范围和预先设定的目标。

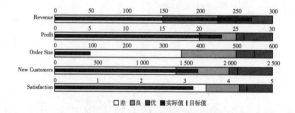

图 6-29 子弹图使用场景

6.3.5　注意事项

● 标签和条柱一般按照从大到小、从左至右、从上到下的原则进行排列；主要信息对象的文字标签和主体条柱，一般使用 100% 的黑色。

● 刻量度表颜色通常使用浅灰色，不干扰数据条柱的识别，使用浅灰色通常更能突出数据条柱的醒目度；刻度对应的文字颜色、定位、尺寸刻度的文字标识通常为 100% 黑色，由于其与主要条柱之间有刻度间隔，所以此处不会过于干扰主要条柱的识别。

● 定性范围标识一般为 3~5 个，超过 5 个的定性范围标识过于复杂，不利于信息的有效表达。

● 主要标记标识通常情况下在子弹图的垂直方向居中的位置，水平方向根据具体的数值进行定位。

6.3.6　子弹图的变体

1）反向子弹图

表达负面（消极）数据时，可以将子弹图做方向上的反转，称为反向子弹图。图 6-30 用反向子弹图表示开销的多少。

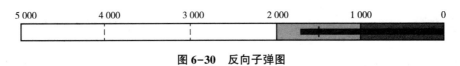

图 6-30　反向子弹图

2）层叠子弹图

层叠子弹图，表达一些阶段性的数据。例如，我们定义了全年的定额目标，但是每个季度都会阶段性地显示当前完成的进度，此时就需要同时表达每个季度的数据和全年整体的定额目标数据，如图 6-31 所示。

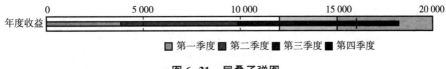

图 6-31　层叠子弹图

6.3.7　应用案例

我们希望对某企业各部门年终的运营情况进行可视化展示。子弹图可以很清晰地展示实际业绩与目标业绩的关系，也可以对各部门之间的实际业绩进行对比，如图 6-32 所示。

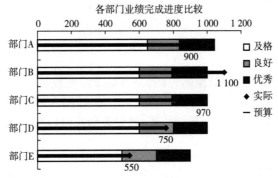

图 6-32　子弹图应用案例

6.3.8 子弹图小结

小结如图 6-33 所示。

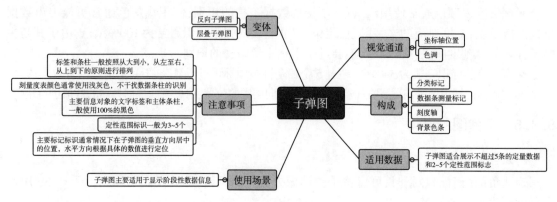

图 6-33 子弹图小结

6.4 哑铃图

平时喜好健身的同学一定对这个哑铃图(Dumbbell Charts)情有独钟,如图 6-34 所示。哑铃图很神奇,横着看像是哑铃,竖着看又像 DNA,所以哑铃图又叫 DNA 图。哑铃图是柱状图的变种,每组数据由最低和最高值组成。每组数据用数据点及一条线连接,所以形似哑铃。哑铃图在比较同类别数据的极差上有着天然的优势。

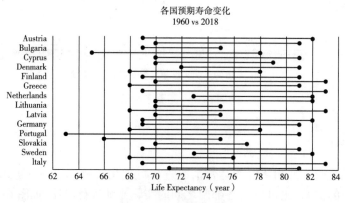

图 6-34 哑铃图示例

6.4.1 基本信息

哑铃图,包含两个或多个系列数据的点图,是群集条形图或斜率图的替代方法。

哑铃图主要用于呈现不同组别有关联的指标,比如时间跨度两端的值(反映变化),极值(反映特征),两个组进行对照(对比)等。另外,想要表示某组数据在外界刺激后的变化情况也可以用哑铃图。

6.4.2 构成与视觉通道

哑铃图的基础为标准的二维坐标系,每组数据由起始点、终止点及之间的连线构成,其中线表示起始点和终止点之间的联系,如图 6-35 所示。哑铃图可以看作散点图和线形图的双轴组合图表。

哑铃图可运用水平、垂直坐标轴位置、色调、长度、饱和度等视觉通道。其中,区别最低值和最高值采用颜色和平面位置视觉通道;对比不同变量数据数值大小采用坐标轴位置视觉通道,即最大值和最小值在坐标轴上的位置;对比各变量的极差采用长度视觉通道,即最大值与最小值距离的长度。

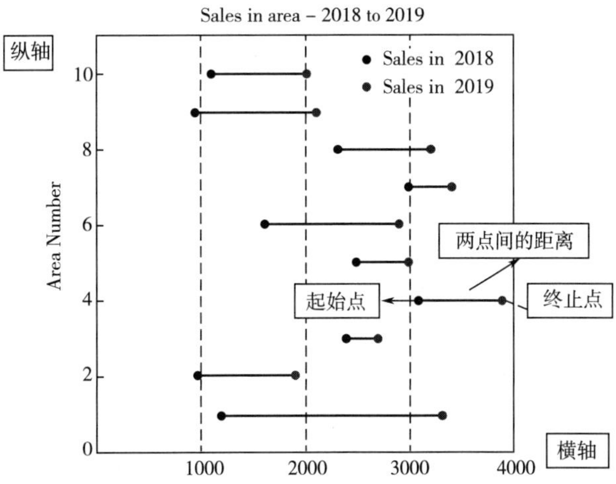

图 6-35　哑铃图的构成

6.4.3　适用数据

哑铃图适合展示 3 个数据属性,一般而言,水平位置的数据属性为定量数据;垂直位置为定性数据;起始点和终止点的分类为定性数据;色调的数据属性为定性数据。

6.4.4　使用场景

当存在多个类别时,我们可以使用哑铃图显示对照组和实验组的差异,或者是男女之间的差异等。我们也可以使用哑铃图表示用药前后指标的变化。另外,有时候我们需要统计志愿者的年龄,或者展示某些生理指标的范围,这时用哑铃图进行展示,会比简单图标看起来更加直观,也更加美观。图 6-36 给出了某企业产品各年订单数量的哑铃图。

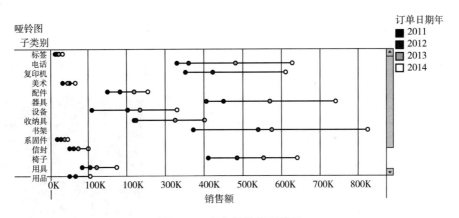

图 6-36　各年销售额哑铃图

6.4.5　注意事项

● 哑铃图的绘制难点在于边界的选择。如果需要刻画的数据个体之间差异很大,而数据端点差异很小,会导致哑铃杠杆过小,不易观察。所以,在比较数据差异较大时,选择合适的边界绘图就至关重要,有时需要颜色等其他视觉通道的辅助。

● 哑铃图使用范围较窄,只能用于比较起始点与终止点的相对大小,不能显示过程值,对于变化幅度难以精确区分时，可以用双折线图或瀑布图等代替。

● 哑铃图主要用于明确体现横向的对比。如果能将数据排序，纵向（即组别之间）的对比将更加清晰，可以更好地呈现数据的某些规律。

● 当数据量过大或差异过大时，哑铃图不适用。此时各线条过于密集，影响展示效果。

6.4.6　哑铃图的变体

1）棒棒糖图（火柴图）

棒棒糖图，又称火柴图，是一种简化的哑铃图，如图6-37所示。普通哑铃图需要表示至少两个端点。但棒棒糖图只有一个端点。它的功能与柱状图非常类似。

2）纵向哑铃图

与普通哑铃图不同，纵向哑铃图是将哑铃上下放置，其功能与普通哑铃图无异，如图6-38所示。

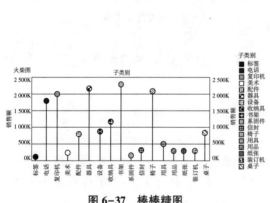

图6-37　棒棒糖图

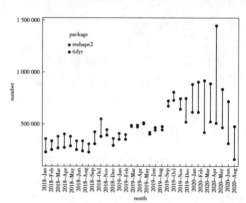

图6-38　纵向哑铃图

3）多变量哑铃图

普通哑铃图对于每个数据呈现两个维度的信息，而多变量哑铃图可呈现多个维度的信息，如图6-39所示。需要注意的是，这些维度之间一般需要有特定的顺序，例如时间顺序。

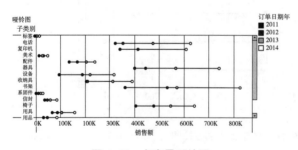

图6-39　多变量哑铃图

图6-40　极坐标哑铃图

4）变换坐标系后的哑铃图

通过变换坐标系，能获得极坐标下的哑铃图，如图6-40所示。这种哑铃图主要出于审美考虑，但是哑铃图的主要优势在于直线排列有更好的视觉识别性。因此这样的哑铃图也就失去了它原有的优势。

5) 地铁线路图

我们常见的地铁线路图其实也属于哑铃图的范畴。其中每条地铁线路为一个样本分类,每个地铁站表示一个节点。与普通哑铃图样本之间互不交叉不同,地铁线路图中的各条线路之间可能存在交叉,如图 6-41 所示。

6.4.7　应用案例

哑铃图可以比较同一事物在两个类别间的差异。图 6-42 呈现了最受男性女性喜爱的食物排行榜,纵轴坐标是不同的食物种类,横轴坐标表示流行程度,"哑铃"两端用来表示男性/女性对这种食物的喜爱程度,其中橙色圆点代表女性,蓝色圆点代表男性,灰色圆点代表人们这种食物喜爱程度的平均值。通过该图我们容易看出它是通过平均值大小进行排名,比较男性女性对食物口味的差异,其中男女口味差异最大的食物是意大利辣香肠,差异最小的食物是大蒜。哑铃图代码见资源包。

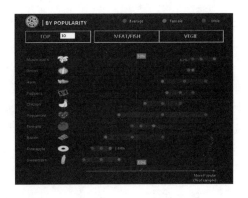

图 6-41　地铁线路图

BY POPULARITY	Male	Female
Sweetcorn	0.2	0.45
Pineapple	0.25	0.4
Bacon	0.55	0.42
Tomato	0.48	0.53
Pepperoni	0.7	0.44
Chicken	0.6	0.51
Peppers	0.63	0.4
Ham	0.7	0.55
Onion	0.62	0.63
Mushrooms	0.63	0.72

图 6-42　哑铃图对比差异应用

哑铃图还可以呈现一定时间段内某属性数据的变化及变化程度。以产品销售为例,图 6-43 为各地区 2013 年和 2014 年销售额增长百分比哑铃图,其中纵轴为地区代码,横轴为销售额所占百分比,可以看到 2013 — 2014 年间各地区销售额的相应值和变化幅度。

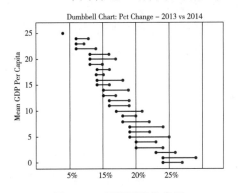

图 6-43　哑铃图变化应用

6.4.8 哑铃图小结

小结如图 6-44 所示。

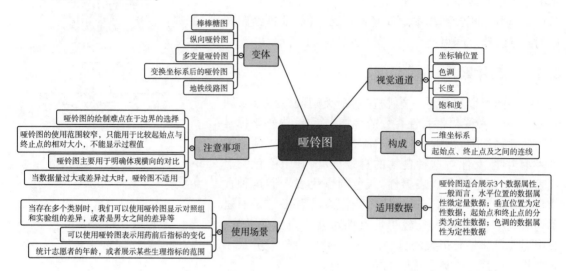

图 6-44　哑铃图小结

6.5　雷达图

顾名思义,雷达图(Radar Chart)就是长得像雷达的比较与排序类图像,是以从同一点开始的轴上表示的 3 个或 3 个以上定量变量的二维图表的形式显示多变量数据。轴的相对位置和角度通常是无信息的。我们可以形象地把雷达图看作一个 360 度收尾拼接的折线图,从图 6-45 中,不难看出雷达图和折线图有着十分微妙的关系。

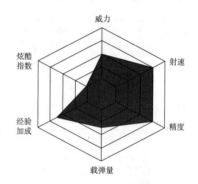

图 6-45　雷达图示例

6.5.1　基本信息

雷达图又被叫作蜘蛛网图,是一种显示多变量数据的图形方法。在坐标轴设置恰当的情况下雷达图所围面积 也能表现出某种信息。

雷达图通常从同一中心点开始等角度间隔地射出 3 个以上的轴,每个轴通常代表一个定量变量,有时每个轴有相同的刻度,各轴上的点依次用网格线作为辅助连接成线或几何图形。

雷达图的常见用途包括:①查看哪些变量具有相似的值;②在变量间进行对比,查看变量之间是否有异常值;③显示性能,查看哪些变量在数据集内得分较高或较低;④展示数据,例如排名、评估、评论等;⑤多幅雷达图之间或者雷达图的多层数据线之间,还可以进行总体数值情况的对比。

6.5.2　构成与视觉通道

1) 单组雷达图

某人用雷达图对自己进行能力评估。能力分为:沟通能力、协作能力、领导能力、学习能力、创新能力、技术能力,每项为 0~10 分。不难看出,单组雷达图主要由分类变量、半径轴、数据点、雷达链以及封闭集合形状构成,如图 6-46 所示。

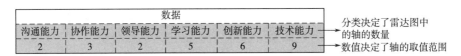

数据
沟通能力
协作能力
领导能力
学习能力
创新能力
技术能力
2
3
2
5
6
9
分类决定了雷达图中的轴的数量
数值决定了轴的取值范围
沟通能力
10
8
6
4
2
半径轴
协作能力
分类
技术能力
雷达链
封闭集合形状
数据点
创新能力
领导能力
学习能力

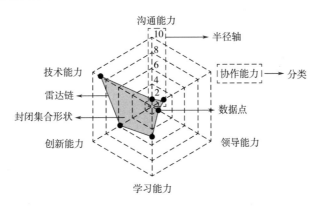

图 6-46　单组雷达图的构成

2) 多组雷达图

如图 6-47 所示的多组雷达图中,封闭范围的个数表示分组的个数,通常我们用不同雷达链颜色或区域填充颜色来进行区分。相比于单组雷达图,多组雷达图还需要添加图例来反映不同的分组。

雷达图运用了坐标轴位置视觉通道,有时候也用面积视觉通道进行性能比较。

类别一
坐标轴
10
8
6
4
2
0
类别二
类别五
雷达链
图例
数据点
类别四
类别三
区域范围
分组一
分组二

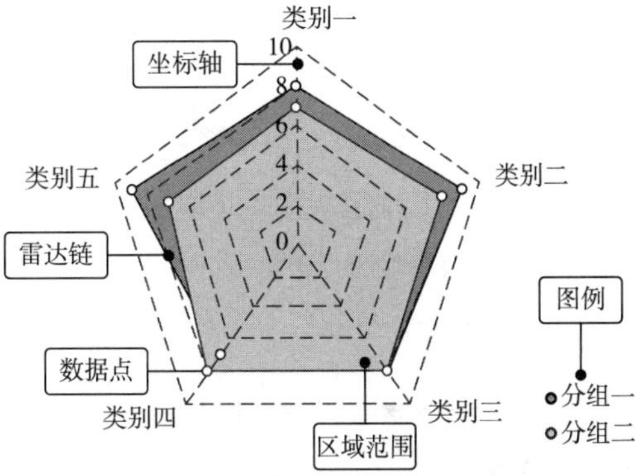

图 6-47　多组雷达图的构成

6.5.3　适用数据

雷达图适合展示 5 组以下的多维度(一般不超过 30 维)数据集;颜色表示组类别(定类数据),不同的坐标轴表示不同的维度(可以是定量数据也可以是定类数据)。

6.5.4　使用场景

雷达图不仅可以在财务领域使用,也可以应用于非常多的其他领域。如何判断哪些场景可以使用雷达图呢? 只要能够划分为几个维度,同时有参考标准可以对比,就可以使用雷达图。比如组织创新能力、组织战略规划能力、组织流程管理能力、组织设计管理能力、组织市场营销能力等,都可以用雷达图展现。

1) 多维对比—单雷达链(自己与自己比较)

在某一数据对象由多个特征类别构成的情况下,可用雷达图来描绘这个数据对象。比如:

篮球运动员的能力(得分能力、篮板能力、抢断能力、助攻能力、盖帽能力);食品的营养成分(糖、维生素、矿物质、脂肪、水)等。

需要注意的是,雷达图要求特征类别是有限的,不能过多,而且都可以归一化,或者按照统一标准来标准化。比如,身高和体重,虽然单位不同数值分布也不同,但是都可以划分为一个从最小值到最大值(或 0~1)的分数(或指数),或者干脆离散化为(差、普通、优异)。

例如,世界经济论坛发布了全球竞争力指数报告,通过基本要求、效率增强器、创新与成熟因素等3大方面对全球国家和地区进行竞争力评估。中国排名第28,得分4.89。通过图6-48,我们可以清晰看出中国在各个因素下的得分情况,进而进行分析。

2）多组多维对比—多雷达链（自己跟别人比较）

多雷达链常用于表示由多个维度组成的能力度量。如图6-49展示了华为Mate和中兴Grand Memo两款手机的综合表现雷达图（虚拟数据）,分别从易用性、功能、拍照、跑分、续航这5个维度进行考核,可以看出两款手机在各个维度方面的性能都比较平衡,同时也可逐项对比。

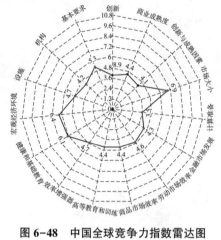

图 6-48　中国全球竞争力指数雷达图

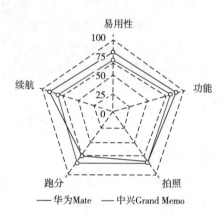

图 6-49　手机综合表现雷达图

6.5.5　注意事项

● 如果雷达图上多边形过多,会使可读性下降,使整体图形过于混乱。特别是有颜色填充的多边形的情况,上层会遮挡覆盖下层多边形。

● 如果变量过多,也会造成可读性下降,因为一个变量对应一个坐标轴,这样会使坐标轴过于密集,图表看起来会很复杂。所以最佳实践就是尽可能控制变量的数量使雷达图保持简单清晰。

● 雷达图更注重于同类图表之间的对比（即雷达图与雷达图之间的对比）。

● 雷达图不能很有效地比较每个变量的数值。即使借助蜘蛛网般的网格指引,也不如在直线轴上比较数值容易。雷达视力表的比较并非像我们在"常规"坐标图中所见的那样简单地进行直线视线比较,而是要进行有意识的思考,以脑力投射某种旋转弧度将一个值从一个轴映射到另一个轴,我们的大脑并不是特别擅长做这样的工作。因此尝试跨不同轴比较值时会出现许多不同的问题,对人来说不够直接也不够轻松。

● 在将数据映射到刻度相同的这些轴上时,需要注意预先对数值进行标准化处理,以保证各个轴之间的数值比例能够做同级别的比较。

● 雷达图的坐标轴刻度可以不一样,如图6-50所示。但这样的情况,有学者认为因为坐

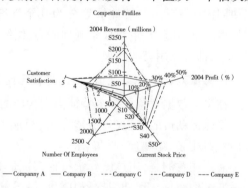

图 6-50　坐标轴刻度不同的雷达图

标轴名义上的独立,对变量进行比较是没有意义的。无论是在一个轴上的比例尺倒置还是表示的值范围略有不同,比较都是荒谬的。

- 雷达图的各个轴上表示的定量或定序数据,除了一些不太常见的情况(例如绘制时间序列数据时)外,都是不相关的。然而,雷达图通过不同轴上的值之间的连接线来强制创建变量之间的某种关系,从而创建系列分组,会有误导用户的可能。

- 雷达图的形状并没有很好的显性意义,并且形状的面积随值的平方而不是线性增加。这可能会导致我们误解数据,因为值的微小差异会导致面积上的显著差异,从而在按照自然倾斜度比较形状大小时会夸大差异。雷达图有许多更有效的替代方法,具体取决于所提供的信息。如条形图、折线图(尤其是时间序列数据)、平行坐标图,以及非常简单的显示原始数据的表格等。后者通常被忽略,但是当处理相对较小的简单数据集时,它通常是表示信息的最直接最清晰的方法。在更复杂的情况下,雷达图的更有效替代方法是采用清晰的小而多组图,它由爱德华·塔夫特(Edward Tufte)定义,使用相同的变量组合,依照另一个变量的变化,做出的一系列小图表,排列为一行或一列,起到化繁为简的作用,如图 6-51 所示。这样一来,更容易获得更高级别的概述并更详细地进行调查,从而消除了复杂图特别是雷达图常见的混乱、遮挡和相关问题。

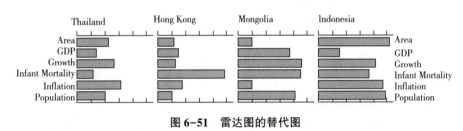

图 6-51　雷达图的替代图

6.5.6　雷达图的变体

1)平行坐标图

平行坐标图与雷达图非常相似,只是将环形的布局换成平行布局,如图 6-52 所示。我们将在第 6.6 小节进行详细介绍。

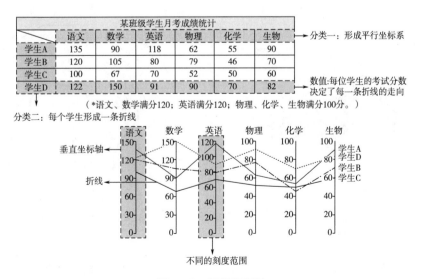

图 6-52　平行坐标图

2) 用面代替线来分割各个区域

普通的雷达图是用点表示各个维度的变量,再用线轴与中心点连接。有时候我们可以使用面来替代点。这时每个维度从一个线轴变为一个三角形,雷达图整体呈现出一个正多边形的形态。这种雷达图与普通雷达图功能完全一致,只是审美有所不同,如图 6-53 所示。

图 6-53 面替代线的雷达图

3) 将几何图形的边缘连线从直线变成了曲线

普通的雷达图中,雷达区域是由多边形构成的。有时候我们也可以将多边形由直线构成的边换成光滑后的曲线。这种雷达图也只是出于审美的考虑,功能上与普通雷达图并无区别,如图 6-54 所示。

4) 在最外层对轴做归类

在绘制雷达图时,多个变量维度之间可能存在某种嵌套关系。也就说某些类别可能归为一个大类。此时,我们可以在普通雷达图基础上将变量进行归类,可以更好地识别变量间的从属关系,如图 6-55 所示。

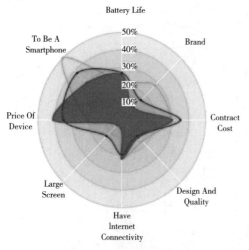

图 6-54 曲线雷达图

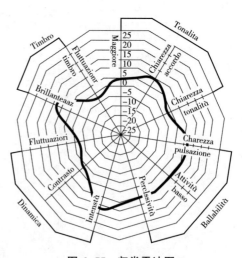

图 6-55 归类雷达图

6.5.7　应用案例

应用案例 1：学校里的那些事

同学小雅和琪琪想比较某学期期末考试的成绩。这学期两位同学一共修读了五门课程，成绩如表 6-1 所示。

表 6-1　两位同学的成绩表

	大学英语	数学分析	体育	数据可视化	优化方法
小雅	87	79	95	92	96
琪琪	65	60	85	94	88

我们将两位同学五门课程的期末成绩绘制在雷达图中。不难看出，小雅的成绩普遍高于琪琪。特别是大学英语和数学分析这两门课程，小雅成绩明显优于琪琪。只有数据可视化这门课程两人成绩最为接近。如图 6-56 所示的雷达图的代码见资源包。

应用案例 2：水果应该怎么选?

同济大学学生的作品 *Cut the Fruits*，是 ChinaVis Visap 2018 参展作品，如图 6-57 所示。该作品对苹果、桃子、梨三种水果，分别选取不同的品种，对每种品种的各种营养成分进行分析计算，每个品种做成一张雷达图。这样可以在不同品种的水果间进行比较。

图 6-56　大学成绩对比雷达图　　　　图 6-57　不同水果营养成分雷达图

6.5.8　雷达图小结

小结如图 6-58 所示。

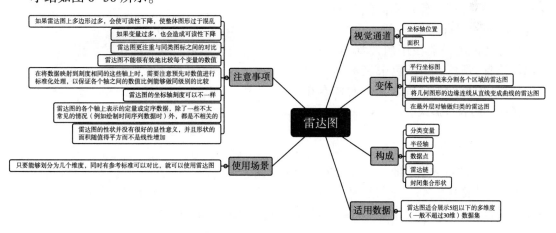

图 6-58　雷达图小结

6.6 平行坐标图

平行坐标图(Parallel Graph)作为折线图的直系亲属,是对于具有多个属性问题的一种可视化方法。在平行坐标图中数据集的一行数据在平行坐标图中用一条折线表示,纵向是属性值,横向是属性类别,如图6-59所示。平行坐标图在对于多个属性的展示有着得天独厚的优势。

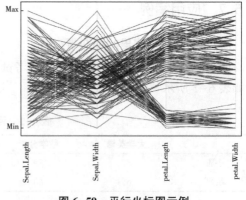

图 6-59 平行坐标图示例

6.6.1 基本信息

平行坐标的理论来源最早可以追溯到19世纪。平行坐标最早由法国数学家Ocane在1885年提出。1985年Inselberg提出多维情况下的平行坐标,并将其应用于计算几何问题。1990年美国统计学家Wegman提议将平行坐标应用于多元数据分析。

平行坐标是可视化高维几何和分析多元数据的常用方法。为了在N维空间中显示一组点,绘制由N条平行线组成的背景,通常是垂直且等距的。所述的N维空间点被表示为折线,其顶点在平行的轴线上:第i轴上顶点的位置对应于该点的第i个坐标。

平行坐标图的折线走势"陡峭"与"低谷"只是表示在该属性上属性值的变化范围的大小,对于标签分类不具有决定意义,但是"陡峭"的属性上属性值间距较大,视觉上更容易区分出不同的标签类别。标签的分类主要看相同颜色的折线是否集中,若在某个属性上相同颜色折线较为集中,不同颜色有一定的间距,则说明该属性对于预测标签类别有较大的帮助。若平行坐标图中的某个属性上线条混乱,颜色混杂,则该属性对于标签类别判定较大可能没有价值。

平行坐标图的常规用途包括:①区分出不同的标签类别;②将三维以上的数据转换为二维图表的形式,便于比较观察。

6.6.2 构成与视觉通道

平行坐标图主要由表示属性的纵轴和表示样本数据的折线组成。如果数据之间存在类别差异,可以使用不同颜色的折线来进行区分,如图6-60所示。

平行坐标图一般使用的视觉通道有:坐标轴位置、颜色。用颜色来表示不同类型的样本,用坐标轴位置表示不同样本在某一属性下的表现形式。

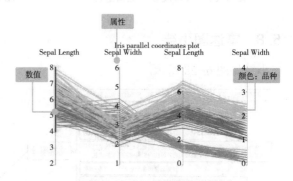

图 6-60 平行坐标图的构成

6.6.3 适用数据

平行坐标图将数据集的一行数据在平行坐标图中用一条折线表示,纵向是属性值,横向是属性类别(用索引表示)。平行坐标图用纵轴的坐标表示对象的属性强弱,可以是定序数据或定距数据,其标准可以不统一。平行坐标图使用颜色表示数据的种类。

6.6.4 使用场景

平行坐标图主要用于反映变化趋势和各个变量间相互关系。图6-61表示的是不同游戏中用户对游戏各项属性的评价,一共3种游戏,用不同的颜色标识。纵轴是各个属性的评分,横轴是属性类别(满意度、耗时程度、可玩性、对新手友好度)。从图中我们可以清晰地发现,3种游戏的满意度都较高,但耗时程度、可玩性和对新手的友好度都差别巨大。耗时程度高的游戏普遍对新手的友好度较差。

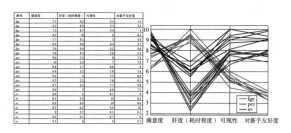

图6-61 平行坐标图使用场景

6.6.5 注意事项

- 为避免线条混乱,不应该选择过多的颜色使线条混乱,颜色太多不利于判断目标与属性的关系。
- 坐标轴刻度之间的距离尽可能大些,即适当增大属性值间距,能够提高折线视觉上的可分辨性。为了达成上述效果,在属性类别标准不同的情况下缩放是必要的。
- 注意尽量保证线条之间有分明的归属,颜色辨识度高。
- 注意不同轴的数值意义可能不同。

6.6.6 平行坐标图的变体

1) 三维平行坐标图

三维形态的平行坐标图,如图6-62所示。虽然拓展了维度,但折线的折叠情况更为复杂。当数据较多的时候会比二维平行坐标图更加混乱,前排折线也非常容易遮挡后排折线。

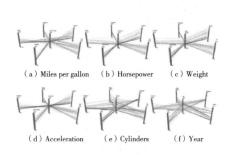

图6-62 三维平行坐标图

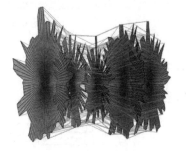

图6-63 星型平行坐标图

2) 星型平行坐标图

在点过多、属性类别也比较多的情况下,使用普通平行坐标图会使整个平面非常的混乱,因此我们可以将平行坐标图与星型图相结合。这时会更容易看出每个种类不同属性的分布情况。这也是对上述三维平行坐标图的改进,如图6-63所示。

6.6.7 应用案例

这里展示在机器学习中非常经典的鸢尾花数据集,鸢尾花数据集最初由 Edgar Anderson 测量得到,而后在著名的统计学家和生物学家 R. A. 费希尔(R. A. Fisher)于 1936 年发表的文章 *The use of multiple measurements in taxonomic problems* 中,用其作为线性判别分析(Linear Discriminant Analysis)的一个例子,证明分类的统计方法,从而被众人所知,尤其是在机器学习这个领域。

数据中的两类鸢尾花记录结果是在加拿大加斯帕半岛上,于同一天的同一个时间段,使用相同的测量仪器,在相同的牧场上由同一个人测量出来的。这是一份有着 70 年历史的数据,详细数据集可以在 UCI 数据库中找到。部分数据总汇如表 6-2 所示。

表 6-2 鸢尾花数据集部分数据

属性	最大值	最小值	均值	方差
萼长	7.9	4.3	5.84	0.83
萼宽	4.4	2.0	3.05	0.43
瓣长	6.9	1.0	3.76	1.76
瓣宽	2.5	0.1	1.20	0.76

依据这个数据,在数据预览的时候,我们便可以使用平行坐标图去更直观地了解数据。从平行坐标图中我们可以清晰地判别鸢尾花的三类亚种(图中已经使用不同颜色进行标注)。图 6-64 所示的平行坐标图的代码见资源包。

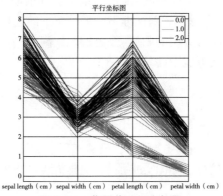

图 6-64 鸢尾花平行坐标图

6.6.8 平行坐标图小结

小结如图 6-65 所示。

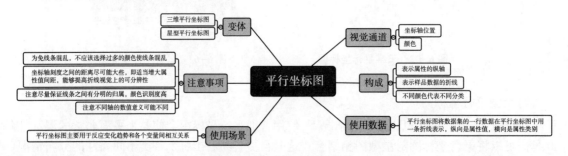

图 6-65 平行坐标图小结

6.7 词云图

词云图(Word Cloud)是比较与排序类图表,在年终汇报、策划方案、竞标提案里出镜率颇高。词云图可以通过可视化过滤掉大量的文本信息,使受众只要一眼扫过就可以领略文本的主旨。图6-66所示的词云图代码见资源包。

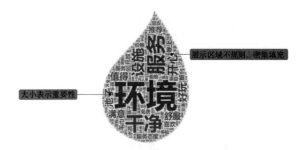

图6-66 词云图示例

6.7.1 基本信息

词云图是一种表现离散变量(文本数据)出现次数、点击次数、重要性程度等的图表。"词云"这个概念由美国西北大学新闻学副教授、新媒体专业主任里奇·戈登(Rich Gordon)于2006年左右提出,是一个不折不扣的"00后"图表。

词云图的基本绘制过程如下:开始输入原始文本,它首先将识别离散的文本数据,其次删除一些停用词(例如英文里的the、it、to这些冠词或介词),然后依据出现次数、重要程度等为每个文本数据分配权重,其后确定展现区域(可不为矩形)把加权文本转变为图形,最后使用关键算法将加权文本填充到展现区域。

词云图中最常见的是关键词云图,它把所有的文本数据无规则地密密麻麻地填充在展现区域,展现区域除了表示填充区域没有过多的意义,展现区域使用图片可以凸显这类文本数据与图片的相关性,使用文本大小、颜色、旋转角度表现每个文本数据的重要性、出现次数、点击次数等,即任意一个文本数据的重要性为该文本的文字大小(文字大小与文本数据重要性可不为线性正相关)。

还有一种词云图称为标签云图,它把所有的文本数据有规则地按一定顺序填充在展现区域,展现区域也多为有规则的矩形,主要用于描述网站中用户使用各个标签的条目数,媒体中经常使用标签云图突出热点新闻热词,可以通过标签字体大小来反映词语出现的频率。

词云图的常见用途包括:(1)显示大量文本出现频率高的关键词;(2)结合地理位置反映该地理位置的某些属性;(3)显示一种事物不同标签的点击率、匹配度等;(4)结合图片制作不同的词云来表达更多信息,在某些展示中能吸引眼球。

6.7.2 构成与视觉通道

词云图主要由大小不同的文本和展示区域组成。其中文本的大小表示其重要程度,而展示区域通常呈现出某种图形,图形可根据文本的主题进行选择,如图6-67所示。

词云图运用的视觉通道主要包括:色调视觉通道(文本颜色)、面积视觉通道(文本大小)、形状视觉通道(文本图形、展示区域图片)、平面位置视觉通道(文本位置)等。

图6-67 词云图的构成

6.7.3 适用数据

词云图适合展示大量文本数据。文本图形代表文本内容(定类数据);坐标轴位置代表文本图形的位置(定量数据);文本大小表示重要性(定比数据);文本颜色区别不同文本数据(定量数据);展示区域图片表示相关性(定类数据)。

6.7.4 使用场景

词云图的使用场景比较特殊,主要用于数据关键词提取、PPT制作、海报(广告海报/电商产品海报等)、头像、书籍封面、轮播图、朋友圈图、关键词分析、设计页面元素等,如图6-68所示。

图6-68 中国各城市网络搜索词云图

6.7.5 注意事项

• 绘制词云图时,注意文本图形不能重叠,否则会影响阅读。

• 绘制词云图时,要合理地选择图片表示展现区域。

• 绘制词云图时,如果有权值远大于其他文本数据时,画出来的词云图会出现一个文本图形过于庞大的情况,此时可以对权值大小取对数,降低权值差距。

• 文本数据量过小时不容易构建出好看的词云图。

• 文本数据权重区分度不大时使用词云图起不到突出重点的效果。

• 词云图的文本图形大小让人眼很难感知数值的具体大小,所以词云图不能精确表示频率。

• 较长的文本会带来视觉上更大的图形大小,在特定情况下会造成一些视觉上的误差。因此,文本的长短尽量不要差距太大。

6.7.6 词云图的变体

1) 规则形状关键词云图

顾名思义,规则形状关键词云图中,使用的形状是普通的规则几何图形,此时,形状一般不代表任何含义,注意力将主要放在关键词大小上,如图6-69所示。

2) 不规则形状关键词云图

不规则形状关键词云图中,图形表达了特殊的含义,通常与文本的主题有关。此时,形状可以体现某种含义,但某种程度上也会转移一部分注意力,如图6-70所示。

图6-69 规则形状关键词云图

图6-70 不规则形状关键词云图

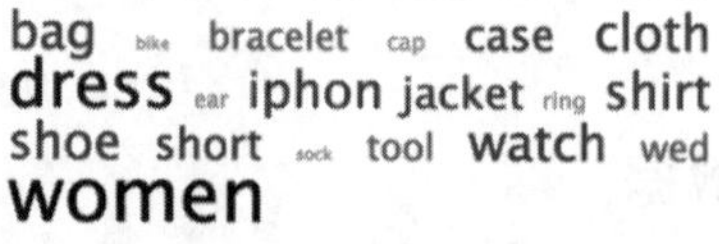

图6-71 标签云图

3) 标签云图

与关键词云图不同,标签词云图中,文本是规律排列的,如图6-71所示。这种词云图在关键词数量较小时更为常用。

4）特定文本图形的词云图

改变词云图的文本图形后，可以形成新颖的词云图，如图 6-72 所示。

5）3D 词云图

通过三维布局，可以允许词云图的文本图形重叠，进而进行旋转、环绕等操作，达到一定的审美效果，如图 6-73 所示。

6）结合地图展示区域的特殊词云图

通过文本数据与地图图片表示展示区域结合，来反映地图不同地理位置的一些属性，如图 6-74 所示。

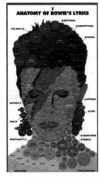

图 6-72　特定图形词云图　　　图 6-73　3D 词云图　　　图 6-74　地图结合词云图

6.7.7　应用案例

词云图可以用于展示一组文本出现频率高的关键词。以 Alice 的一篇全英文文章为例，通过读取 Alice 文本的所有文本数据，筛选出标点符号等停用词，统计文本单词 26 个字母的词频，得到 1 个样本。26 个字母与之对应的词频数量用作展现 Alice 文章的字母使用的多少。如图 6-75 所示，我们可以直观的看到 Alice 文章中使用较多的几个字母。类似的频数也可以表示热度、点击量、销量等。

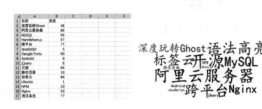

图 6-75　Alice 词云图　　　　　　图 6-76　标签点击量标签云图

媒体在报道时，采用词云图来展示数据可视化，能吸引读者的眼球获取阅读量，同时变幻莫测的词云图也会给用户提供充分的想象空间和娱乐趣味。图 6-76 是某网站前排标签点击量的标签云图，从图中可以看出开源是用户最爱点击的内容。

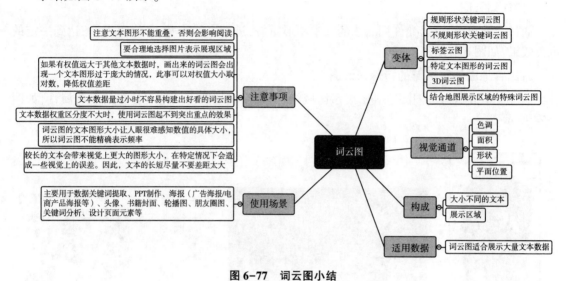

6.7.8 词云图小结

小结如图 6-77 所示。

图 6-77 词云图小结

6.8 比较与排序类可视化图像总结

我们已经将常用的比较与排序类数据可视化图形进行了介绍,下面来对这些可视化图像进行多方面的对比。

6.8.1 信息量大小对比

1) 数据维度

哑铃图、柱状图、词云图、环形柱状图只能呈现单一维度的数据,而雷达图、平行坐标图与子弹图都能呈现多维数据(一般指三维以上)。

2) 数据量

平行坐标图为了突出不同类别的特殊属性,需要大量的数据进行支撑,同时由于应用了线的标记,该图可以进行大量的数据重叠。词云图为了突出文本数据中的关键词,只有在数据量大的情况下才有对比突出的效果。环形柱状图也可以容纳多个数据,进行大数值的对比。

柱状图和哑铃图在数据量多的时候会明显地导致可读性下降,因此不宜应用在大数据量的情况。

6.8.2 信息表达对比

1) 精确性

比较与排序类图像中,精确性较高的图像有子弹图、平行坐标图、柱状图与哑铃图。它们都是在坐标轴上展示的图表,坐标轴上精确的数值有助于体现图表的精确性。

词云图一般用面积、颜色等视觉通道进行数值差异的对比,无法精确地表现出数值。平行坐标图与雷达图中的坐标轴有时候会被统一成一个度量,虽然方便观看比较,但这时候就不利

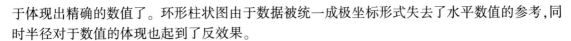

于体现出精确的数值了。环形柱状图由于数据被统一成极坐标形式失去了水平数值的参考,同时半径对于数值的体现也起到了反效果。

2) 效率

能高效地展示数值数据的比较类图表有哑铃图,柱状图以及环形柱状图。这些图的特点都在于能精确地表现数值而且容纳的数据量不多(环形柱状图是个例外,它能容纳的数据量较多)。

词云图则通过面积、颜色等使人直观地看出文本数据中的关键词。而雷达图、子弹图和平行坐标图虽然能展示比较多维度的数据,但是这也导致了在比较观察的过程中需要更多的时间。

[小测验]

1. 柱状图适合表现什么数据?(　　　)
A. 定比数据
B. 定距数据
C. 定比数据和定距数据
D. 其他数据

2. 以下关于环形柱状图的说法,错误的是:(　　　)
A. 环形柱状图的使用场景类似于柱状图,适用于二维数据,一个维度数据进行比较、数据单纯性展示、排序数据展示。
B. 当展示的数据集数量过少,不建议采用环形柱状图,可以尝试用饼图或者柱形图来展示。
C. 环形柱状图具有排序效果所以在数据较接近时要慎用梯度颜色展示,这可能包含定序信息。
D. 环形柱状图使用了颜色的视觉通道表示大小和面积的视觉通道表示类别

3. 以下关于子弹图的说法错误的是:(　　　)
A. 子弹图主要标记标识通常情况下在子弹图地图的垂直方向居中的位置,水平方向根据具体的数值进行定位。
B. 子弹图的定性范围标识一般为 3~5 个,超过 5 个的定性范围标识则过于复杂,不利于信息的有效表达。
C. 刻量度表颜色通常使用浅灰色,不干扰数据条柱的识别,使用浅灰色通常更能突出数据条柱的醒目度。
D. 子弹图适合展示超过 5 条的定量数据和 5 个以上的定性范围标志。

4. 以下关于哑铃图的说法错误的是:(　　　)
A. 哑铃图主要明确地体现横向的对比。如果能将数据排序,纵向(即组别之间)的对比将更加清晰,可能可以更好地呈现数据的某些规律。
B. 当数据量过多或差异过大时,哑铃图不适用,各线条过于密集,影响展示效果。
C. 哑铃图使用范围较窄,只能用于比较起始点与终止点的相对大小,不能显示过程值,对于变化幅度难以精确区分,可以用双折线图或瀑布图等来代替。

D. 在比较数据差异较大时,选择合适的边界绘图就至关重要,但是不需要颜色等其他视觉通道的辅助。

5. 以下关于雷达图的说法正确的是:(　　　)
A. 雷达图适合变量非常多的情况。
B. 雷达图的多边形的边数越多越好。
C. 雷达图适用于财务等非常多的领域。
D. 雷达图不注重同类之间的对比。

6. 以下关于平行坐标图的说法错误的是:(　　　)
A. 平行坐标图不同轴的数值意义可能不同。
B. 平行坐标图将数据集的一行数据在平行坐标图中用一条折线表示。
C. 平行坐标图不应该选择过多的颜色使线条混乱,不利于判断目标与属性的关系。
D. 平行坐标图的线条颜色应当只用一种颜色,以便于达到视觉统一的效果。

7. 以下关于词云图的说法正确的是:(　　　)
A. 词云图的文本可以重叠。
B. 词云图适用于 PPT、海报等宣传产品的身上。
C. 绘制词云图时,图片表示展现区域越大越好。
D. 文本数据权重区分度不大时使用词云图依然可以起到突出的效果。

8. 想要分别从"生存""总积分""战斗""支援""吃鸡率"这 5 个维度分析《和平精英》这款游戏中的玩家水平,哪一种可视化图形更合适?(　　　)
A. 雷达图　　　　B. 直方图　　　　C. 饼图　　　　D. 漏斗图

9. 通常在什么情况下,条形图比柱状图更合适?(　　　)
A. 取值有正有负的时候
B. 类别为有序分类的时候
C. 类别比较多的时候
D. 类别之间取值差异比较大的时候

◆ 7 局部与整体类可视化图像

局部与整体类可视化图像,顾名思义,是在可视化中用于展示某一类定量或定性数据与整体的关系,或是展现整体中各部分关系的密切程度。常见的局部与整体类图形共有七种,分别是维恩图、饼图、环形图、旭日图、圆堆积图、矩形树图、漏斗图等。

7.1 维恩图

维恩图(Venn diagram),或译为 Venn 图、文氏图、温氏图、韦恩图,是在所谓的集合论(或者类的理论)数学分支中,在不太严格的意义下用以表示集合(或类)的一种草图。维恩图用于展示在不同的事物群组(集合)之间的数学或逻辑联系,尤其适合用来表示集合(或类)之间的"大致关系",它也常常被用来帮助推导(或理解推导过程)关于集合运算(或类运算)的一些规律。[①]

7.1.1 基本信息

约翰·维恩(John Venn)是 19 世纪英国的哲学家和数学家(见图 7-1),1880 年,维恩在《论命题和推理的图表化和机械化表现》一文中首次采用固定位置的交叉环形式再加上阴影来表示逻辑问题。在剑桥大学的 Caius 学院的彩色玻璃窗上还有对他发明维恩图的纪念。[②]

维恩图是显示元素集合重叠区域的图示,展示了不同有限集合之间所有可能的逻辑关系。维恩图中的每个圆都代表一个组,在某些情境下,圆圈的大小代表群体的重要性。组通常是重叠的,重叠的大小表示两个组之间的交叉点。

在生活中,某大学有 3 门选修课,分别是逻辑学、艺术修养和大学语文,教务处老师需要统计学生们的选课情况,此时维恩图可以直观展示学生选课情况。如图 7-2 所示,可以看出,选逻辑学的人最多,共有 35 人,而三门课都选了的同学仅有 5 人。图 7-2 的代码见资源包。

图 7-1 约翰·维恩

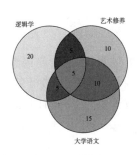

图 7-2 维恩图示例

---

① https://antv-2018.alipay.com/zh-cn/vis/chart/venn.html

② https://baike.baidu.com/item/John%20Venn/8782017?fr=aladdin

7.1.2 构成与视觉通道

一个完整的维恩图应包含三个构成元素:论域、集合及图标(见图7-3)。在维恩图中,如果有论域,则以一个矩形框表示;各个集合以圆/椭圆来表示。两个圆/椭圆相交,其相交部分表示两个集合的公共元素。分类数据类型用圆圈的平面位置和颜色视觉通道展示,定量数据类型用圆圈的面积视觉通道展示。

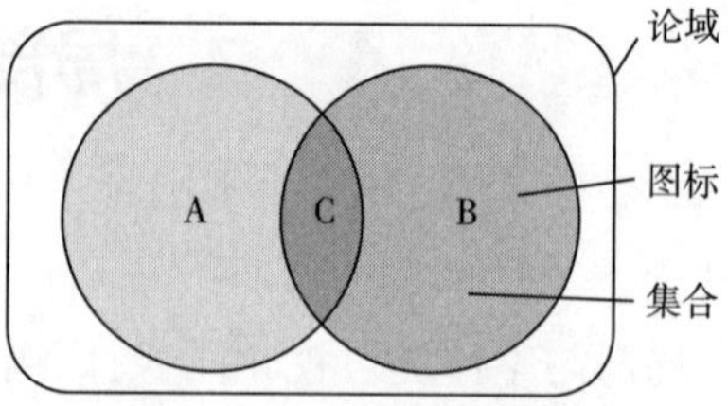

论域

图标

集合

图7-3 维恩图的构成

7.1.3 适用数据

维恩图适合于展示两种属性类型,一种是定类的数据表示集合名,另一种是定比的数据表示集合的关系。

7.1.4 使用场景

1) 表示两个集合相交关系

场景说明:有一个集合 A,有一个集合 B,相交集合为 C,如图7-4 所示。
数据说明:2 个维度数据,分类数据映射集合名,关系数据映射集合关系。

2) 表示三个集合相交关系

场景说明:有集合 A、B、C,如图7-5 所示。
数据说明:2 个维度数据,分类数据映射集合名,关系数据映射集合关系。

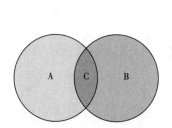

图7-4 两集合相交维恩图

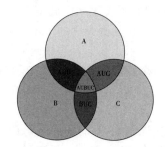

图7-5 三集合相交维恩图

7.1.5 注意事项

- 超过 5 个集合的场景,不适合使用维恩图。
- 维恩图侧重于表示不同数据的相交关系,而不是从属关系。
- 构建维恩图集合关系时,尽量让相交的图形面积与相交的数值大小成正比。

7.1.6 维恩图的变体

维恩图主要变体是形状不规则的维恩图,通常我们见到的维恩图都用规则形状表示集合,该变体因集合场景过多,为便于观察而采用了不规则形状,如图7-6 所示。

7.1.7 应用案例

应用案例 1:呈现某一专业学科的涉及领域组成

如图 7-7 所示的维恩图不仅向我们展示了数据科学学科涉及到了哪些学科，还表明了它们之间的关系。例如，数据科学是通讯、计算、管理、社会学、信息学和统计学的交叉学科。

应用案例 2：解释不同数据集之间的数量关系

现有 A、B、C、D、E、F、G、H 八位小朋友，小朋友们可以选择参加三种课外活动：音乐课、美术课和足球课，可以通过集合的方式展现子集间的数量关系与包含关系。如图 7-8 所示，可以清晰看出，只有 C 一位小朋友三种课外活动都参加，也只有 D 一位小朋友什么活动也没参加，三种课外活动的参与人数均是 4 人，维恩图在展示集合关系时十分简单明了。

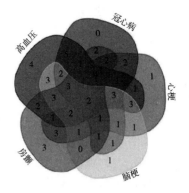

图 7-6 形状不规则的维恩图

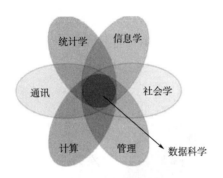

图 7-7 展示数据科学学科组成的维恩图

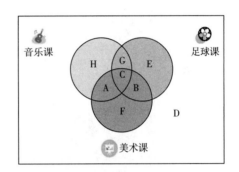

图 7-8 维恩图展示集合间关系

7.1.8 维恩图小结

小结如图 7-9 所示。

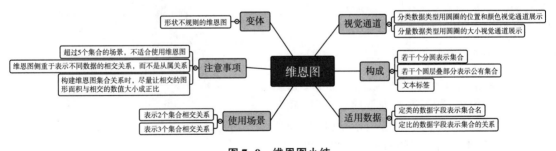

图 7-9 维恩图小结

7.2 饼图

饼图（Pie Chart）是最古老也是最常用的反应整体与局部关系的可视化图形。很多其他可视化图形，例如环形图，旭日图等都是从饼图演变而来。[①]

———————

① https://antv-2018.alipay.com/zh-cn/vis/chart/pie.html

7.2.1　基本信息

饼图英文学名为 Sector Graph，又名 Pie Graph，常用于统计学中。2D 饼图为圆形，手画时，常用圆规作图。

仅排列在工作表的一列或一行中的数据可以绘制到饼图中。饼图显示一个数据系列（数据系列：在图表中绘制的相关数据点，这些数据源自数据表的行或列。图表中的每个数据系列具有唯一的颜色或图案并且在图表的图例中表示。可以在图表中绘制一个或多个数据系列）中各项的大小与各项总和的比例。饼图中的数据点（数据点：在图表中绘制的单个值，这些值由条形、柱形、折线、饼图或圆环图的扇面、圆点和其他被称为数据标记的图形表示。相同颜色的数据标记组成一个数据系列）显示为整个饼图的百分比。

世界第一张饼图是威廉·普莱菲（William Playfair）（见图 7-10）1801 年在《统计摘要》中绘制的，主要展现了当时的土耳其帝国占有的领土面积情况：亚洲最多，其次是欧洲。

图 7-10　威廉·普莱菲①

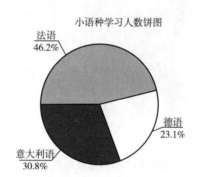

图 7-11　饼图示例

图 7-11 是一张饼图示例图，展现了某校三种小语种学习人数占比情况，法语最多，几乎占到了总人数的一半，其次是意大利语，学习德语的人数最少。此图代码见资源包。

7.2.2　构成与视觉通道

饼图是由若干个扇形拼成的完整圆，如图 7-12 所示，饼图运用了颜色视觉通道（不同颜色表示不同类别，定类视觉通道）、形状、面积和角度视觉通道（通过扇形图的面积和角度判断出各类的数量多少，定量视觉通道）。

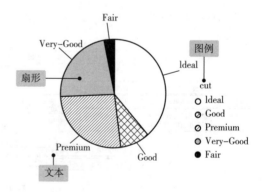

图 7-12　饼图的构成

7.2.3　适用数据

饼图最适合展示定类数据及它们对应的定量数据，并且展示数据组数不超过 9 个，当组数过多的时候会影响到扇形的排布，不利于进行各类别的比较分析。

---

① https://img1.baidu.com/it/u=2650216922,1707549357&fm=26&fmt=auto&gp=0.jpg

7.2.4　使用场景

1）展示 2 个分类的占比情况

图 7-13 是一个班级的男女生的占比情况。

2）多个但不超过 9 个分类的占比情况

图 7-14 是一个游戏公司的销售情况：

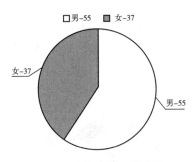 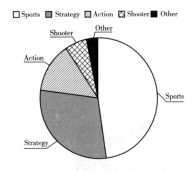

图 7-13　班级中男女占比情况　　　图 7-14　游戏公司中不同游戏销售占比情况

7.2.5　注意事项

● 饼图适合用来展示单一维度数据的占比，要求其数值中没有零或负值，并确保各分块占比总和为 100%。

● 饼图不适用于数据量大且分类过多的数据，原则上一张饼图不可多于 9 个分类，因为随着分类的增多，每个扇形就会变小，导致大小区分不明显，缺乏直观性。建议将饼图分块数量控制在 5、6 个以内。当数据类别较多时，可以把较小或不重要的数据合并成第 5 个模块命名为"其他"。如果各类别都必须全部展示，此时选择柱状图或堆积柱状图更合适。

● 饼图如果有占比差异不明显的多个分类时，很难看出大小关系，最好标明占比数值，也可以换用柱状图或南丁格尔玫瑰图。

● 饼图的整体性太强，我们会将注意力集中在比较饼图内各个扇形之间占整体比重的关系。但如果将两个饼图放在一起，很难同时对比两个图。一般不进行多个饼图之间的数值比较。

● 类似于柱状图，在使用饼图时，为了美观，最好将份额最大的部分放在 12 点钟方向，顺时针放置第二大份额的部分，以此类推。

● 由于 3D 饼图会产生视觉差，最好不要使用 3D 饼图。

7.2.6　饼图的变体

1）分割饼图

分割饼图是有一个或者多个部分从主体分割出来的饼图。分割的部分主要用于强调。图 7-15 主要是强调 Python 组所占程序员使用语言的比例，采用分割的饼图相较于普通的饼图可以有效突出这一点特征。图 7-15 的饼图代码见资源包。

不同种类程序语言使用分割饼图

图 7-15　分割饼图

2) 华夫(饼)图

经典的华夫图用 10 * 10 的方形排列起来,其中每一个方形代表 1% 的比例,和饼图类似可以体现不同对象的属性占比特征。使用华夫图的优势之一是可以更容易地描绘在饼图中较难识别的微小比例差异。在比较相差数量较小的 5 种产品销售数量差距的时候,如图 7-16 所示的华夫图比普通的饼图更有效。

3) 斯贝图

斯贝图是极坐标下饼图的一个变种,用两个饼图叠加来呈现信息。第一个饼图采取普通的饼图:用不同的面积大小比较不同的属性信息;第二个极坐标饼图(玫瑰图)叠加在第一个饼图上面,角度相同但半径大小不同。优势在于可以克服雷达图指标排序时由于不同指标排序不同导致的面积混乱等缺点,可以同时展示指标权重和大小。图 7-17 展示了某地区不同年龄段的男女比例及年龄段人数,呈现的信息多于普通的饼图/玫瑰图。

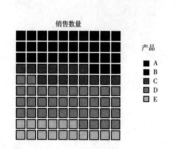

图 7-16　"5 种产品销售数量"华夫图

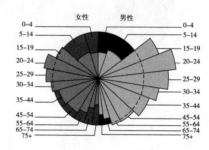

图 7-17　"不同年龄段的男性、女性比例"斯贝图

4) 双层饼图

双层饼图通常用来展示具有上下级关系的两组数据,可以更清晰地展示出不同尺度下数据的占比情况。如图 7-18 所示,内层饼图是 2014 年的季度数据,外层饼图是 2014 年的月度数据,饼图的重叠也可以看作是一个环形图与一个饼图的组合。

5) 复合饼图

当数据类型较多且必须展现小类别时,仅用一个饼图会略显乏力,此时就需要用到复合饼图去改善那些不得不展现的小类别。通过复合饼图,把小类别重新合并成一个较大的类别,并生成附属饼图,既直观地展现了这些小类别的总量,又能对小类别再次进行比较分析。图 7-19 就展示了 1865 年虹口租界外国人的职业状况,因为其他类的占比也较多,所以通过复合饼图展现其他类里职业的占比情况。

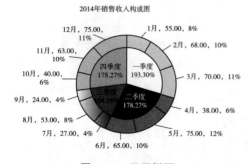

图 7-18　双层饼图

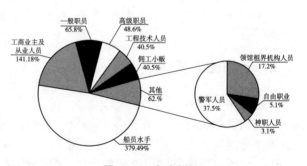

图 7-19　复合饼图

7.2.7 应用案例

互联网公司推出的各种应用程序背后都有着庞大的分析决策团队,分析团队会利用收集到的各种数据进行可视化和数据分析。其中,使用应用程序的男女性数量就是他们很关心的一种指标,可以使用饼图去展示。在图 7-20 中,可以直观看出,使用该款应用程序的用户中,女性数量远远超过男性数量。该饼图的代码见资源包。

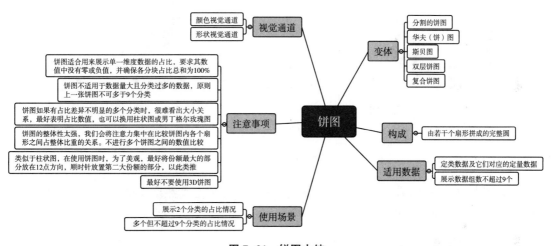

图 7-20　某款应用程序使用者性别图

7.2.8 饼图小结

小结如图 7-21 所示。

图 7-21　饼图小结

7.3　环形图

环形图(Donut Chart)是饼图最直观的变体。由于饼图主要使用角度和面积视觉通道,因此其表达精度不够。环形图通过将饼图的中心挖空,达到利用长度视觉通道的目的。同时被挖空的部分还可以添加必要的标注,达到一举两得的目的。[①]

7.3.1　基本信息

环形图,又被称为甜甜圈图。这种图本质是把饼图中间区域挖空,在功能上与饼图相同,整个环被分为不同的部分,用各个圆弧展示各部分占总体的比例。由于饼图的整体性太强,我们会将注意力集中在比较饼图内各个扇形之间占整体比重的关系。但如果我们将两个饼图放在一起,很难同时对比两个图。环形图在解决上述问题时,采用了让我们更关注长度而不是面积的做法,这样就能相对简单地对比不同的环形图。同时,环形图相对于饼图空间的利用率更高,比如我们可以使用它的空心区域显示文本信息,比如标题等。

图 7-22 是 2021 年甲、乙、丙、丁这 4 个奶茶品牌的市场占有率环形图。可以看出,甲品牌

① https://antv-2018.alipay.com/zh-cn/vis/chart/donut.html

奶茶的市场占有率远超过其他品牌奶茶,几乎占有了一半的市场份额,丁品牌奶茶的市场占有率最少,仅有 9.1%。环形图 7-22 的代码见资源包。

7.3.2 构成与视觉通道

环形图主要由圆环、文本标注和图例组成,如图 7-23 所示。环形图运用了颜色视觉通道(不同颜色表示不同类别,属于定类视觉通道)、形状视觉通道(通过环形图的曲线判断出各种类的多少,属于定量视觉通道)和长度视觉通道(圆环的弧长,属于定量数据通道)。

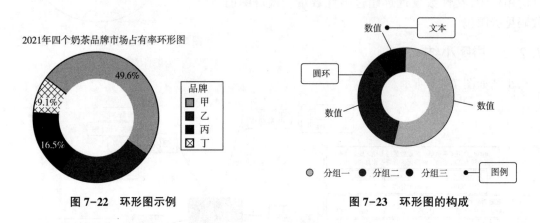

图 7-22　环形图示例　　　　　　　　图 7-23　环形图的构成

7.3.3 适用数据

与饼图类似,环形图适合展示不多于 9 类的差异明显的定量数据。至少有两个分类的定类数据以及和定类数据匹配的定量数据。

7.3.4 使用场景

环形图主要用于展示分类的占比情况。例如京冀津渝川 2017 年的地区生产总值,图 7-24 体现了它们各自的占比情况。具体代码见资源包。

7.3.5 注意事项

● 一组分类数据超过 9 组时,若使用环形图进行对比数值大小的效果不清晰,如图 7-25 所示,此时应该使用条形图。

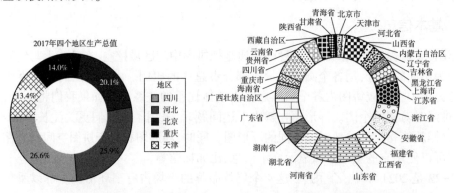

图 7-24　地区生产总值 GDP 环形图　　　图 7-25　分类数据过多时的环形图

- 如果有占比差异不明显的多个分类,使用环形图很难看出其中的大小关系,如图 7-26 所示,最好表明占比数值,也可以换用柱状图或南丁格尔玫瑰图。
- 中心挖空的面积要大,以免数据映射到图形上时,圆环过宽造成视觉上对比不清晰,如图 7-27 所示。

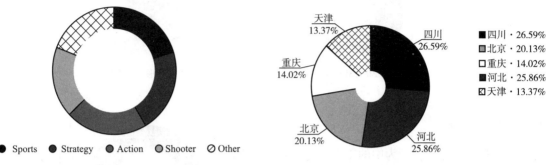

图 7-26　占比相似的环形图　　　　　　　图 7-27　挖空面积过小的环形图

7.3.6　环形图的变体

1)双(多)层环形图

多层环形图是将具有共同分类特征的不同场景数据套在一起绘制成环形图,一般情况下,如图 7-28 所示,这种变体图形有一个各环都相同的起点。

2)分面环形图

分面环形图,利用分组数据绘制成多个环图。图 7-29 展示了同一家公司在 2007 年和 2011 年的市场占有率情况。

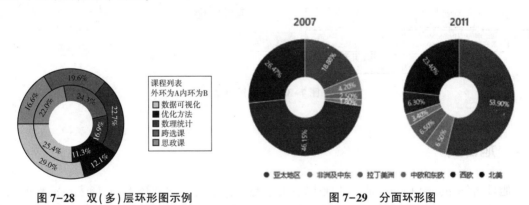

图 7-28　双(多)层环形图示例　　　　　　图 7-29　分面环形图

3)3D 环形图

3D 环形图为普通环形图的 3D 形式,其功能与环形图相同,主要达到审美的效果,如图 7-30 所示。但需要注意的是 3D 图可能造成视觉误差,因此需要谨慎使用。

4)变形圆环图

将圆环拆开置于同一起点(将条形图圆环化),图 7-31 展示了同一家公司在 2013—3016 年间的市场占有率。

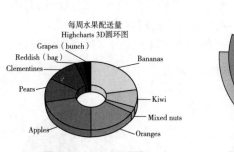

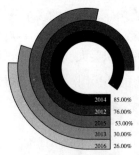

图 7-30　3D 环形图　　　　图 7-31　变形环形图

7.3.7　应用案例

收入和消费是经济行为中的重要部分,也是经济学中的重要研究对象。图 7-32 展示了各类消费(含储蓄)占总消费(含储蓄)的比例。不难看出,储蓄占比最大。除此之外,餐饮消费在实际消费中占比最大,其次是日用品。此环形图代码见资源包。

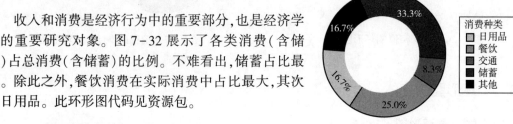

图 7-32　个人消费环形图

7.3.8　环形图小结

小结如图 7-33 所示。

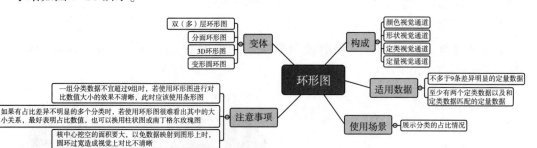

图 7-33　环形图小结

7.4　旭日图

旭日图(Sunburst Chart)是一种现代饼图,它超越传统的饼图和环形图,能表达清晰的层级和归属关系,以父子层次结构来显示数据构成情况。旭日图中,离原点越近表示级别越高,相邻两层中,是内层包含外层的关系。

7.4.1　基本信息

在旭日图中,一个圆环代表一个层级的分类数据,一个环块所代表的数值可以体现该数据在同层级数据中的占比。一般情况下,最内层圆环的分类级别最高,越往外,分类越细越具体。最基础的旭日图是在树状图的基础上,把树状的层级关系转化为圆环的形式。相较于树状图,旭日图的圆形结构更节约空间。

图 7-34 为旭日图的示例,可以看出,旭日图清晰展现出多层次的层级关系,同时也反映了

各部分的占比,包含了较多信息。旭日图 7-34 的代码见资源包。

7.4.2 构成与视觉通道

旭日图由重叠的环形图构成,不同层级的环形图有一定的从属关系。除此之外,在旭日图中一般会加入必要的文本注释,如图 7-35 所示。

颜色、平面位置视觉通道呈现定类数据,离原点的平面位置视觉通道用于呈现定类数据类型的层次关系。旭日图中通过不同的颜色标记了不同的数据块。当数据块的颜色参数对应于非数值数据时,旭日图还会使用颜色的饱和度对不同级别的数据进行标记,如图 7-36 所示。

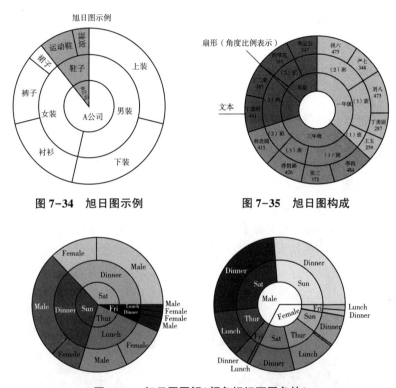

图 7-34 旭日图示例   图 7-35 旭日图构成

图 7-36 旭日图图解(颜色标记不同色块)

当数据块的颜色参数对应于数值数据时,父节点的颜色为其子节点的颜色值的平均值,并根据它们的值进行加权。比如图 7-37 中,各大洲的颜色值是由各个国家的颜色值加权。

7.4.3 适用数据

旭日图适用于层级较多的数据,展现 2 个及 2 个以上的数值属性,包含了定量数值类型,及定序数值类型。

7.4.4 使用场景

旭日图适用于层级多的比例数据。例如,图 7-38 为 A、B、C 公司主要生产的物品的旭日图,从该图中可清晰地看出 A、B、C 公司所生产的衣服以及其从属关系(T 恤、衬衫属于上衣等),清晰表达了其父子层次结构,以及每一种数据在其同层级数据中的占比;旭日图以颜色作为定性的视觉通道,以外围圆环的面积(所对应的角度),和内层圆的角度作为定量的视觉通道;旭日图适合展现多层数据的比例关系。

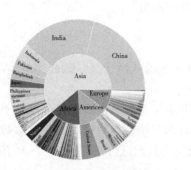

图7-37　旭日图图解(颜色标记不同数值)

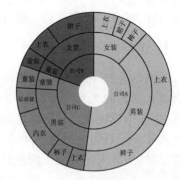

图7-38　A、B、C三公司产品旭日图

7.4.5　注意事项

- 分类不要过多过密,否则会显得杂乱。
- 注意要用颜色区分不同的种类,且颜色要搭配合理。

7.4.6　旭日图的变体

1)不封闭的旭日图

旭日图中,距离原点的距离区分了数据的级别,离原点越近,表示级别越高,相邻两层中,是内层包含外层的关系。图7-39用不封闭的旭日图描述了一家人的家谱,中心为最长一辈,越往外辈分越小。旭日图不封闭的部分主要表示不可观测的未知类别。

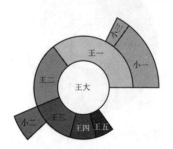

图7-39　不封闭的旭日图

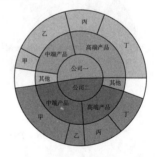

图7-40　有空值的旭日图

2)有空值的旭日图

如果数据集不是完全矩形的,缺失的值则代表了缺失的子节点,图7-40展现了公司一与公司二各产品的销售情况,可以看出公司一与公司二在其他类里都没有相应的产品。

7.4.7　应用案例

本案例主要用于研究病人的患病情况。图7-41是圣裘德儿童研究医院基于3347位患癌儿童的患病情况,分析了他们所患的17种癌症情况。这17种癌症位于旭日图的第二层,分别属于造血系统恶性肿瘤(红色)、固体肿瘤(黄色)和脑肿瘤(蓝色)三种癌症类型,其中患造血系统恶性肿瘤的比重最大,有46.2%。第三层则为引起癌症的不同原因占比情况。

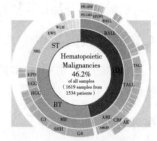

图7-41　旭日图展示基因和不同肿瘤间的关系和占比情况

7.4.8 旭日图小结

小结如图 7-42 所示。

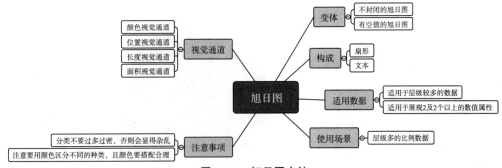

图 7-40 旭日图小结

7.5 圆堆积图

在数据可视化领域,圆堆积图(Circular Packing)将不同的圆堆积在一个大圆中,用于展示圆之间的大小关系。相对于树形图,圆堆积图更直观简洁,但利用率上有一定的缺陷。

7.5.1 基本信息

圆堆积图也叫圆树状图(circular treemap),是树形结构的一种,适合于有层次结构数据的可视化。

圆堆积图最外围用一个大圆圈来表示该类数据的全集。内部有许多个大小位置各不相同的小圆圈。小圆圈的大小代表着对应数量的多少。当一个小圆圈位于某个大圆圈中时,代表着该小圆圈所代表对象是大圆圈所代表对象的一个子集。它等效于树图(treemap)或树状图(dendrogram),与之类比来看,在圆堆积图中,树的每个节点都表示为一个圆,其子节点表示为内部的圆,每个圆的面积大小与数值成正比。这可以更深入地了解数据的层次结构,并粗略比较相关数据。相对于树图,圆堆积图更直观简洁,虽然利用率上有缺陷。

图 7-43 为圆堆积图的示例,展示了 2020 年中国部分地市 GDP,可以看出,黄色圆圈是全集,代表着 2020 年全国 GDP 总量,蓝色圆圈是黄色圆圈的子集,代表着省市的 GDP 总量,而绿色圆圈则是蓝色圆圈的子集,代表了各市的 GDP 总量。圆堆积图 7-43 的代码见资源包。

7.5.2 构成与视觉通道

圆堆积图由多个圆圈嵌套组成,其中圆圈面积代表每一类数据的取值大小。圆堆积图呈现数据的类别和变量的嵌套关系通常使用的是颜色、平面位置视觉通道,它属于分类类型的视觉通道;呈现类别之间占比大小比较使用的是面积视觉通道,它属于定量类型的视觉通道,如图 7-44 所示。

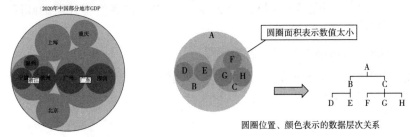

图 7-43 圆堆积图示例   图 7-44 圆堆积图的构成

7.5.3 适用数据

圆堆积图适用于层级较多的数据,它主要适用于展现两个及两个以上的数值属性,包含了定量数值类型及定序数值类型。

7.5.4 使用场景

圆堆积图主要应用于展示一组数据在不同层级下的分类数据分布情况。例如,图7-45为2014年世界各地碳排放量的圆堆积图,可以看出各大洲处于同一层级,各个国家属于同一层级,气泡的颜色反映了种类,气泡的大小反映了数量关系的大小。可以看出,亚洲的碳排放量最高,其次是欧洲,碳排放量最少的是大洋洲。[1]

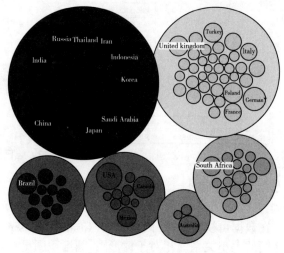

图7-45　2014年世界各地碳排放量圆堆积图

7.5.5 注意事项

● 因为圆堆积图存在留白的部分,所以占用的空间较大,在进行层级的分类时,不要把层级分得太细,能体现出大体的特征即可,表示2~3个层级更适宜。如果层次结构中有多级别,建议使用交互式版本。

● 圆堆积图是通过面积大小的比较来判断数值大小,一些圆距离较远,面积比较会比较费力,因此当我们在做类似财务报告这类需要精确性的报告时,应该尽量避免使用圆堆积图。

● 如果对一些分类性较强且比较性较强的数据进行判断时,圆堆积图则比较有优势。可堆积的分类特点让数据分类性一目了然,面积大小虽然不适合做定量判断,但定序判断还是相当有效,我们利用圆堆积图,可以判断出不同类别(如地区,年级等)的数值高低,找出数据最薄弱的点。

● 分类占比太小的时候文本会变得很难排布。

● 在数据选取时,不要选择相差过大或者相差过小的数据值,这样会导致所作图形出现极端现象或相差不大,并不能展现我们所要的信息,还会造成混淆。

7.5.6 圆堆积图的变体

1)删除绘图外层结构的圆堆积图

通常情况下最外层的圆圈没有实际的含义,因此很多时候我们将外层的圆圈去掉,以起到简化视觉效果的目的,如图7-46所示。

2)基于 Bubble Treemap 树图法的圆堆积图

可以看出,该图与树图十分相似,只不过树图常用矩形,而这里用了圆形,且该圆堆积图的边界是不规则的,如图7-47所示。

---

① https://www.highcharts.com.cn/demo/highcharts/packed-bubble-split

图 7-46　无第一层结构的圆堆积图

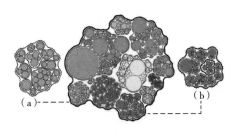

图 7-47　基于 Bubble Treemap 树图法的圆堆积图

3) 基于 Voronoi 树图法的圆堆积图

可以看出,该图与上一种变体图十分相似,只不过将圆替换成了可以边边相接的不规则多边形,该种圆堆积图的边界依然是圆形,如图 7-48 所示。

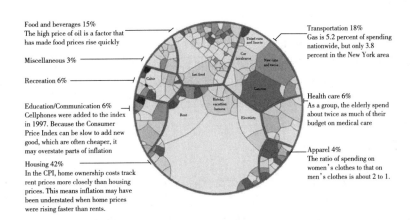

图 7-48　基于 Voronoi 树图法的圆堆积图

7.5.7　应用案例

表示世界各国人口数量的可视化方式有很多,可以使用饼图、柱状图等,但这些图都只能反映出一个层级的占比状况,比如国家层级或者是各大洲层级。圆堆积图可以在一个较小的空间内反映出多层级的占比情况,让人一目了然。比如在图 7-49 中,就可以观察到世界—大洲—国家—省份四个层级不同的人口数量情况,便于我们进行比较分析,可以看出,亚洲的人口数量最多,其中又属中国和印度人口数量较多;人口数量最少的是大洋洲。①

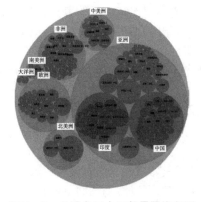

图 7-49　世界各国人口数量圆堆积图

①　https://zhuanlan.zhihu.com/p/65200118

7.5.8 圆堆积图小结

小结如图 7-50 所示。

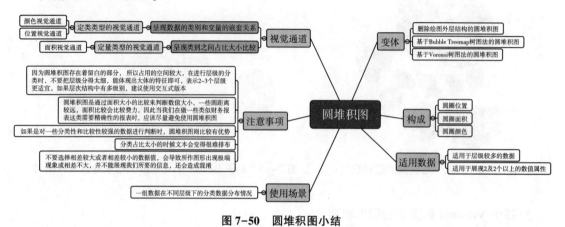

图 7-50 圆堆积图小结

7.6 矩形树图

矩形树图(Tree Map),又称树状图,将层次结构(树状结构)的数据显示为一组嵌套矩形。树的每个分支都有一个矩形,然后用代表子分支的较小矩形平铺。矩形树图很早就应用在数据可视化领域了,它能有效利用空间来展示"占比",具有节点大小易读的特性,目前在各媒体都可看见它的身影。矩形树图中,叶子节点的矩形面积与数据占比成比例。通常,叶节点会用不同的颜色来显示数据的关联维度。[①]

7.6.1 基本信息

矩形树图由马里兰大学教授本·施耐德曼(Ben Shneiderman)(见图 7-51)于 20 世纪 90 年代提出,起初是为了找到一种有效了解磁盘空间使用情况的方法。把一个树状结构转化为平面空间矩形的状态,就像一张地图,能指引我们发现探索数据背后的故事。

矩形树图将层次数据显示为一组嵌套的矩形。每组用一个矩形表示,矩形的面积与其值成正比。矩形树图适合展现具有层级关系的数据,能够直观体现同级之间的比较。矩形树图采用矩形表示层次结构里的节点,父子节点之间的层次关系用矩形之间的相互嵌套隐喻来表达。从根节点开始,屏幕空间根据相应的子节点数目被分为多个矩形,矩形的面积大小通常对应节点的属性。每个矩形又按照相应节点的子节点递归地进行分割,直到叶子节点为止。它能有效地节省空间,能展示拥有许多分类的数据的数值信息。

矩形树图的好处在于,相比起传统的树形结构图,矩形树图能更有效地利用空间,并且拥有展示占比的功能。

图 7-52 是矩形树图的示例,展现了世界国土面积排名前 11 位的国家的国土面积情况,最大的是俄罗斯,它的面积有 1707.5 万平方公里,排名第二的是加拿大有 997.1 万平方公里,可以明显感觉到,在用面积表示数值大小时,我们很难比较两个具有相同面积的矩形,所以在图上标出数值可以帮助我们更好判断大小。图 7-52 的代码见资源包。

---

① https://antv-2018.alipay.com/zh-cn/vis/chart/treemap.html

图 7-51 本·施耐德曼和他的矩形树图①

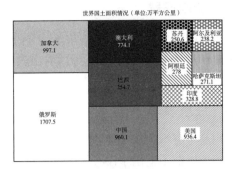

图 7-52 矩形树图示例

7.6.2 构成与视觉通道

矩形树图由不同颜色的矩形组成,其构成需要从大类向小类依次分割,其分割方式也是有所讲究的,如图 7-53 所示。良好的分割矩形的方式可使得整个矩阵树图看起来协调易懂。矩形树图用平面位置视觉通道表示层级关系,面积视觉通道表示占比的定量数据,用颜色视觉通道表示定类数据。

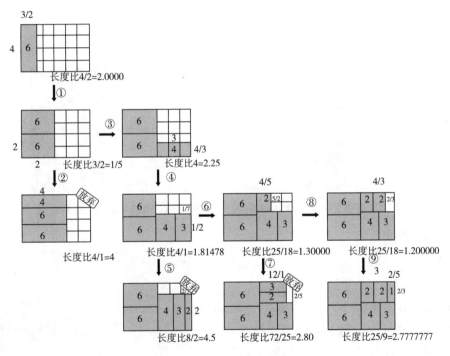

图 7-53 矩形树图构成流程

7.6.3 适用数据

矩形树图适合展示大于 5 个分类的带权重树形数据。矩形面积表示一定量数据的占比,适合反映某类别占某一级总体比例大小及同级之间的比较。

① https://img0.baidu.com/it/u=604959546,2509474962&fm=15&fmt=auto&gp=0.jpg

7.6.4 使用场景

矩形树图主要用于展示具有嵌套树形结构的数据。图 7-54 为截止 2020 年 4 月 12 日各国确认新冠肺炎的人数矩形树图,可以看出美国确诊人数最多,最少的是加拿大。此矩形树图的代码见资源包。

7.6.5 注意事项

- 当某个分类占比太小的时候,文本会变得很难排布。
- 矩形树图不适用于没有权重的数据。此时如果想要展示层级关系,用分叉树图更合适。
- 注释层次结构的级别不要超过 3 个,否则会导致矩形树图不可读。
- 应对层次结构的最高级别进行优先级排序。
- 交互式版本对矩形树图更有意义。
- 矩形树图不太适用于比较跨层级的矩形大小。

7.6.6 矩形树图的变体

矩形树图主要的变体是含多个类别的矩形树图。一般矩形树图是一个类别不断向下分,但矩形树图也可以在一张图上展示两种定类数据的关系,如图 7-55,就分为了早餐和午餐两类,分别展示了早餐和午餐中不同种类食物的销售情况。

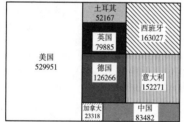

图 7-54 "新冠肺炎确诊人数"矩形树图

图 7-55 含多个类别的矩形树图

7.6.7 应用案例

矩形树图是表示占比的图表类型,可以清楚看到不同分类所占整体的份额,矩形面积越大,就表明在总体中所占的份额越大。图 7-56 是 2013 年盖茨基金会捐款的去处,可以看出,盖茨基金会如同他们所承诺的,将大部分的资金捐向了医疗机构,希望在贫穷国家通过疫苗消除在发达国家已经消除的疾病。除此之外,还可以看出,盖茨基金会对教育也很关注,有 13.7 亿美金捐助给了美国黑人学院基金。

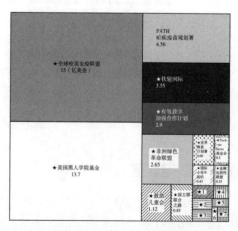

图 7-56 盖茨基金会捐款矩形树图(来源:网易新闻)

7.6.8　矩形树图小结

小结如图 7-57 所示。

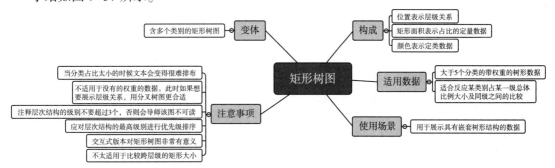

图 7-57　矩形树图小结

7.7　漏斗图

漏斗图(Funnel Plots)可以分析具有规范性、周期长和环节多的业务流程。通过漏斗图比较各环节业务数据,能够直观地发现问题。漏斗图还可以展示各步骤的转化率,适用于业务流程较多的流程分析,例如通过漏斗图可以清楚地展示用户从进入网站到实现购买的最终转化率。①

7.7.1　基本信息

漏斗图适用于业务流程比较规范、周期长、环节多的单流程单向分析,通过漏斗各环节业务数据的比较,能够直观地发现和说明问题所在的环节,进而做出决策。漏斗图用梯形面积表示某个环节业务量与上一个环节之间的差异。漏斗图从上到下,有逻辑上的顺序关系,表现了随着业务流程的推进业务目标完成的情况。

漏斗图总是开始于一个 100% 的数量,结束于一个较小的数量。在开始和结束之间由 N 个流程环节组成。每个环节用一个梯形来表示,梯形的上底宽度表示当前环节的输入情况,梯形的下底宽度表示当前环节的输出情况,上底与下底之间的差值形象地表现了在当前环节业务量的减小量,当前梯形边的斜率表现了当前环节的减小率。通过给不同的环节标以不同的颜色,可以帮助用户更好地区分各个环节之间的差异。漏斗图中所有环节的流量都应该使用同一个度量。

随着电商的兴起,漏斗图经常被互联网行业用来分析业务情况,图 7-58 就是漏斗图的一个使用示例,此漏斗图很好地展示了每一环节的转化率。以这幅图为例,可以清晰看出,从注册用户到预订用户数量这一步损失的客户最多,那么为了业务考虑,今后该团队需要制定对策提升预订用户数量,进而提升支付用户数量,从而达到提升业绩的效果。当然,除了用图 7-58

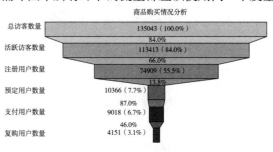

图 7-58　漏斗图示例

---

① https://antv-2018.alipay.com/zh-cn/vis/chart/funnel.html

的方式绘制漏斗图，Python 中的 pyecharts 包也为我们提供了绘制漏斗图的函数，具体的绘制方式可以参见本章末尾的应用案例。漏斗图 7-58 的代码见资源包。

7.7.2 构成与视觉通道

漏斗图由多个倒梯形连接而成，除此之外一般还包含分类名称的标注以及图例，如图 7-59 所示。漏斗图采用了颜色饱和度、区域面积、长度和倾斜角度的视觉通道。在每个梯形区域内，用颜色饱和度进行本流程不同环节的区分，并根据流程的逻辑顺序和数据大小，颜色饱和度依次递减，我们可以直观地看出数据变化趋势并对不同环节进行区分；用区域面积和各梯形上下底的长度来表示各环节留存的元素数量，在各梯形等高的前提下，直观地展现出元素数目的变化及其变化趋势；用各梯形腰的不同斜率表示了各阶段的转化趋势，所有梯形腰连在一起，可以看出该流程转化率的趋势。

7.7.3 适用数据

漏斗图适合展示有一个分类数据字段和一个连续数据字段的数据。

7.7.4 使用场景

漏斗图主要适用于流程流量分析。随着流程的推进，每个环节所要达成的成交数量在减少。最终的成交量是企业想要达成的交易数量。通过将各个流程中数量的信息画入漏斗图，可以清晰地分析出来哪个环节是当前业务流程中的薄弱环节，哪个环节是流量转化的瓶颈，进而帮助人们更加专注于薄弱环节提高整个流程的产出。

从图 7-60 中我们发现，浏览环节中的业务量呈现了明显的缩减趋势，转化率较低。所以决策者应该将更多的资源与精力投入到浏览这个环节的工作中，进而提高整个流程的效率。

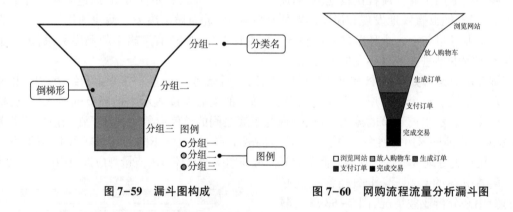

图 7-59　漏斗图构成　　　　　图 7-60　网购流程流量分析漏斗图

7.7.5 注意事项

漏斗图不适合表示无逻辑顺序的分类对比，如果要表示无逻辑顺序的分类对比情况，请使用柱状图。漏斗图也不适合表示占比情况，如果要表示占比情况，请使用饼图。

7.7.6 漏斗图变体

1) 对比漏斗图

对比漏斗图在基础漏斗图的基础上，再增加了一个期望值维度的数据与实际的数据进行对比，清晰展现出实际与预期之间的差异，如图 7-61 所示。

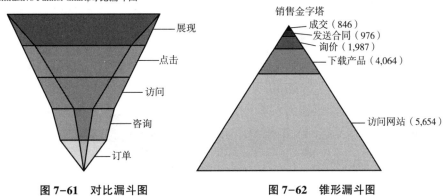

图 7-61 对比漏斗图

图 7-62 锥形漏斗图

2) 锥形漏斗图

锥形漏斗图也叫金字塔图。漏斗图是通过梯形上底与下底的差值反映当前流量的输出情况,通常情况下,漏斗图的每一环节的宽度都是相同的。但金字塔图并非如此,它是由多个塔层组成的金字塔形状的图形,其中每个塔层的高度和该环节的值有关,如图 7-62 所示。

3) 对称漏斗图

对称漏斗图是对具有相同维度数据的两组不同数据进行对比。两个漏斗图共同使用一条轴,对称漏斗图不仅反映了两组数据各自的流量流向情况,还可以对比两组数据,如图 7-63 所示。

7.7.7 应用案例

漏斗图现今被广泛使用于商业分析中,尤其是流量监控和电商商品转化的领域,因为它倒三角形的特性,可以很清晰地反映出流量的流向。除了用在电商领域之外,漏斗图也经常被用在医疗领域的分析中,如图 7-64 所示的医疗分析漏斗图。它反映出某种病从检查的人数到被检查出阳性的人数,之后接受手术治疗的人数,最后治愈的人数。在医疗实践过程中可以很清晰地帮医生分析出这种病的特性以及病人的困难,从而提高医疗效率,帮助更多的病人恢复健康。漏斗图 7-64 的代码见资源包。

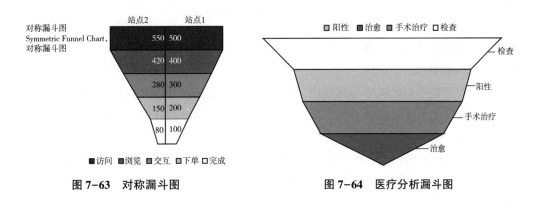

图 7-63 对称漏斗图

图 7-64 医疗分析漏斗图

7.7.8　漏斗图小结

小结如图 7-65 所示。

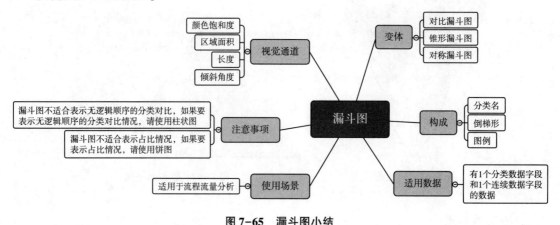

图 7-65　漏斗图小结

7.8　整体与局部可视化图像总结

本章我们介绍了 7 种展示整体与局部的可视化图像。这些图像各自有其优点与缺点，图 7-66 展示了这 7 种图像的优缺点。

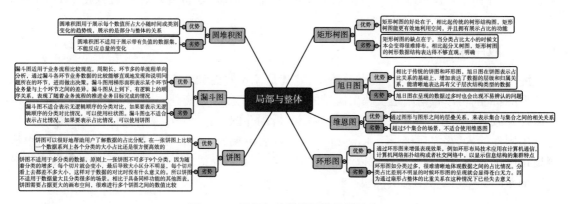

图 7-66　局部与整体类图像的优缺点

另外，这些图像与其他图像之间也常常进行组合使用，例如：

1）环形图+峰线图

常用于科研，最外层的圆环为环形图，体现某种占比情况，而内层为峰线分布图，如图 7-67 所示。其中，峰线图属于分布类可视化图像，我们将在第 8 章进行详细介绍。

2）饼图+折线图

采用饼图叠加折线图的方式，在饼图上可以呈现每个地区销售额的占比，在折线图上可以清晰展示每个地区的具体销售额，如图 7-68 所示。其中折线图属于时间趋势类可视化图像，我们将在第 9 章详细介绍。

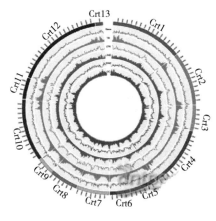

图 7-67　环形图和峭线图组合

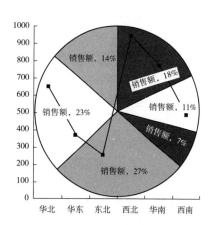

图 7-68　饼图和折线图组合

3) 饼图+折线图+柱状图

采用饼图叠加折线图和柱状图的方式,在饼图上可以呈现每个部分的大致占比,柱状图可以展示每个部分的大体数额,折线图则展示大体趋势,如图 7-69 所示。

4) 饼图+地图

可以通过地图反映出每个地区的占比情况,图 7-70 可以直观感受到美国各州给各党派间的投票情况,即各党派在美国各州的支持率。组合图的好处在于结合了两种图的优势,不仅可以直观看出地理位置,而且还在地理位置上叠加了一类数据,使图上的信息更加丰富。[①]

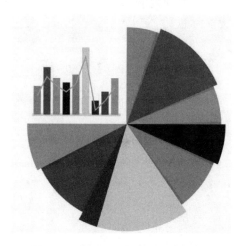

图 7-69　饼图、折线图和柱状图组合

图 7-70　饼图和地图组合

[小测验]

1. 以下哪个数量的场景不适合用维恩图绘制?(　　　)

A. 5 个　　　　　　　　B. 3 个　　　　　　　C. 2 个　　　　　　　D. 7 个

---

① https://www.highcharts.com.cn/demo/highmaps/map-with-pie

2. 关于饼图,以下说法错误的是( )。

A. 饼图的分块占比总和为 100%

B. 可以用于两个分类数据的展示

C. 优先使用 3D 饼图

D. 饼图不适合在各部分占比较为相似时使用

3. 环形图的本质是( )。

A. 直方图　　　　　　B. 曲线图　　　　　　C. 饼图　　　　　　D. 密度图

4. 下列关于旭日图说法错误的是( )。

A. 可以展现数据的层级情况

B. 可以反映各层级中各类别的占比情况

C. 一般情况下,离原点越近表示级别越高

D. 不能用颜色区分种类

5. 以下不属于圆堆积图运用的视觉通道是( )。

A. 颜色视觉通道　　　　　　　　　　B. 位置视觉通道

C. 面积视觉通道　　　　　　　　　　D. 形状视觉通道

6. 矩形树图的面积意义是( )。

A. 表示密度　　　　　　　　　　　　B. 表示数据量大小

C. 表示数据跨度　　　　　　　　　　D. 无实际意义

7. 下列关于漏斗图说法错误的是( )。

A. 漏斗图每个环节的宽度都应该相等

B. 漏斗图开始于一个 100% 的数据

C. 梯形边的斜率表现了当前环节的减小率

D. 漏斗图每个环节的宽度和流量的差值相关

8. 在使用饼图呈现数据时,以下说法错误的是( )。

A. 饼图通常用来呈现比例或比率数据

B. 饼图所体现的数值可以是负值

C. 饼图中的组份不应该太多

D. 对于无序的分组,最好按照比例大小排序

9. 在划分了 4 个季度后想要进一步展示每个月份的比例情况,应该采用哪一种可视化图形?( )

A. 饼图　　　　　　B. 环形图　　　　　　C. 柱状图　　　　　　D. 旭日图

❖ 8 分布类可视化图像

分布类可视化图像,在可视化中用于展示定量数据在其取值范围内的分布特征。每种数据都分布在特定的区间或集合里,我们通过使用图形的坐标轴位置、面积、颜色的饱和度等视觉通道来表示数据的分布情况。由数据的分布密集程度,我们可以直观地对很多事物进行分析。常见的分布类图表有:直方图、密度图、箱线图、小提琴图和峰线图等。

在本章中,我们将多次使用鸢尾花数据集[①]绘制示例图片,其数据集包含 150 个样本,都属于鸢尾属下的三个亚属,分别是山鸢尾(setosa)、变色鸢尾(versicolor)和维吉尼亚鸢尾(virginica)。四个特征被用作样本的定量分析,它们分别是花萼(sepal)的长度和宽度,以及花瓣(patel)的长度和宽度。

8.1 直方图

在统计学中,直方图[②](Histogram)是对数据分布情况的图形表示,是一种二维统计图表。直方图广泛应用于许多计算机视觉应用中。通过标记帧和帧之间显著的边缘和颜色的统计变化,来检测视频中场景的变换。通过在每个兴趣点设置一个有相近特征的直方图所构成的标签,用以确定图像中的兴趣点。边缘、色彩、角度等直方图构成了可以被传递给目标识别分类器的一个通用特征类型。色彩和边缘的直方图还可以用来识别网络视频是否被复制等。直方图是计算机视觉中最经典的工具之一,也是一种很好的图像特征表示手段。

8.1.1 基本信息

直方图,又称质量分布图,是一种表现连续变量(定量变量)经验概率分布的图形表示,由一系列高度不等的纵向条纹或线段表示数据分布的情况。一般用横轴表示数据类型,纵轴表示分布情况。主要用来关注单个变量的分布情况。直方图将变量的取值范围分成不同的区间分别计算各个区间样本出现的频率,将频率通过类似柱状图的形式展示出来,就是所谓的直方图。需要注意的是,与柱状图不同,直方图的柱子之间没有间隔。直方图所展示的分布是不光滑的,并且其形状受到窗宽,也就是区间宽度的影响。直方图 1891 年由卡尔·皮尔逊(Karl Pearson)首先使用。

卡尔·皮尔逊[③](Karl Pearson,1857 年 3 月 27 日—1936 年 4 月 27 日)是英国数学家,生物统计学家,数理统计学的创立者,自由思想者,对生物统计学、气象学、社会达尔文主义理论和优生学做出了重大贡献,见图 8-1。他被公认是旧派理学派和描述统计学派的代表人物,并被誉为现代统计科学的创立者。是 20 世纪科学革命和哲学革命的先驱,"批判学派"代表人物之一。

---

① UCI 数据集-鸢尾花 http://archive.ics.uci.edu/ml/datasets/Iris

② 百度百科-直方图 https://baike.baidu.com/item/%E7%9B%B4%E6%96%B9%E5%9B%BE/1103834?fr=aladdin

③ 百度百科-卡尔·皮尔逊 https://baike.baidu.com/item/%E5%8D%A1%E5%B0%94C2%B7%E7%9A%AE%E5%B0%94%E9%80%8A/5650305?fr=aladdin

直方图中最常见的是频数直方图,如图 8-2 所示,它将连续的定量数据分组,在每组中计算样本数,然后用横轴(柱宽)表现组距,用纵轴(柱高)展示每组频数密度(该组样本数除以组距,即单位距离内的样本数),柱子面积为该组的样本数,即第 i 组的样本数量 $n_i = (x_{i+1} - x_i) \times y_i$,其中 x_i 和 x_{i+1} 分别为第 i 组区间的左右端点,y_i 为第 i 组出现的频数。当所有组距均为 1 时,柱高和面积都代表该组样本数。有时为了方便使用,在各组等距但组距不为 1 时,人们也会直接用纵轴表示该组样本数。另一种常见的直方图是频率直方图,它将纵轴进行了归一化处理,反映该组样本数占总样本数的百分比。图 8-2 直方图示例的代码见资源包。

图 8-1 卡尔皮尔逊早期图像

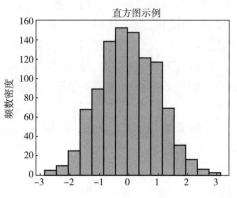

图 8-2 直方图示例

8.1.2 构成和视觉通道

直方图分为频数分布直方图和非标准直方图两种。频数直方图的矩形高度表示频数,矩形面积表示样本数量,如图 8-3 所示。非标准直方图的矩形高度表示数量,矩形面积没有现实意义。

直方图运用了坐标轴位置视觉通道(组距、频数密度、频率)和面积视觉通道(频数)。

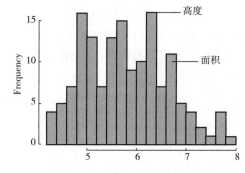

图 8-3 频数分布直方图的构成

8.1.3 适用数据

直方图适合展示不低于 50 条的定量数据;横轴表示组距(定量数据),纵轴表示频数密度或频率(定比数据),面积表示频数(定比数据)。

8.1.4 使用场景

1) 用于表示分布情况

图 8-4 展示的是 NBA 球员薪金的分布,最大值为 3500,可以发现薪金越高,能得到此报酬的人就越少。

2) 用于观察异常或孤立数据

图 8-5 绘制了钻石的全深比数据的统计直方图,从图中可以看出在 66 附近有两个孤立值。

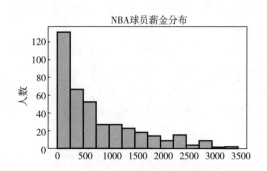

图 8-4 NBA 球员年薪直方图

全深比是钻石切割率中的一个要素,是钻石高度与平均直径的百分比。

表 8-1　钻石全深比数据示例

name(钻石名称)	depth(全深比)
14 513	61.4
28685	64
50368	59.2
—	—

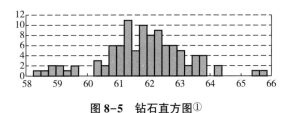

图 8-5　钻石直方图①

8.1.5　注意事项

● 要能清晰地区分柱状图和直方图。柱状图是用矩形的高度表示各类别频数的多少,其宽度(表示类别)则是固定的。直方图是用面积表示各组频数的多少,矩形的高度表示每一组的频数或频率,宽度则表示各组的组距,因此其高度与宽度均有意义。由于分组数据具有连续性,直方图的各矩形通常是连续排列,而柱状图则是分开排列。柱状图主要用于展示分类数据,而直方图则主要用于展示定量数据。

● 直方图牵涉统计学的概念,所以对资料进行合理的分组、选择合适的组距尤为重要。组数 k 选用不当,k 偏大或偏小,都会造成对分布状态的判断有误。当数据差距过大或难以分辨时,可添加标签使其变得更为直观。

● 样本数不应少于 50 个。抽取的样本数量过小,将会产生较大误差,可信度低,也就失去了统计的意义。

● 计算组距(h)时,应取测量单位的整数倍。

● 确定分组界限关键是第一组的下界限值,避免一个数据同时属于两个组。

● 直方图主要适用于分析单个类别变量的分布情况,所以在绘制时要确保为单个变量。

8.1.6　直方图的变体

1)含拟合分布曲线的直方图

含拟合分布曲线的直方图是频率分布直方图与核密度曲线的结合。核密度曲线是频率分布直方图的平滑化版本。图 8-6 的代码见资源包。

2)分组的直方图

一个数据可能含有多个类别,使用分组的直方图可以看出各个类别的数据的分布状况。如图,是 3 种不同的鸢尾花种类的萼片长度分组直方图。图 8-7 的代码见资源包。

① http://antv.antfin.com/zh-cn/vis/chart/histogram.html

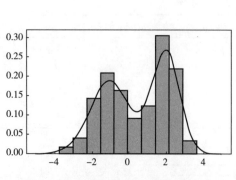

图 8-6　含正态拟合分布线的直方图

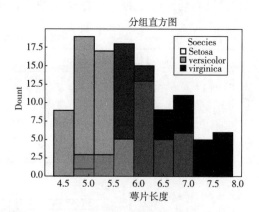

图 8-7　分组的直方图

3)镜像直方图

一个直方图翻转后和另一个直方图组合在一起,形成一个镜像直方图,比较两组数据的差异。图 8-8 的代码见资源包。

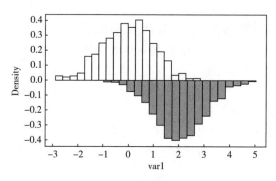

图 8-8　镜像直方图

4)变换坐标系后的直方图

通过变换坐标系,能获得极坐标下的直方图、圆环上的直方图、以及翻转的直方图,如图 8-9 所示。

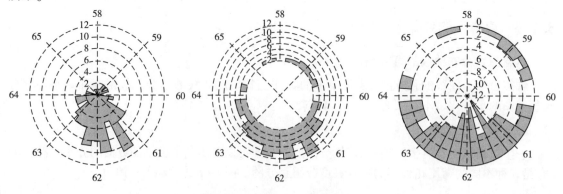

图 8-9　变换坐标系后的直方图

8.1.7　应用案例

（1）在班级中,班主任需要判断学生成绩的整体情况,这时就可以使用直方图来观察学生的整体分布。图 8-10 是来自葡萄牙一所学校的学生数学期末成绩分布直方图,可以大体看出学生成绩的优秀、良好、及格、不及格①。

（2）直方图在摄影中的应用。直方图在摄影中主要有两个作用,一是在前期指导我们最优化地记录下原始信息,二是在后期帮助我们重新平衡相片各区域的亮度分布,如图 8-11 所示。

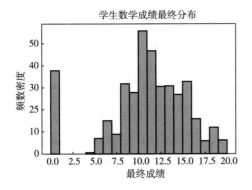

图 8-10　学生成绩分布直方图

图 8-11　摄影中不同参数的相片直方图对比

8.1.8　直方图小结

小结如图 8-12 所示。

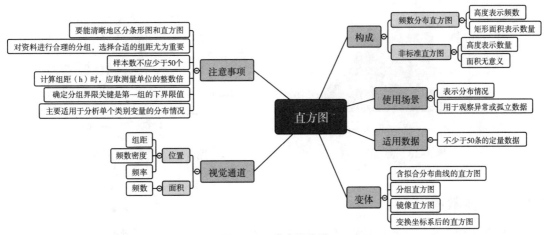

图 8-12　直方图小结

8.2　密度图

直方图相关的一种图表类型是密度图（Density Plot）,它是通过计算"可能会产生观测数据的连续概率分布的估计"而产生。一般的过程是将该分布近似为一组核（即诸如正态（高斯）分布之类的较为简单的分布）。因此,密度图也被称作核密度估计图。

---

① UCI 数据集-学生表现数据集 http://archive.ics.uci.edu/ml/datasets/Student+Performance

8.2.1 基本信息

密度图,又称为密度曲线图,用于显示数据在连续区间段内的分布状况。这种图表是直方图的变种,使用平滑曲线来绘制数值水平,从而得出更平滑的分布。密度图的峰值显示数值在该区间段内最为高度集中的位置。该曲线需要从数据中估算出来,最常用的方法为核密度估算,核密度曲线取决于核和带宽,波峰显示取值集中的地方。它是平滑版本的直方图,用于研究一个或对比几个(最好不超过 3~4 个)变量的分布。

核密度估计①(kernel density estimation)是在概率论中用来估计未知密度函数的方法,属于非参数估计方法之一。由于核密度估计方法不利用有关数据分布的先验知识,对数据分布不附加任何假定,是一种从数据样本自身出发研究数据分布特征的方法,因而在统计学理论和应用领域均受到高度的重视。

图 8-13 是三种鸢尾花的萼片长度的分组密度图,其代码实现见资源包。

8.2.2 构成与视觉通道

密度图由坐标轴和拟合的分布曲线组成,如图 8-14 所示。密度图运用了颜色视觉通道(不同属性的密度图、定类视觉通道)、平面位置视觉通道(通过曲线在直角坐标系下的位置来呈现数据在两个维度上的取值范围、定类视觉通道)、形状视觉通道(通过密度图的曲线或者面积形状大致判断出分布的种类、特征,例如,正态分布或右拖尾特征等,定类视觉通道)和长度视觉通道(密度图上的点到 x 轴的距离、定量视觉通道)。

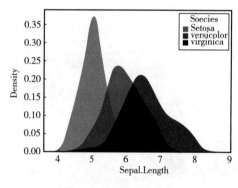

图 8-13　密度图示例

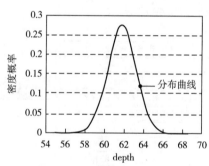

图 8-14　密度图的构成②

8.2.3 适用数据

密度图适用于少量属性的数据对比,最好不超过 3~4 个。至少有一个定类数据,一个或几个定量数据。密度图是数值变量分布的一种表示,是可视化连续型随机变量分布的利器,分布曲线上的每一个点都是概率密度,分布曲线下的每一段面积都是特定情况的概率。密度图呈现了数据的分类以及变量连续的分布状况,其纵轴可以粗略看作是数据出现的次数,与横轴围成的面积是 1。密度图的横轴表示连续变量值,纵轴表示数据出现的概率密度。

一个区域中点的个数大小关系可以用来表示该区域中这个属性的大小先后顺序,具有序数

① 百度百科-核密度估计 https://baike.baidu.com/item/%E6%A0%B8%E5%AF%86%E5%BA%A6%E4%BC%B0%E8%AE%A1/10349033?fr=aladdin

② http://antv.antfin.com/zh-cn/vis/chart/distribution-curve.html

型属性,可以用来表示定序数据,而当某个区域中不存在表示这个属性的点,就可以说明这个区域不具有这个属性。具有类别型属性,可以用来表示定类数据。当区域中点的个数或者这个区域具体的数值被标示出来,就具有数值型属性,可以用来表示定比数据。

8.2.4　使用场景

1) 用于表示分布情况

以统计学中经典的鸢尾花案例为例,图 8-15 是该数据集中 4 个鸢尾花属性的密度图。

2) 用于 2~3 种数据的分布情况进行对比分析

同样以上述鸢尾花数据集为例,将 3 个不同属性绘制在同一附图中,从而可以进行对比(见图 8-16)。可以发现花萼与花瓣宽度是不同的,花萼(sepal)的宽度主要在 3cm,而花瓣(petal)的宽度主要在 0~2cm 内。花瓣的长度和宽度的分布范围是不同的,花瓣长度分布在 0~8cm,花瓣的宽度分布在 0~3cm。

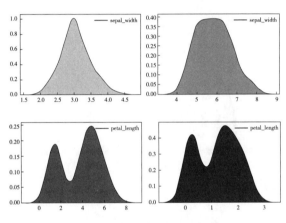

图 8-15　"鸢尾花数据集"密度图

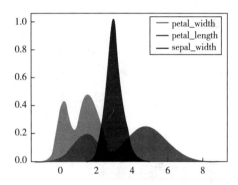

图 8-16　3 个属性的密度图对比

8.2.5　注意事项

- 各曲线与横轴所围成的面积之和为 1。
- 当数据中有异常数据时(比如过大或过小)需要清除异常数据再进行绘图,否则会导致得到的图片没有展示出一些分布的细节。
- 核密度图是针对横轴为连续量的直方图的一个优化或变体,所以当横轴不为连续量时,应使用柱状图或其他图进行展示。
- 密度图中允许带有负值。
- 密度图主要展示时间或者连续数据上的趋势,可以进行层叠,非常适合观察总量和分量的变化。
- 颜色选择时要避免使用调色板来配色,不同属性尽量选择差距较大的颜色来描述。
- 密度图除线条外,图形内部可以选择颜色填充,但要注意调节图层和透明度,不要将不同属性间重叠的部分以某一种颜色来覆盖,从而导致遗漏了部分信息。
- 密度图仅适合工作项目较少的情景,对于数据有较大起伏波动的情况不容易展现。
- 密度图的极值之间差异不能太大,否则会导致分布情况不清晰、不明显的情况出现。
- 在同一张密度图中,不同类别的变量最好不要超过三组,否则干扰会比较大。
- 进行核密度估计(KDE)时,要选择适合的带宽。带宽越大,曲线越平滑,且方差越大。如果带宽太大,则数据分布的局部特征可能会消失。当样本量较大且数据紧密时,选择较小的带宽;当样本量较小且数据稀疏时,选择较大的带宽。Python 绘制 KDE 曲线时有自适应带宽的函数。

• KDE 要选择合适的核,多用高斯核。高斯核将倾向于产生看起来像高斯型的,具有平滑特征和尾部的密度估计。相比之下,矩形核可以生成密度曲线中的阶跃外观。通常,数据集中存在的数据点越多,内核选择就越少。因此,密度图对于大型数据集往往是相当可靠和有用的,但对于只有几个点的数据集却可能会产生误导。

• 内核密度估计取决于所选内核和带宽。这里,针对这些参数的 4 个不同组合,显示了泰坦尼克号乘客的相同年龄分布:(a)高斯核,带宽=0.5;(b)高斯核,带宽= 2;(c)高斯核,带宽=5;(d)矩形内核,带宽=2,见图 8-17。

• 在可视化非负取值变量时,要避免取值延伸到负数。KDE 倾向于在没有数据存在的地方(尤其是在尾部)产生数据分布。因此,使用密度估计值很容易导致无效数值估计。

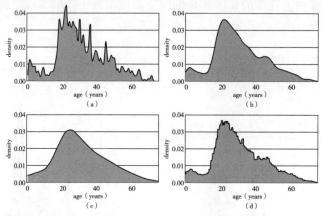

图 8-17 不同类型密度图①

8.2.6 密度图的变体

1) 堆叠密度图

给定一个值计算另一个值的概率密度,则使用堆积密度图来展示。图 8-18 的代码见资源包。

2) 二维密度图

二维密度图,利用二维的数据展示数据密度。二维密度图显示了数据集中两个定量变量范围内值的分布,也通常展示两个随机变量的联合密度分布。图 8-19 的代码见资源包。

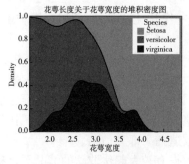

图 8-18 堆积密度图示例

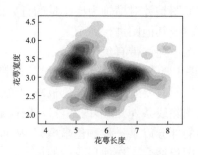

图 8-19 二维密度图

---

① https://clauswilke.com/dataviz/histograms-density-plots.html

3) 边际核密度图

边际核密度图除了通过二维密度图展示二维变量的联合分布外,使用两个密度图展示其边际分布。图 8-20 的代码见资源包。

4) 镜像密度图

一个密度图翻转后,将两个密度图放在一起比较它们的分布。图 8-21 的代码见资源包。

5) 横向的密度图

将纵向的密度图"放倒",就可以得到横向的密度图,密度图纵轴表示具体数值,横轴表示密度。图 8-22 的代码见资源包。

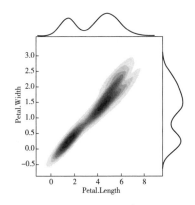

图 8-20　边际核密度图

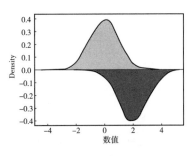

图 8-21　镜像密度图

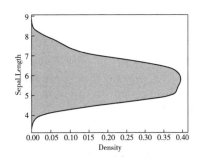

图 8-22　横向的密度图

8.2.7　应用案例

应用案例 1:男女生体重分布情况

本案例使用密度图分析男女生体重分布情况。从图 8-23 中我们可以看到男生和女生的体重分布情况对比。女生体重主要分布在 55kg 附近,而男生体重主要分布在 58kg 附近。女生体重普遍比男生低。从图中还可以发现,图中无论男女,都呈正态钟形曲线。

应用案例 2:鸢尾花数据集的萼片宽度

密度图可以与其他图形混合使用。图 8-24 为直方图和密度图混合使用,两种不同的分布类图表混合,不但保留了原始数据的真实性,还可以很明显地观察出数据的分布情况。如图 8-24 就是鸢尾花数据集的萼片宽度的直方图与密度图的混合表示。

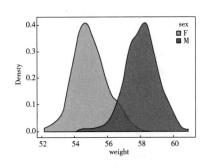

图 8-23　男女生体重分布情况密度图

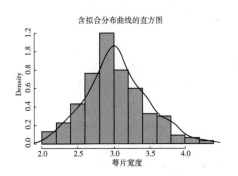

图 8-24　直方图和密度图混合使用

8.2.8 密度图小结

小结如图 8-25 所示。

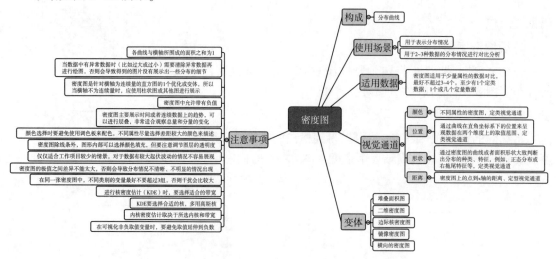

图 8-25　密度图小结

8.3　箱线图

箱线图[①](Boxplot)是利用数据中的 5 个统计量:下极限、第一四分位数、中位数、第三四分位数和上极限来描述数据分布的一种方法。它也可以粗略地看出数据是否具有对称性,分布的分散程度等信息,常用对几组数据的分布进行对比。

8.3.1 基本信息

箱线图又称为箱形图、盒式图或盒须图,是一种用作显示一组数据分散情况的统计图。它主要用于反映原始数据分布的特征,还可以进行多组数据分布特征比较,于 1977 年由美国著名统计学家约翰·图基(John Tukey)发明。

箱线图是五数概括法的图形表示形式,即呈现了一组数据的上限值、下限值、中位数、上下四分位数,对于数据集中的异常值,通常会以单独的点的形式绘制。它还能显示出数据所属的类别以及一组或多组数据的分布情况、离散程度和偏度。箱线图多用于数值统计,虽然相比于直方图和密度曲线较原始简单,但是它不需要占据过多的画布空间,空间利用率高,适用于比较多组数据的分布情况。

箱线图的常见用途包括:①识别数据中的异常值;②判断数据的偏态和尾重;③比较几批数据的形状。图 8-26 的箱线图示例代码见资源包。

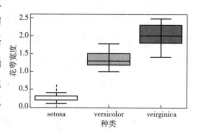

图 8-26　箱线图示例

8.3.2 构成与视觉通道

箱线图的上下两条线分别表示数据值的上限和下限。超过上限(低于下限)的数据值都用

---

① 百度百科-箱型图:https://baike.baidu.com/item/%E7%AE%B1%E5%BD%A2%E5%9B%BE/10671164? fr=aladdin

点来标记,代表异常值,异常值被定义为小于 Q1−1.5IQR 或大于 Q3+1.5IQR 的值(下四分位数为 Q1,上四分位数为 Q3,四分位距 IQR = Q3−Q1)。盒子的上下边界线分别代表上四分位数和下四分位数,中部线段表示数据值的中位数,如图 8−27 所示。如果数据不存在上(下)异常值,那么上限(下限)调整为数据最大值(最小值)。

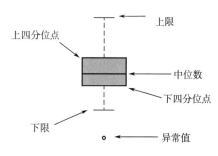

图 8−27　箱线图构成

　　箱线图通常使用平面位置和颜色两种定类类型的视觉通道,呈现不同分类;使用长度和坐标轴位置两种定量类型的视觉通道,呈现数据的分布情况,具体来说有 5 条线,按空间位置的高低分类,分别表示上限、上四分位数、中位数、下四分位数、下限,异常值点以及中位数线的位置可以呈现偏度。"箱"和"线"的长度反应数据的离散程度,准确地说,"箱"的长度表示上下四分位数之间的距离,"线"的长度表示上(下)边缘和上(下)四分位数之间的距离。

8.3.3　适用数据

　　箱线图适合展示数据组数不超过 12 个的情况,当组数过多的时候会影响到文本的排布,不利于进行图表分析。横轴表示不同的类别(定类数据),纵轴表示数据值的大小,还包括了 5 个特征数与异常值的标记(定量数据)。

8.3.4　使用场景

1) 识别数据中的异常值

　　一批数据中的异常值比较值得关注,忽视异常值的存在是十分危险的,如果不剔除异常值,那么在数据的计算分析过程中,就会对结果会带来不良影响;重视异常值的出现,分析其产生的原因,常常成为发现问题进而改进决策的契机。箱线图提供了识别异常值的一个标准:异常值被定义为小于 Q1−1.5IQR 或大于 Q3+1.5IQR 的值。其判断异常值的标准以四分位数和四分位距为基础,四分位数具有一定的耐抗性,多达 25% 的数据可以变得任意远而不会很大地扰动四分位数,所以异常值不会影响箱线图的数据形状,箱线图识别异常值的结果比较客观。由此可见,箱线图在识别异常值方面有一定的优越性。

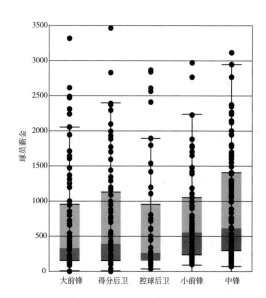

图 8−28　"NBA 球员年薪情况"箱线图

　　以 NBA 球员年薪数据为例,通过图 8−28,可以看出处于不同的位置年薪情况有一定的区别,但每个位置都有少数人的年薪水平过高,箱线图将其判断为异常值,这些球员或许是有超凡的能力,因此身价极高。

2) 判断数据的偏态和尾重

　　对于标准正态分布的大样本,中位数位于上下四分位数的中央,箱线图的方盒关于中位线对称。中位数越偏离上下四分位数的中心位置,分布偏态性越强。异常值集中在较大值一侧,则分布呈现右偏态;异常值集中在较小值一侧,则分布呈现左偏态。

以 2017 年全国各地发电量数据为例,通过如图 8-29 所示的箱线图可以观察到每个月份不同地区发电量的分布情况,判断偏态和尾重。

3) 比较几批数据的形状

同一数轴上,几批数据的箱线图并行排列,几批数据的中位数、尾长、异常值、分布区间等形状信息便昭然若揭。在一批数据中,哪几个数据点与其他数据偏差较大,这些数据点放在同类其他群体中处于什么位置,可以通过比较各箱线图的异常值发现。各批数据的四分位距大小,正常值的分布是集中还是分散,观察各方盒和线段的长短便可明了。每批数据分布的偏态如何,分析中位线和异常值的位置也可估计出来。

以 2017 年明尼阿伯里斯市交通流量情况为例,如图 8-30 所示,可以对比 2017 年整年中不同月份的每日交通流量数的分布。

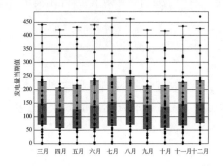 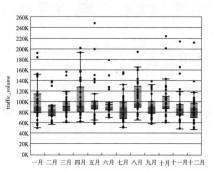

图 8-29 "2017 年全国各地发电量数据"
箱线图
图 8-30 "2017 年明尼阿伯里斯市交通流量情况"
箱线图

8.3.5 注意事项

• 箱线图主要用来观察数据的分布情况,比较适合数据组数不超过 12 个的情况,当组数过多的时候会影响到文本的排布,不利于进行图表分析。

• 箱线图在数据显示方面受到限制,不能提供关于数据分布偏态和尾重程度的精确度量。对于批量比较大的数据,反映的信息更加模糊,以及用中位数代表总体评价水平有一定的局限性。

• 如果箱线图的数据点过少时会存在较大误差,不适用于分析。

• 可以按照中位数来对箱线图进行排列,这样会使得图表更加清晰,也更易于分析。

• 注意上限值和下限值的计算,这两条线作为异常值断截点,对于数据异常情况及偏态尾重的判断非常关键。

• 在箱线图中加入数据点时,要注意调节各个点的展开幅度,不可全部落在垂直的一条线上,因为这样会有多个点重叠而无法展示数据的分布情况。

• 要注意样本数据的选择。当样本数据中存在特别大或者特别小的异常值,这种离群的表现,会导致箱子整体被压缩,反而突显出来这些异常值;当样本数据特别少时,箱体受单个数据的影响会被放大。

8.3.6 箱线图的变体

1) 分组箱线图

分组箱线图可以比较不同种类间相同属性数值的区别,也可以比较双重分组的数据同属性数值的区别。图 8-31 的代码见资源包。

2）带数据点的箱线图

相比于普通的箱线图,带数据点的箱线图可以展示所有数据的分布情况。图 8-32 的代码见资源包。

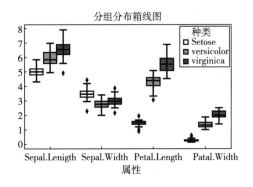

图 8-31 分组箱线图

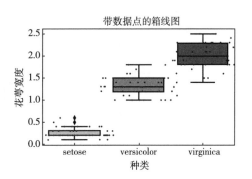

图 8-32 带数据点的箱线图

3）横向箱线图

将纵向的箱线图"放倒",就可以得到横向的箱线图,表示具体数值,横轴表示分类。图 8-33 的代码见资源包。

4）与小提琴结合的箱线图

当样本量太大时,用带数据点的箱线图来展示数据分布时,点会重叠,使图形难辨,便可以采用小提琴图的方式来展示数据分布。代码会在介绍小提琴图时展示。见图 8-34 所示。

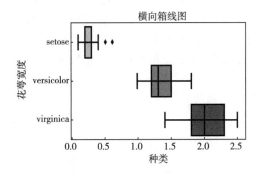

图 8-33 横向箱线图

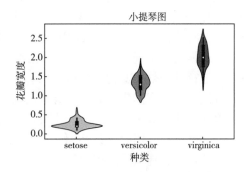

图 8-34 与小提琴图结合的箱线图

8.3.7 应用案例

我们想找出哪些因素对于学生成绩的影响比较大,可以使用分组箱线图来观察。如图 8-35 是葡萄牙两所学校数学最终成绩与性别以及父母婚姻状况关系的分组箱线图,A 表示父母分开,T 表示父母在一起,F 表示女生,M 表示男生。

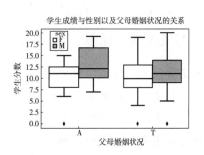

图 8-35 "学生成绩与性别以及父母婚姻状况"箱线图

8.3.8 箱线图小结

小结如图 8-36 所示。

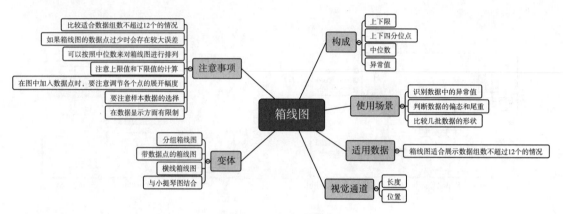

图 8-36　箱线图小结

8.4　小提琴图

小提琴图(Violin Plot)是用来展示多组数据的分布状态以及概率密度的可视化图像。这种图表结合了箱线图和密度图的特征,主要用来显示数据的分布形状,它跟箱线图类似,但是在密度层面展示更好。在数据量非常大不方便一个一个展示的时候,小提琴图特别适用。

8.4.1 基本信息

小提琴图用于不同组之间连续数据的异同分析,其形状类似小提琴,是箱线图与密度图的结合,同时展示了一组数据分位数的位置和哪些位置数据的点聚集较多。它主要用于反映原始数据分布的特征,还可以进行多组数据分布特征的比较。相比于单纯的箱线图,小提琴图的优势在于当数据变化呈现双峰或多峰时,箱线图并不能看出数据分布的特点,而小提琴图可以更加直观地进行其中数据变化的分析。

其外围的曲线宽度代表数据点分布的密度,中间的箱线图则和普通箱线图表征的意义是一样的,代表着最大值、最小值、上四分位数、下四分位数等,利用各个值和 x 轴之间的距离展现了这些特殊值的具体数值。

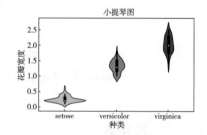

小提琴图的常见用途包括:体量大的数据的正态分布检验;展现少量基因的差异表达;识别和解释基因差异性表达的异质性来源。图 8-37 小提琴图示例的代码见资源包。

图 8-37　小提琴图示例

8.4.2 构成与视觉通道

1)单个变量单个分组小提琴图

单个小提琴图主要由95%置信区间、密度图、中位数和四分位数范围组成。与箱线图一样,在实际应用中我们很少单独使用一个小提琴图。见图 8-38。

2)单个变量多个分组小提琴图

对于同一个变量,有时我们需要将其分成多个组,起到对比的目的。见图 8-39。

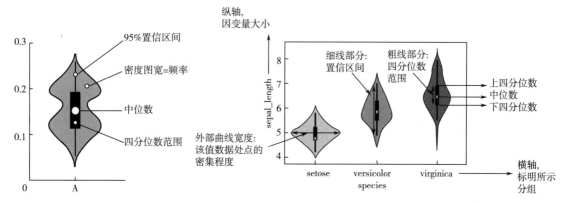

图 8-38 单个变量单个分组小提琴图①	图 8-39 单个变量多个分组小提琴图

3）多个变量多个分组小提琴图

更一般的,对于多个变量多个分组的情况,我们需要考虑两个维度的分类,此时一般需要利用颜色来对分组进行识别。见图 8-40。

小提琴图主要运用了坐标轴位置视觉通道(四分位数的数值,置信区间的数值)、长度视觉通道(数据点的密度)、颜色视觉通道(分组)和面积视觉通道(仅当设定面积对应数据量大小时产生,否则面积均相同)等。

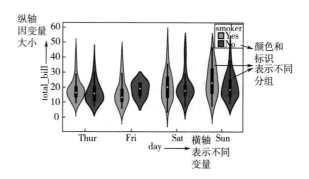

图 8-40 多个变量多个分组小提琴图

8.4.3 适用数据

(1)适用于表示数据量较大时的分布。

(2)可进行单个变量情况下多组数据的分布比较,此时横轴表示不同分组,纵轴表示变量值大小。

(3)可进行多个变量情况下多组数据的分布比较,此时横轴表示不同变量,纵轴表示变量值大小。

8.4.4 使用场景

1）用于展现、对比分布的情况

以统计学中经典的鸢尾花案例为例,小提琴图可以对比不同种类的鸢尾的花萼长度、花萼的宽度、花瓣的长度和花瓣的宽度的分布。以不同种类鸢尾的花萼长度为例,如图 8-41 所示。

2）用于实现体量大的数据的正态分布检验

若我们需要检验某样本数值是否符合正态分布,我们可以用夏皮罗—威尔克检验做正态分布检验,但是也可以从小提琴图看数据是否近似于正态分布。依旧以不同种类鸢尾的花萼长度为例(图 8-41)。我们可以不通过计算就直观地看出,各个种类的鸢尾花的花萼长度均近似于

---

① https://jingyan.baidu.com/article/200957617409018a0621b435.html

正态分布。而下面这张"各短语对应的可能性有多大"(图 8-42)中各个小提琴图则明显不符合正态分布。

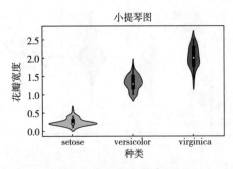

图 8-41 "不同种类鸢尾花花萼长度"小提琴图   图 8-42 各短语对应的可能性有多大

8.4.5 注意事项

● 使用时要求有较大的数据量。由于该图依赖于密度估计,因此只有在有足够数量的数据可用于获得可靠估计时,该图才有意义。否则,估计的密度可能表示数据中实际上没有的趋势。
● 小提琴图只能用来比较分布情况,并没有准确的概率密度信息。
● 由于小提琴图不能展示异常值,所以它可能包含较多干扰信息。

8.4.6 小提琴图的变体

1)分边小提琴图

将需要进行对比分布的两组数据分为左右两半拼为一个,进行分布对比。图 8-43 的代码见资料包。

2)替换箱线图的小提琴图

图中分别将小提琴图内部的箱线图(图 8-44 左上)替换为了四分位数线(图 8-44 右下)、具体的数据点(图 8-44 右上)和具体的数据棒(图 8-44 左下)。图 8-44 的代码见资源包。

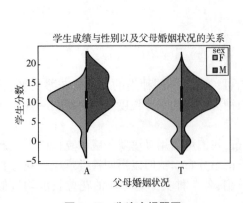

图 8-43 分边小提琴图

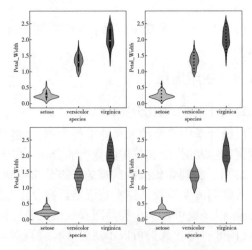

图 8-44 替换箱线图的小提琴图

3) 与散点图相结合的小提琴图

传统的小提琴图无法展示数据量的差别,例如某商品不同时期销售额不同,同时商品的购买次数也会不同。小提琴图与散点图的结合能够通过散点来有效展示数据量的差别,为决策者提供更加多元的视角。图 8-45 的代码见资源包。

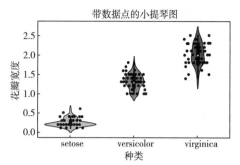

图 8-45　与散点图相结合的小提琴图

4) 变换坐标系后的小提琴图

通过变换坐标系,能获得极坐标下的小提琴图、水平小提琴图。图 8-46 的代码见资源包。

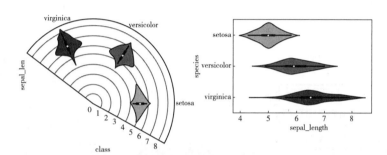

图 8-46　极坐标下的小提琴图和水平小提琴图

8.4.7　应用案例

应用案例 1:识别和解释基因差异性表达的异质性来源

2016 年一篇 AML 遗传异质性文章中用小提琴图展示启动子 epiallele 对基因转录表达水平的影响,发表在 Nature Medicine。2017 年一篇 PANS 文章也用小提琴图展示了 1124 个转录和染色质修饰因子对侵入模块表达的贡献,如图 8-47 所示。

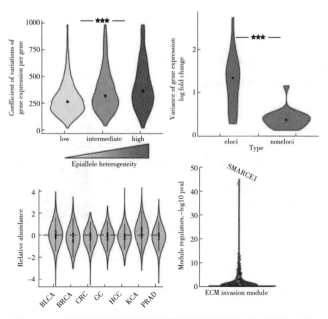

图 8-47　小提琴图识别和解释基因差异性表达的异质性来源

应用案例 2:各个月份的温度差异分布情况

在现实中,每个月的气温往往有一个分布,图 8-48 就是使用 UCI 数据集中的北京 PM2.5 数据集①,该数据集每隔一小时记录一条观测,通过使用各个月份的每小时观测的温度绘制的小提琴图,可以大致看出各个月份的温度差异。

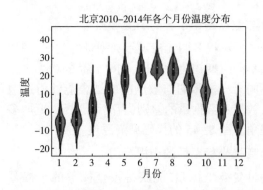

图 8-48　北京 2010 — 2014 年各个月份温度分布

8.4.8　小提琴图小结

小结如图 8-49 所示。

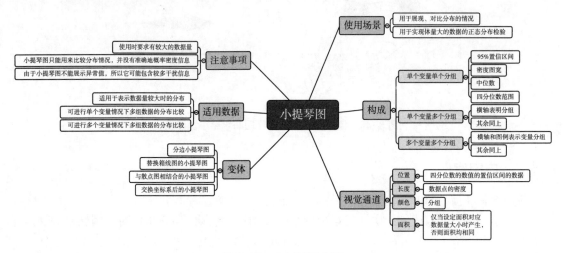

图 8-49　小提琴图小结

8.5　峰线图

峰线图(Ridgeline plot)是数据可视化技术之一,适用于可视化多个分布随时间或空间分布的变化。

8.5.1　基本信息

峰线图用来展示同一维度几个数据的分布情况。每一层都是一个直方图或密度图,通过层层堆叠得到峰线图,如图 8-50 所示。

乔尼·布莱恩(Jenny Bryan)在 2017 年 4 月创造了"Joy Plot"这个名字,来描述林德伯格(Lindberg)早期使用这种风格的一种可视化效果。此后,社区开始使用"joyplot"这个词称呼峰

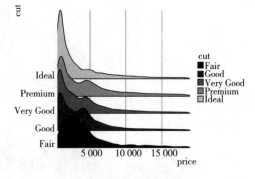

图 8-50　峰线图示例

① UCI 数据集-北京 PM2.5:http://archive.ics.uci.edu/ml/datasets/Beijing+PM2.5+Data

线图。

　　峰线图与直方图、密度图表示的信息类似,峰线图的优势在于将几个直方图堆叠在一起,通过图形的相互堆叠,可以节省空间表示更多数据,也可以更好地进行数据之间的比较。

8.5.2　构成与视觉通道

　　峰线图由一个二维坐标系组成,其中横轴用于刻画数据值的大小,纵轴表示不同数据的分类。每层图像可以看作一个密度图,但其面积是没有实际含义的。峰线图的视觉通道主要是坐标轴位置,颜色和形状,如图8-51所示。

8.5.3　适用数据

　　峰线图适合5~10个数据,横轴表示组距(定量数据),纵轴表示数据类型(定序数据),位置表示大小。

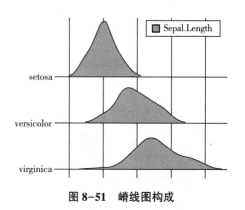

图8-51　峰线图构成

8.5.4　使用场景

1)分析数据间的分布关系以及比较情况

　　以林肯东北部的温度为例,图8-52中反映的是1 — 12月温度的分布情况。我们可以看出每一个月的数据都可以绘制成一个密度图,而将12个月的密度图堆叠在一起,我们可以明显看出,该地图的温度变化情况,6、7月气温普遍较高,而在12月达到了温度最低的情况[1]。

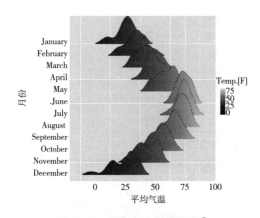

图8-52　林肯东北部的温度①

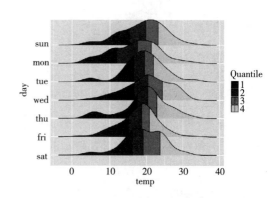

图8-53　林肯东北部的温度

2)分析数据中的大小关系

　　同样还是温度情况,这次的纵轴是以星期排序的,如图8-53所示,将每一周的温度进行统计,可以绘制出周一到周日的密度图,而在每个图内,将温度分成1、2、3、4级,这样我们不仅可以看出每周的温度变化趋势,还可以看到每一天的温度变化情况,并且通过对比我们可以看到每一天的温度变化也是不一样的。

---

　　①　https://wilkelab.org/ggridges/articles/gallery.html

8.5.5 注意事项

- 一般用于呈现连续变量,离散变量难以展示,可以进行较多变量的对比。
- 对于数据有较小起伏波动的情况不容易展现。
- 适合不同类型的连续型变量之间的对比,如果不同类型的连续型变量过少则不适宜采用峰线图。
- 当数据极值差异过大时,会导致展示的分布情况具有一定误差性,所以数据极值之间的差异应该适中。
- 注意面积大小的关系,面积太大会使重叠面积过多导致无法分析数据情况,面积太小则无法看出对比趋势。
- 如果没有连贯的定序数据作为纵轴,最好不要选峰线图,不要勉强去凑数据间的关联。

8.5.6 峰线图的变体

1) 用直方图堆叠的峰线图

一般峰线图是将密度图串联起来,形成峰线图,实际上,直方图也可以通过同样的方式堆叠,形成峰线图。图 8-54 是根据北京市 12 个月的气温数据以直方图堆砌而成的峰线图,其实现代码见资源包。

2) 用密度图绘制的峰线图

密度图通过一定的排列堆叠形成的峰线图。图 8-55 是根据北京市 12 个月的气温数据以密度图堆砌而成的峰线图,其实现代码见资源包。

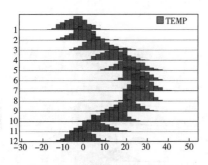

图 8-54 直方图堆叠的峰线图

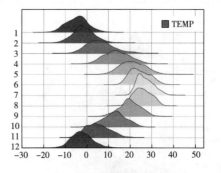

图 8-55 用密度图绘制的峰线图

8.5.7 应用案例

不同地区的数据在同一指标下的对比,可以通过峰线图来实现。如图 8-56,使用某年 3 月北京 12 个气象观测站站点测定的 PM2.5 数据①绘制的峰线图,可以看出,不同站点测定的 PM2.5 分布是有所不同的。

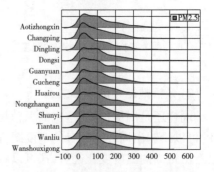

图 8-56 北京不同站点 PM2.5 分布

---

① UCI 数据集 http://archive.ics.uci.edu/ml/datasets/Beijing+Multi-Site+Air-Quality+Data#

8.5.8 岭线图小结

小结如图 8-57 所示。

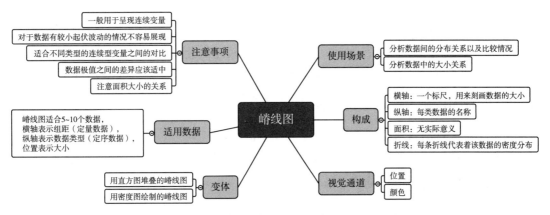

图 8-57 岭线图小结

8.6 分布类可视化图像总结

本章主要介绍了 5 类常用分布类可视化图像,这些图像有类似也有不同。下面我们将分别对比本章介绍的几类图像,看看它们有什么样的区别和联系。

8.6.1 直方图与密度图

(1)直方图反映的是一组数据的分布情况;密度图反映的是数据分布的密度情况。它们的主要区别如表 8-2 所示。

表 8-2　直方图与密度图的区别

	直方图	密度图
纵坐标	数据出现频数	数据出现概率
横坐标	数据区间	数据取值
适用数据	离散和连续均可	连续数据
表现形式	离散式(矩形柱状)	连续式(平滑曲线)
功能	展示数据在不同区间内的分布情况	展示数据出现的概率分布

(2)直方图适合单一组别数据,多组数据的情况不利于组间对比;密度图可以绘制多组数据,但是尽量不要超过 5 组。

(3)直方图对数据的要求是样本量足够大,太少的样本信息不具有可信度,且容易造成误差;密度图对数据的要求是要具有足够数量的数据,可用于获得可靠的估计。

(4)直方图和密度图在统计学中均有较重要的应用。直方图是对样本数据的直接利用,得到的图形更贴合样本数据;相比之下,密度图观察数据的概率分布更准确、美观。

8.6.2 密度图与小提琴图

(1)密度图和小提琴图都可以表示数据的概率分布,但是表现形式上有较大差异。小提琴图是密度图和箱线图的合体。

（2）小提琴图的纵轴代表具体数值，横轴代表不同的属性；密度图的纵轴代表数据出现的频率，横轴代表具体数值。小提琴图中"小提琴"的宽度代表数据出现的概率分布，相当于密度图中的纵轴。

（3）小提琴图中实质上含有一个箱线图，可以表示四分位数的范围和置信区间等；而密度图通过平滑曲线仅可表示出峰值、拐点等，即出现概率较高的数据值。

（4）小提琴图可以表示多个属性的概率分布，若密度图标是多个属性时，易引起混淆。

8.6.3　直方图、密度图与小提琴图

（1）对于可展现的数据组数：直方图<密度图<小提琴图。

（2）对样本数据的贴合程度：小提琴图<密度图<直方图。

8.6.4　密度图与箱线图

（1）密度图和箱线图均可表示数据的分布，但是表述的信息不同。

（2）密度图可以表示每个数据值对应的概率密度，但是若想要知道该数据值在整体分布的哪一位置，直观上通过密度图是得不到的。

（3）箱线图表示的分布是指数据的范围、数据的每一个四分位点的位置及其对应的数据。

（4）箱线图可以展现出数据的异常值，这一点在密度图中不易观察到。

（5）关于数据的波动程度，相较于箱线图，密度图可以更好地展现数据的波动情况。箱线图仅可通过盒子的宽度和线的长度来展现，效果一般。

8.6.5　直方图与嵴线图

（1）直方图是对一个连续变量的概率分布的刻画；嵴线图则是在同一因素下，对几种相似数据出现频率的刻画。

（2）直方图是一个连续变量，而嵴线图是对不同变量在同一维度的刻画。

（3）直方图用(0,1)的概率区间描绘图像；嵴线图用时间或空间顺序延展整个图像。

（4）直方图通常以矩形表示每种数据的大小，可以看出每一个数据的具体取值；嵴线图主要是用线性表达，更容易判断变化趋势。

8.6.6　5类可视化图像小结

小结如图 8-58 所示。

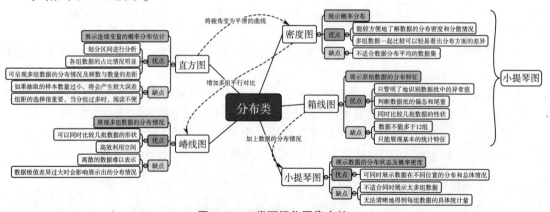

图 8-58　5 类可视化图像小结

[小测验]

1. 在频数分布直方图中,直方图的矩形面积表示(   )。
A. 频数   B. 频率   C. 数量   D. 无意义

2. 密度图与横轴围成的面积是(   )。
A. 1   B. 2   C. 3   D. 4

3. 一般情况下,密度图的纵轴表示(   )。
A. 概率密度   B. 连续数据   C. 数量   D. 频数

4. 箱线图最上面的线表示的是(   )。
A. 上限   B. 下限   C. 上四分位点   D. 下四分位点

5. 小提琴图的应用场景(   )(多选)。
A. 用于展现、对比分布的情况
B. 用于实现体量大的数据的正态分布检验
C. 识别数据中的异常值
D. 判断数据的偏态和尾重

6. 嵴线图的面积意义是(   )。
A. 表示密度   B. 表示数据量大小
C. 表示数据跨度   D. 无实际意义

7. 更适合用来反映多组连续型定量数据分布的中心位置和散布范围的可视化图形为
(   )。
A. 日历图   B. 箱线图   C. 柱状图   D. 直方图

8. 对于柱状图和直方图的区别,以下说法错误的是(   )。
A. 直方图展示数据的分布,柱状图比较数据的大小
B. 直方图 x 轴为定量数据,柱状图 x 轴为的分类数据
C. 柱状图的 y 轴为样本比例,直方图的 y 轴为样本数量
D. 直方图柱子无间隔,柱状图柱子有间隔

9 时间趋势类可视化图像

时间趋势类图像通常用来展示变量数值在连续序列上的变化趋势,主要包含折线图、面积图、地平线图、河流图、瀑布图和烛形图这 6 种基础类型图表及其变体。如果将时间趋势类图表家族比作有着丰厚底蕴的古树,那么折线图就是古树坚若磐石的根基。以能够清晰地展示数据变化趋势的折线图为基础,衍生出了面积图、地平线图、瀑布图、河流图和烛形图等一系列针对特殊情景更加适合和生动的图表,汇合成了时间趋势类图像这棵大树上的树干,它们支撑着时间趋势类图像家族无比广泛的应用,让时间趋势类图像在各种图像中拥有自己的"一席之地"。时间趋势类图像这一家族虽已广为人知,但这棵参天大树仍在不断生长,抽枝发芽,相信在未来的日子里,会有更多由这个家族开枝散叶出的新兴图像帮助人们更好地分析和挖掘数据,给予人们更宽广更从容的体验和感受。

下面我们将分别介绍时间趋势类图像的主要成员:折线图、面积图、地平线图、河流图、瀑布图、烛形图等,以及其他各种变体。

9.1 折线图

折线图(Line Plot),是我们工作中使用最频繁的图表之一。不论是工作汇报、年终总结,只要是涉及各种分析报告,若 PPT 上需要展示月度/季度/年度的数据,折线图总是必不可少的。

9.1.1 基本信息

最早的折线图为 1669 年荷兰的克里斯蒂安·惠更斯(Christiaan Huygens)(图 9-1)绘制的惠更斯死亡率图,如图 9-2 所示,该图表根据年龄绘制了假设的最初 100 人生还者的预期数量。[1]

图 9-1　克里斯蒂安·惠更斯

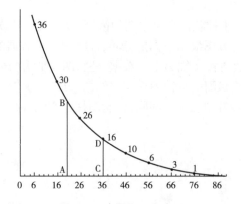

图 9-2　惠更斯死亡率图

---

[1]　https://baike.sogou.com/v84980.htm? fromTitle＝Christiaan%20Huygens

　　折线图用于显示数据在一个连续的时间间隔或者时间跨度上的变化,它的特点是反映事物随时间或有序类别而变化的趋势。

　　在折线图中,数据是递增还是递减、增减的速率、增减的规律(周期性、螺旋性等)、峰值等特征都可以清晰地反映出来。所以,折线图常用来分析数据随时间的变化趋势,也可用来分析多组数据随时间变化的相互作用和相互影响。在折线图中,一般水平轴(x轴)用来表示时间的推移,并且间隔相同;而垂直轴(y轴)代表不同时刻的数据的大小。

9.1.2　构成与视觉通道

　　图9-3是某监控系统的折线图,显示了请求次数和响应时间随时间的变化趋势。折线图由坐标轴、数据点以及数据点之间的连线组成。折线图主要运用了颜色(多个类别变量)和坐标轴位置(数值)视觉通道。

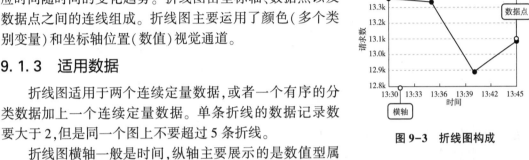

图9-3　折线图构成

9.1.3　适用数据

　　折线图适用于两个连续定量数据,或者一个有序的分类数据加上一个连续定量数据。单条折线的数据记录数要大于2,但是同一个图上不要超过5条折线。

　　折线图横轴一般是时间,纵轴主要展示的是数值型属性,可以表示定距数据例如温度,或者定比数据例如价格。可以表示多个类别变量(定类数据)随时间或某序列(定距数据)数值(定比数据)变化趋势。

9.1.4　使用场景

　　折线图主要用于观察某段时间内一个或多个变量的变化趋势以及数值大小关系。以不同省市地方生产总值折线图为例,从中能够判断地方生产总值与季度有关,呈波浪式上升,且生产总值比前年同一时刻呈上升趋势。其次,可以判断出四川省生产总值在三者中最大,北京市生产总值在三者中最小,见图9-4所示。

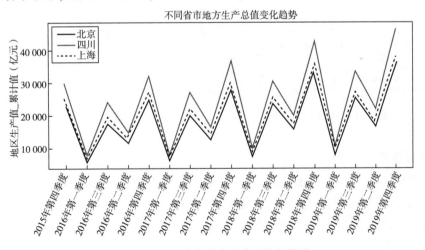

图9-4　不同省市地方生产总值折线图

9.1.5　注意事项

　　● 横轴上的划分区间不宜过于密集或过于疏松。

- 要画出横轴和纵轴来分别表示项目和数量并写明单位,数量的分割区间要考虑数据的大体情况来确定。
- 不同的折线最好用不同的颜色来区分,否则在一些折线相交过多的地方容易产生理解误区。
- 如果只有一条折线的折线图,那么数据的记录数要大于2,否则不能形成折线图。
- 同一个折线图中呈现的折线最好不要超过5条,否则会导致整体显得比较凌乱,不方便进行观察分析。
- 当水平轴的数据类型为无序的分类或者垂直轴的数据类型为连续时间时,不应采用折线图,因为不具有变化趋势的观察。
- 一张折线图所展示的所有折线中最大值和最小值差异不要过大,否则会导致垂直轴的变量被压缩,可能会对观察分析造成一定的干扰。
- 最好避免使用虚线,虚线容易转移注意力,对可视化效果产生影响。
- 折线的最高值和最低值距离约占 y 轴高度的 2/3,要避免刻意的歪曲趋势。

9.1.6 折线图的变体

1) 面积图

面积图由基本的折线图而来,它是在折线图的基础之上形成的,它将折线图中折线与自变量坐标轴之间的区域使用颜色或者纹理填充,也用于强调数量随时间而变化的程度,本章下一小节将着重介绍。如图9-5表示2015年9月ACEM股票的价格变化。

2) 带有置信区间的折线图

图9-6是一个带有95%置信区间的折线图,表示从1970—1982年某种汽车耗费每1加仑的汽油能行驶的公里数。

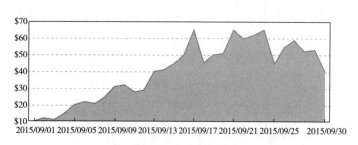

图9-5　ACME股票面积图

图9-6　带有置信区间的折线图

3) 光滑折线图

光滑折线图是基本折线图的一种延伸。基本的折线图不够平滑,有棱角,所以,这时候可以选择光滑折线图,让折线图在反映趋势变化时不那么生硬。在数据波动较大时,光滑折线图也不失为一种好的选择。图9-7表示某商场在某年12个月人流量的变化。

4) 阶梯折线图

阶梯折线图是基于折线图上的一个变体,也称为步骤图,主要是通过线的连接在数据点之间形成一系列的步骤,比较适合用来展示以不规则的间隔发生更改时的情况。图9-8中,横轴表示某年的12个月,纵轴表示某种玩具的销量。

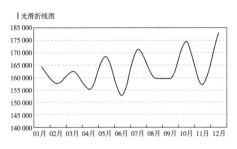

图 9-7　光滑折线图

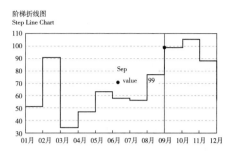

图 9-8　阶梯折线图

5) 坐标轴翻转的折线图

坐标轴翻转的折线图,将纵向的变化趋势,改为水平方向。从某种程度上,能够放大变化情况不明显时的数据信息,方便我们观察。图 9-9 表示根据标准大气模型绘制的大气温度和海拔高度的关系。

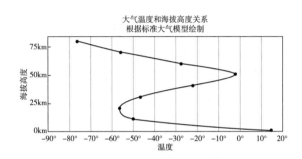

图 9-9　坐标轴翻转的折线图

9.1.7　应用案例

(1)图 9-10 用折线图展示了小明和小红两名游戏玩家在 10 次射击游戏中的得分情况。我们可以清楚地发现,小明的得分随射击次数的增加逐渐降低,而小红在第 7 次射击后得分有所反弹。图 9-10 的代码见资源包。

(2)图 9-11 表示过去 30 年中,使用 Ashley、Helen、Patricia 这 3 个名字的人的数量随时间变化的折线图,从图中可以看出 19 世纪 30 年代以前 Helen 这个名字比较受欢迎,19 世纪 40 年代后 Patricia 开始逐渐变得流行了起来,80 年代以后则是使用 Ashley 这个名字的人比较多。

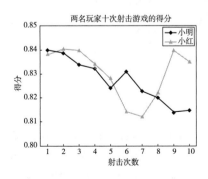

图 9-10　"设计游戏得分"折线图

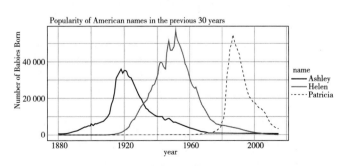

图 9-11　"使用名字频率"折线图

9.1.8　折线图小结

小结如图 9-12 所示。

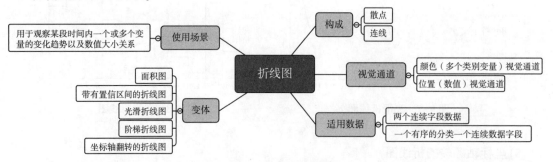

图 9-12　折线图小结

9.2　面积图

面积图（Area Chart）与折线图、柱形图、散点图一样，都是属于常用的可视化图表。面积图是一种随时间变化而改变范围的图表，主要强调数量与时间的关系。例如，用某企业每个月销售额绘制面积图，从整个年度上分析，其面积图所占据的范围累计就是该企业的年效益。面积图能够将累计的数据，直观地呈现给读者。

9.2.1　基本信息

最早的面积图，同时也是最早的系列折线图为苏格兰的 William Playfair（威廉·普法费尔）绘制的 1700 — 1780 年与丹麦和挪威之间的进出口图，其中包括我们现在绘制中使用的所有元素：刻度轴和标记轴、网格线、标题、注释、指示数据随时间变化的线、颜色，见图 9-13 所示。

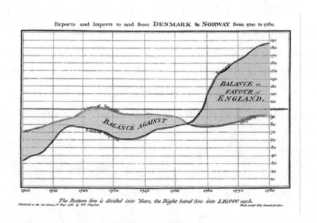

图 9-13　1700 — 1780 年与丹麦和挪威之间的进出口图

面积图又叫区域图，可以用来展示随着连续序列的推移数据的变化趋势。在折线图的基础之上，面积图将折线与自变量坐标轴之间的区域使用颜色或者纹理填充面积，形成一个面表示数据体积。相对于折线而言，被填充的区域可以更好地引起人们对总值趋势的注意，所以面积图主要用于传达趋势的大小，而不是确切的单个数据值。

面积图有两种常用的类型：

（1）一般面积图：所有的数据都从相同的零轴开始。

（2）堆叠面积图：每一个数据集的起点不同，都是基于前一个数据集。用于显示每个数值所占大小随时间或类别变化的趋势线，堆叠起来的面积图在表现大数据的总量分量的变化情况时格外有用。在堆叠面积图的基础之上，将各个面积的变量的数据使用加和后的总量进行归一化就形成了百分比堆叠面积图，可用于显示每个数值所占百分比随时间或类别变化的趋势线，可强调每个系列的比例趋势线。

9.2.2　构成与视觉通道

1）一般面积图

一般面积图由坐标轴、折线以及折线与横轴之间的颜色填充组成，如图9-14所示。

2）堆叠面积图

图9-15表示ABC这3个用户8天内浏览某个网站的次数，横轴是天数，纵轴是3个人各自的浏览数和3个人当天的总浏览数。

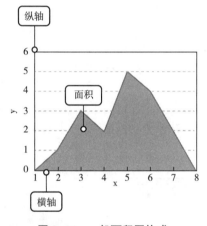

图 9-14　一般面积图构成

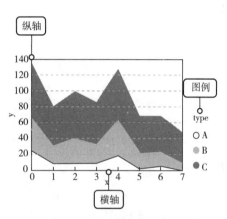

图 9-15　堆叠面积图构成

面积图主要运用了平面位置，坐标轴位置视觉通道（自变量和因变量的数值、不同的类别变量）和颜色（不同的类别变量）视觉通道。

9.2.3　适用数据

面积图一般将两个连续定量数据映射到两个坐标轴上。一般用横轴表示自变量（定距数据），纵轴表示因变量（定比数据），若有多个因变量，则可以用颜色和位置来区分不同的类别（定类数据）。

9.2.4　使用场景

（1）一般面积图可以用于显示一个或多个变量的数值随时间（或某序列）的变化趋势并且可以显示多个变量的数值对比。

以2000—2018年农村与城市居民游客数变化趋势面积图为例，从图9-16中我们可以判断出城市和农村的游客数都随时间大致呈上升趋势，但农村游客数在2011年稍有下降。其次，进行城市与农村居民游客数的对比，可以看出城市居民游客数的上升幅度和速度远大于农村，并且随着时间发展,城市居民游客数先是低于农村游客数,再发展到高于农村游客数并逐渐拉开差距。

(2)一般面积图可以用于查看数值的增减情况(比如盈利和亏损情况)。

以2002—2018年全国寿险公司总资产变化趋势面积图为例,我们可以比较明显地通过面积图的形状看出寿险行业各年的盈利和亏损情况,并且可以大致判断盈利和亏损的数值大小,如图9-17所示。

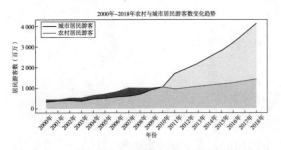

图9-16 "农村与城市居民游客数变化趋势"面积图　　图9-17 "全国寿险公司总资产变化趋势"面积图

(3)面积范围图可以用于查看因变量在某个时间点的取值范围。

以2020年4月成都市气温变化面积范围图为例,我们既可以大致看出每日气温的最高值和最低值,也可以查看最高温和最低温的变化趋势,如图9-18所示。

(4)堆叠面积图可以用于显示多个分类累加值随时间(或某序列)的变化趋势以及部分之间的关系。

以2000—2019年国内生产总值变化趋势堆叠面积图为例,我们可以看出第一产业、第二产业和第三产业的累加效应即国内生产总值随时间呈上升趋势,并且第二产业和第三产业的生产值大于第一产业的生产值,如图9-19所示。

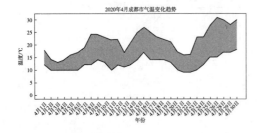

图9-18 "2020年四月成都市气温变化"面积范围图　　图9-19 "国内生产总值变化趋势"堆叠面积图

(5)百分比堆叠面积图可以用于显示不同部分的关系以及部分占总体比例随时间的变化趋势。

以2000—2019年三大产业对国内生产总值的贡献变化趋势百分比堆叠面积图为例,我们可以看出第三产业的对国内生产总值的贡献度始终最小,且大致不变,2010年后第三产业对国内生产总值的贡献度逐年增大,第二产业对国内生产总值的贡献度逐年减小。其次,随着时间的变化,第三产业的贡献度由原来的小于第二产业贡献度增长为大于第二产业贡献度,如图9-20所示。

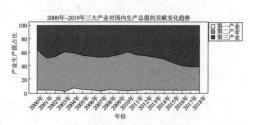

图9-20 "三大产业对国内生产总值的贡献变化趋势百分比"堆叠面积图

9.2.5 注意事项

- 面积图要用填充区域来展示数据,当图表上有多个图层时,要尽量确保数据不要重叠。如果无法避免重叠,通过将颜色和透明度设置为适当的值,使重叠的数据图可以变得可读。
- 面积图适合用来展示 2~3 组数据,超过 3 个系列的非堆叠面积图表是很难阅读的,建议最多不要展示超过 4 组数据系列,否则会因数据系列过多而导致无法清晰辨识。因此要避免在需要比较多个类别和确切的数据值的情况下使用面积图。
- 面积图不适合不同分类之间的数值比较,此时适合使用比较类图表。
- 一个数据集里表示坐标横轴的属性是同类且有递进关系时,面积图才有意义。
- 如果数值存在上下限,例如用一个时间的温度存在最大值、最小值,此时面积图的填充(坐标轴的范围)由最大值、最小值决定。在分析图表时也要注意基准值的选取。
- 虽然多数据系列时堆叠面积图比面积图有更好的展示效果,但依然不建议堆叠面积图中包含过多数据系列,最好不要多于 7 个,以免数据难以辨识。
- 堆叠面积图需要展示部分和整体之间的关系,所以不能用于包含负值的数据的展示。
- 建议堆叠面积图中把变化量较大的数据放在上方,变化量较小的数据放在下方,这样会获得更加明显的展示效果。

9.2.6 面积图的变体

1) 曲线面积图

曲线面积图将数据点用光滑的曲线连接。图 9-21 表示小张和小潘各自的家庭一周内在水果上的消费。

2) 渐变面积图

渐变面积图将因变量的数值编码到颜色透明度上。图 9-22 表示 2013 年 7 月—2015 年 7 月的美元兑欧元汇率走势。

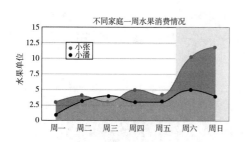

图 9-21　曲线面积图

图 9-22　渐变面积图

3) 百分比堆叠面积图

百分比堆叠面积图显示每个数值所占百分比随序列变化的趋势,属于堆叠面积图的一种。图 9-23 表示五大洲从 1750—2050 年人口占比变化趋势。

4) 面积范围图

面积范围图主要用于展示自变量在确定一点可以取得的范围,而不是准确的数值点。图 9-24 表示某地 2014 年 1 月—2015 年 1 月的白天温度变化。

5) 面积范围均线图

面积范围均线图主要用于展示自变量在确定一点可以取得的范围以及该范围的均值。图 9-25 表示某地在 2009 年 7 月每天气温变化范围及均值。

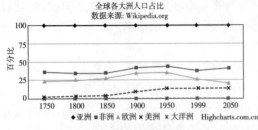

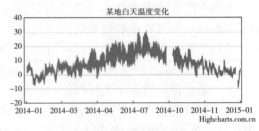

图 9-23　百分比堆叠面积图　　　　　　图 9-24　面积范围图

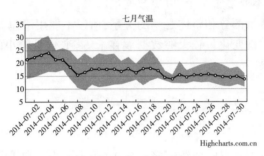

图 9-25　面积范围均线图

9.2.7　应用案例

(1)图 9-26 表示两种产品在一个月内的销量,从图中可以看出 A 产品一开始的销量好于 B 产品,但每日销量增加的速度比较慢;B 产品的销量一开始很少,但是每日销量增加的速度较快,大约 22 天左右 B 产品的销量超过 A 产品。图 9-26 的代码见资源包。

(2)我们可以通过堆叠面积图来观察一个人一周内每天花费在睡觉、吃饭、工作、玩耍四种活动上的时间占比情况变化。从图 9-27 中我们可以看出一个人一天主要的时间都花费在睡觉和工作上,花费在吃饭上的时间较少。图 9-27 的代码见资源包。

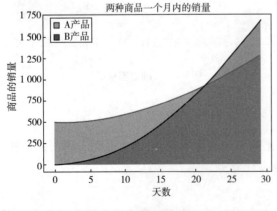

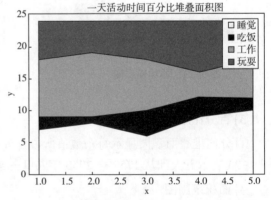

图 9-26　产品销量面积图　　　　　　图 9-27　一天活动时间百分比堆叠面积图

9.2.8 面积图小结

小结如图 9-28 所示。

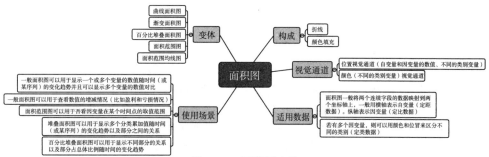

图 9-28 面积图小结

9.3 地平线图

地平线图(Horizon Graph)是面积图的一种变体。它通过将普通的面积图进行折叠起到简化面积图的目的。地平线图将部分位置视觉通道变为颜色视觉通道,能够节省面积图可视化的展示空间。地平线图主要应用于同时展示多个时间序列数据的情况。

9.3.1 基本信息

地平线图,是进行时间序列分析时经常使用的一种类型,它用颜色的编码替代位置的编码,趋势的信息减弱,而凸显序列在不同水平区间的分布模式,用于描述数据基于某个基准值的变化趋势,经常被用于研究宏观经济、评估股票的盈亏走势、制造业的景气与否等等。它将图进行折叠放入同一个空间,为时间序列可视化节约了很大的空间。

9.3.2 构成与视觉通道

先做单一项目的时间序列,确定一个中心值或定位原点画水平基准线贯穿整个时间序列。例如,时序数据可使用基于起始日期数值的百分比,替代实际数值,得到百分比数值的折线图。

利用颜色条带(color band)让模式和异常行为显现出来。上升和下降分别用不同的颜色充填。同时,利用颜色的深浅表明上升或下降的幅度(通常来说,颜色越深变化幅度越大),并且将连续的颜色渐变离散化,根据项目的多少来确定离散色带多少(项目多,色带相对少),这样可以更快地区分出极值。

将值的上升和下降显示在水平参考线的一边。这样虽然让下降趋势不直观,但是可以让更多的项目可以在垂直上对比。

进一步将色带在更小的范围展示,达到最大化节约空间的目的。

地平线图运用了平面位置,坐标轴位置视觉通道(自变量和因变量的数值、不同的类别变量)、颜色(区分基准线上方和下方的值)和饱和度(判断距基准线的距离即变化幅度)视觉通道,如图 9-29 所示。[①]

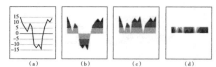

图 9-29 地平线图的构成

_____

① http://vis. berkeley. edu/papers/horizon/2009-TimeSeries-CHI. pdf

9.3.3 适用数据

地平线图通常将两个连续字段的数据映射到两个坐标轴上。一般用横轴表示自变量(定距数据),纵轴表示因变量(定比数据),若有多个因变量,则可以用位置来区分不同的类别(定类数据)。

9.3.4 使用场景

地平线图主要适合比较不同分类之间的时间模式差异。以居民消费总水平指数与城镇居民消费水平指数基于1978年数值的变化趋势为例,从图9-30中既可以分别研究居民消费总水平指数与城镇和农村居民消费水平的变化趋势,也可以将两者进行对比,可以看出,居民消费水平相对于1978年的增长始终大于城镇和农村的居民消费水平,这可能与1978年的居民总消费水平低于城镇居民消费水平和城镇居民生活水平拉高了居民的平均水平有关。此例中只有3个变量,在变量个数增加时,地平线图将更具优势。

9.3.5 注意事项

- 正负值全部在基准线上方。
- 要选好用来表示变化的颜色,上升和下降的对比才会明显。

9.3.6 应用案例

图9-31是美国4个主要宏观经济指标的变化趋势图,其中4个指标从上到下分别是国民失业率、制造商新订单、消费者信心指数和新房屋销售额。图中用100作为分界线,蓝色调部分代表上升,红色调部分代表下降,颜色越深数值越大。以时间为横轴,表现出这四个指标随时间的数值变化。但是注意,在此图中数值的上升和下降显示在水平参考线的同一边,仅以颜色来区别。

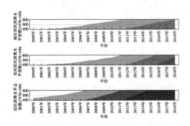

图9-30 城镇、农村居民消费水平指数与
居民消费总水平指数变化趋势

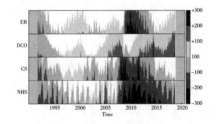

图9-31 "美国主要宏观经济指标"地平线图

9.3.7 地平线图小结

小结如图9-32所示。

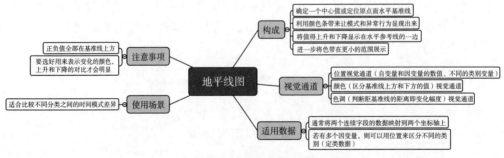

图9-32 地平线图小结

9.4 河流图

河流图(Stream Graph),顾名思义就是形状像河流的图形,实际上是一种特殊的流图,它主要用来表示事件或主题等在一段时间内的变化。(见图9-33)主题河流中不同颜色的条带状河流分支编码了不同的事件或主题,河流分支的宽度编码了原数据集中的值。此外,原数据集中的时间属性,映射到单个时间轴上。

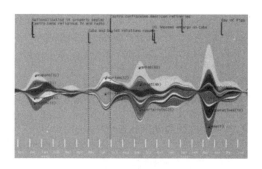

图9-33 最早的河流图

9.4.1 基本信息

河流图这种多层叠加数据的可视化方法,最早出现在2000年苏珊·阿弗尔(Susan Havre)、贝丝·赫茨勒(Beth Hetzler)和露西·诺埃尔(Lucy Nowell)的文章"ThemeRiver:In Search of Trends,Patterns,and Relationships"中。这篇文章描述了一个名为"ThemeRiver"的互动系统的开发过程,其中使用一个文本分析引擎,对1959年11月—1961年6月期间,菲德尔·卡斯特罗(Fidel Castro)的演讲、访谈以及其他文章的文本内容进行分析。河流图呈现出他在不同的时期使用的词语及次数。

此图的设计者之一李·拜伦(Lee Byron),在河流图的设计上做了非常大的贡献。他在本科的时候,就设计了一个河流图,呈现用户在last.fm上听音乐的变化历史,见图9-34。

2008年2月,《纽约时报》发布了一个最典型也最著名的河流图的例子《电影的衰退和流动:过去20年的电影票房收入》,描述了从1986年1月—2008年2月期间,所有电影的上映时间以及期间的周票房变化,如图9-35所示。

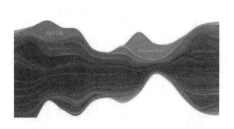

图9-34 "音乐变化历史"河流图

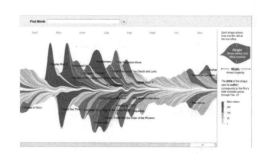

图9-35 "电影票房收入"河流图

河流图有时候也叫做"主题河流图"(ThemeRiver),是堆积面积图的一种变形,通过"流动"的形状来展示不同类别的数据随时间的变化情况。但不同于堆积面积图,河流图并不是将数据描绘在一个固定的、笔直的轴上(堆积图的基准线就是x轴),而是将数据分散到一个变化的中心基准线上(该基准线不一定是笔直的)。河流图用颜色区分不同的类别,或每个类别的附加定量,流向则与表示时间的x轴平行。每个类别的对应数值则是通过"河流"的宽度展示出来。每个类别的数值变化就会形同一条粗细不一的小河,汇集、扭结在一起,河流图也因此而得名。

河流图与旭日图、漏斗图、饼图一样,都是"象形"图表。它是从堆积面积图演变而来,读图的原理也相同,然而,较于堆积面积图,河流图在展示多类别及波动幅度大的数据时,可读性更强,外表也更美观。

河流图其实没有明确的横、纵轴,但是在每一个图形内标注具体的数据,所以可以精确地表示每一类数据的精确值。此外,河流图具有时效性,可以反映一段长时间的数据变化情况以及趋势。河流图的横轴一般表示一个定序数据,按一定顺序来排列每个数据的变化,纵轴则是多种多样,只要是有关联的数据都可以出现在同一张河流图里,可以说河流图包罗万象。

河流图的常见用途包括:①表现不同时间段(数据区间)的多个分类累加值之间的趋势;②表示总体以及每个个体序列的变化趋势;③用于分析堆叠面积图、折线图无法分析的"巨量"且数值波动幅度大的数据。

9.4.2 构成与视觉通道

1)笔直基准线的河流图

图 9-36 表示随着时间变化,A、B 两个类别商品数量变化情况。

2)非笔直基准线的河流图函数模型①

该模型以 g_0 为基准线,使用 $g_i = g_0 + \sum_{j=1}^{i} f_j$ 这一函数作为图表构成的函数模型,当 $g_0 = 0$ 时,即是笔直基准线,如图 9-37 所示。

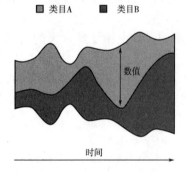

图 9-36 笔直基准线的河流图

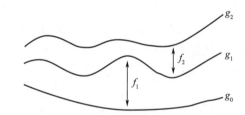

图 9-37 非笔直基准线的河流图模型

河流图主要运用了颜色、平面位置视觉通道(数据的类别)和长度视觉通道(类别占比)。

9.4.3 适用数据

河流图适用于多个类型的变化趋势较大的数据。其中,各组数据的加和有意义的,并且数据按照一定顺序(比如时间顺序)排列。河流图映射到颜色的分类不超过 12 个;每种分类的数据不少于 2 条。

河流图把多个类别随时间变化的数据堆叠起来,横轴多用来表示时间(定距数据),河流宽度的变化可以用来表示数值的变化,因此具有数值型属性(定比数据)。不同的颜色用来表示不同组别(定类数据),具有类别型属性。

9.4.4 使用场景

(1)河流图可以用于观察个体占总体的比例随时间变化趋势

以各国的人口统计情况为例,我们统计了世界上的 6 个国家从 1960 — 2015 年每隔 5 年的

① leebyron. com/streamgraph/stackedgraphs_byron_wattenberg. pdf

15~64 岁的人口总数数量变化,图 9-38 中从上到下依次为中国、印度、德国、日本、美国、意大利。可以看出人口总数和各组人口数都在不断增长,除此之外,相对于别的国家,中国和印度人口变化更快,占总人口的比例也越来越大。

(2)河流图可以用于表示多组数据大小关系随时间的变化

图 9-39 绘制了 2000 — 2016 年 6 个国家夏季奥运会的奖牌数量变化,从上到下依次为中国、法国、德国、日本、俄罗斯、美国,可以比较清楚地看出不同国家奖牌数的大小关系。

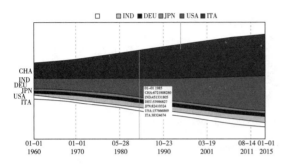 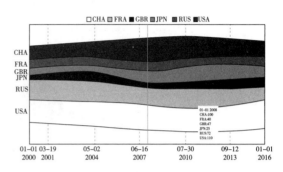

图 9-38 "人口统计"河流图   图 9-39 "奖牌数量变化"河流图

9.4.5 注意事项

● 河流图的垂直尺寸并不表示正数或负数,它纯粹与最佳堆叠方式有关。不要尝试读取给定点处的切片高度值,而应将注意力集中在更大的图片上。

● 除非使用交互技术,否则河流图无法精准地表达数据之间的差异大小。

● 因为河流图经常用于显示大量聚集的数据,值较小的类别经常被值较大的类别淹没,从而无法显示出所有数据的精确性。

● 河流图中的数据顶点峰值没有太多意义。

● 由于没有轴可以用作参考,因此无法读取河流图中显示的确切值。

● 河流图显示一个数值(y 轴)跟随另一个数值(x 轴)的演变(一般是时间演变),所以如果我们选取的 y 轴数据和 x 轴数据没有什么关联关系时,不宜使用河流图。

● 河流图主要是比较多个变量的某一值随 x 轴的演变,所以当数据对象只有一个时,最好使用折线图或者面积图进行可视化。

● 河流图不适合有负值的数据。

● 整个河流图的河流数量不要过多,否则会干扰观察和分析河流图蕴含的信息。

9.4.6 河流图的变体

1)用各组占比绘制的百分比河流图

此时会失去流动的形状,纵向相加总为 1。如图 9-40 表示从 1880 — 2010 年几个城市人口的占比变化情况。

2)以 y=0 为基线的河流图(堆叠面积图)

堆叠面积图和河流图类似,唯一的区别就是堆叠面积图是以 x 轴为基线,而河流图是以河流图的中间为基线,并且河流图的基线可以随着总体量的变化而变化。因此对于一些起伏较大的数据,河流图能够通过调整基线来使数据量较小的位置不至于观察不到。如图 9-41 所示为 1880 — 2010 年几个城市人口数量的变化情况。

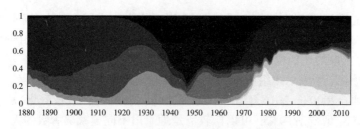

图 9-40　用各组占比绘制的百分比河流图

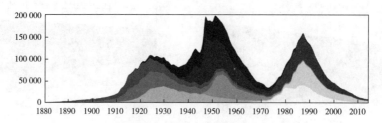

图 9-41　以 y = 0 为基线的河流图

9.4.7　应用案例

我们可以用河流图来观察学校每年社团招新人数的变化,从图 9-42 中可以看出 2018 年书画协会的招新人数最多,其次是厨艺社,而 2019 年和 2020 年招新人数最多的是厨艺社,可以看出厨艺社和嘻哈社越来越受同学们的欢迎,而书画协会则变得相对小众了。图 9-42 的代码见资源包。

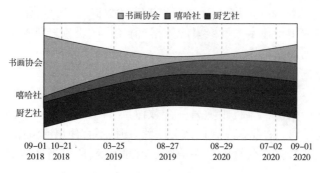

图 9-42　"社团招新"河流图

9.4.8　河流图小结

小结如图 9-43 所示。

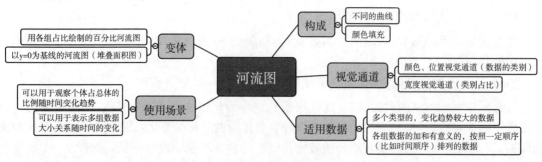

图 9-43　河流图小结

9.5 瀑布图

瀑布图(Waterfall Plot)采用绝对值与相对值结合的方式,直观地反映出数据在不同时期或受不同因素影响下的增减变化过程,通常用于经营分析和财务分析。

9.5.1 基本信息

瀑布图是由麦肯锡顾问公司①(该公司图标如图 9-44 所示)所独创的图表类型,因为形似瀑布流水而称之为瀑布图。此种图表采用绝对值与相对值结合的方式,适用于表达数个特定数值之间的数量变化关系。瀑布图具有自上而下的流畅效果,也可以称为阶梯图(Cascade Chart)或桥图(Bridge Chart)。

瀑布图由折线图演化而来,在展示数据变化的趋势之上,增加了表现数据变化量的视觉通道,使得瀑布图能够更加直观地展示某项数据在每个时间点的变化量。瀑布图不仅能展示某项数据随时间的变化,还能反应数据整体的构成。因此瀑布图在企业经营分析、财务分析中有广泛的使用,可以表示企业成本的构成、变化等情况。

瀑布图有两种常见的类型:

(1)组成瀑布图:适合展示总分结构或序列变化。

(2)变化瀑布图:变化瀑布图可以清晰地反映某项数据经过一系列增减变化后,最终成为另一项数据的过程。

9.5.2 构成与视觉通道

瀑布图由坐标轴、增加量、减少量和累计值组成。图 9-45 表示某个公司 2008 年的利润(美元),横轴依次为产品收入、服务收入、固定成本、可变成本和总利润。

瀑布图主要运用了坐标轴位置视觉通道和长度视觉通道,一些情况下还会使用颜色(数值的增减)的视觉通道。

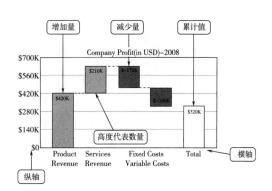

图 9-44　McKinsey & Company 公司图标　　　图 9-45　瀑布图构成

9.5.3 适用数据

瀑布图适合展示一个定比数据随时间的变化趋势,或者展示部分与整体的关系。对于前者

---

① https://baike.sogou.com/v418904.htm? fromTitle=%E9%BA%A6%E8%82%AF%E9%94%A1

横轴表示定距数据,纵轴表示定比数据。对于后者横轴表示定类数据,纵轴表示定比数据。

9.5.4 使用场景

(1)分组瀑布图可以用于查看多个分组变量的数值以及多个分组的累计效应。

以图 9-46 中"NBA 球员能力"瀑布图为例,该图展现了每名球员的进攻能力、防守能力以及二者相加所代表的攻防综合能力。从这张图中,我们可以清楚地看出进攻能力最高的是詹姆斯·哈登,防守最好的是安东尼·戴维斯,综合能力最好的依然是詹姆斯·哈登。

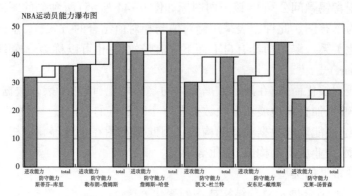

图 9-46 "NBA 运动员能力"瀑布图

(2)变化瀑布图可以用于查看某变量一段时间内单位时间的增减值以及累积效应。

以 2002 — 2018 年"全国寿险公司总资产"瀑布图为例,如图 9-47 所示,我们可以比较明显地看出寿险行业各年的盈利和亏损情况,并且可以大致判断盈利和亏损的数值大小。

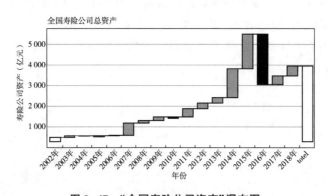

图 9-47 "全国寿险公司资产"瀑布图

9.5.5 注意事项

- 瀑布图在数值变化较小的时候,看起来不明显。
- 瀑布图纵轴可以不从 0 开始(即在使用的情况中出现了 y 轴为负数),这时候需要调整 y 轴的范围。
- 瀑布图主要展示的是同一自变量在相同维度的变化值,不适合用来获取最低值和最高值的具体数值,如果要解决这个问题可以在瀑布图旁边附上表格。
- 瀑布图中,注意第一个柱形的取值,以及注意观察横轴来判断柱状图的类型。
- 如果想突出各个时间点之间的比较,可以采用图标表示浮动列,可以让各个时间点的比较更加清晰。

9.5.6 瀑布图的变体

1）水平瀑布图

水平瀑布图将普通瀑布图的横纵坐标进行反转。例如,图 9-48 表示某人 2018 年的利润和损失,横轴表示数额,纵轴表示各项收入和支出。

2）堆叠瀑布图

与堆叠柱状图类似,将不同种类的值进行堆叠再绘制的瀑布图被称为堆叠瀑布图。图 9-49 展示比赛中四个阶段一个团队里 a、b 两个选手各自的得分,扣分以及团队总体的得分情况。

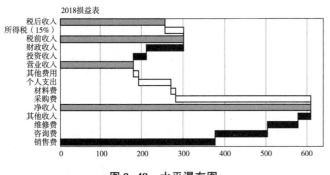

图 9-48　水平瀑布图　　　　　　　图 9-49　堆叠瀑布图

3）砖型图

砖型图是一种用价格变化来画出商品走势的图形,起源于日本,如图 9-50 所示。该图表可以很好地预测支持和阻力水平。根据已知的值绘制大小相等的砖块。只有在价格变动最小的情况下,砖块才会沿着之前的移动方向移动。如果价格变化达到预定的数量或更多,就会出现新情况。如果价格变化小于预定的数量,则忽略新价格。

4）步进线图

步进线图(也称为步进图)是一种类似于线图的图表,但在数据点之间形成一系列步进。当希望显示不规则间隔发生的更改时,步进线图非常有用。图 9-51 表示某种商品 10 天内的价格变化,代码实现见资源包。

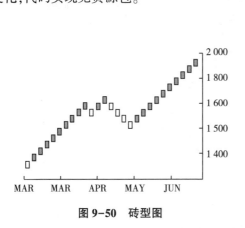

图 9-50　砖型图

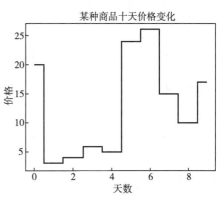

图 9-51　步进线图

9.5.7　应用场景

（1）图 9-52 表示从 2020 年 2 月 1 日—2020 年 3 月 2 日全国确诊人数的变化情况,从图中可以看出 2 月 16 日以前,确诊人数每日仍在增加,2 月 12 日增加的幅度最大,2 月 16 日确诊人数达到峰值后开始逐渐下降。

（2）图 9-53 用瀑布图表示某商店 10 天内的收益情况,从图中可以看出,除了第 5 天和第 9 天该店出现了亏损以外,其他时候商店都正常盈利,第 3 天盈利值最大。图 9-53 代码见资源包。

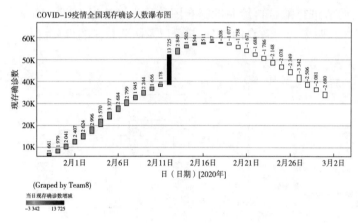

图 9-52　"新冠疫情现存确诊人数"瀑布图　　　　图 9-53　"商店收益"瀑布图

9.5.8　瀑布图小结

小结如图 9-54 所示。

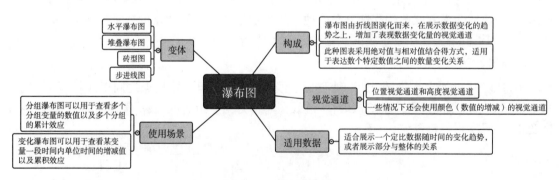

图 9-54　瀑布图小结

9.6　烛形图

烛形图(Candlestick Plot)用来描述特定时间内的价格波动状况,这种技术分析方法在上个世纪 90 年代流行开来,而我们如今经常用到的 K 线就是烛形图。

9.6.1　基本信息

烛形图,最初名为蜡烛图,现又名 K 线图(K Chart),除此之外也被称为阴阳图、棒线、红黑线或蜡烛线,主要用于金融领域里展示股票、期货等交易数据。

　　烛形图起源于日本德川幕府时代,被当时日本米市的商人用来记录米市的行情与价格波动,由于用这种方法绘制出来的图表形状颇似一根根蜡烛,所以当时的人们称之为"蜡烛图";而这些蜡烛有黑白之分,因而也叫"阴阳图"。后来因为其细腻独到的标画方式而被引入到股市及期货市场,称之为"K线图",源于日语中"罫"的音。

　　烛形图用横轴表示时间,纵轴展示交易指数或者交易金额的信息,每一个蜡烛表示该支股票的交易数据,蜡烛中间的矩形称为实体,用不同颜色的蜡烛实体来表示价格的涨跌情况(一般情况用白色或红色表示价格走势呈上升趋势,用黑色或绿色表示价格走势呈下降趋势),实体的大小表示开盘价和收盘价的价差(实体的宽度一般情况下是相同的),实体上方的线称为上影线,上影线的长度用于表示最高价和收盘价之间的价差;实体下方的线称为下影线,下影线的长度用于表示开盘价和最低价之间的价差。

　　烛线图的常见用途包括:①展示股票、期货等交易数据;②观察数据的变化趋势,对比分类数值的大小。

9.6.2　构成与视觉通道

　　烛形图主要分为普通烛形图和卡吉图,它们的构成有明显的差别。

1)普通烛形图

　　普通烛形图由坐标轴、K线和图例组成,其中K线又分为阳线和阴线。图9-55表示某支股票2015年10月1—4日的涨跌情况。

2)卡吉图

　　卡吉图可以看作简化的烛形图,它对阳线和阴线的绘制与普通的烛形图有明显的区别。图9-56表示某种商品2011年10月—2012年3月价格变化情况。

　　烛形图主要运用了颜色视觉通道(股票或期货涨跌情况)、长度视觉通道(上影线的长度用于表示最高价和收盘价之间的价差,下影线的长度用于表示开盘价和最低价之间的价差,实体纵边长度表示开盘价和收盘价的价差)和坐标轴位置视觉通道(时间和价值)。

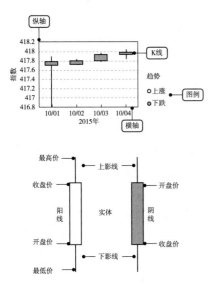

图9-55　普通烛形图构成

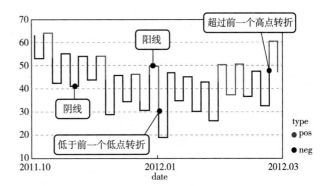

图9-56　卡吉图构成

9.6.3 适用数据

烛形图展示的数据条数暂无限制；横轴表示时间（定距数据），纵轴表示股票或期货的交易情况（定比数据），颜色表示股票或期货的涨跌情况（定类数据）。

9.6.4 使用场景

烛形图主要用于金融领域里展示股票，期货等交易数据。图9-57展示了"苹果公司"股票从2017年9月1日—2017年10月20日的烛形图和交易量柱状图。

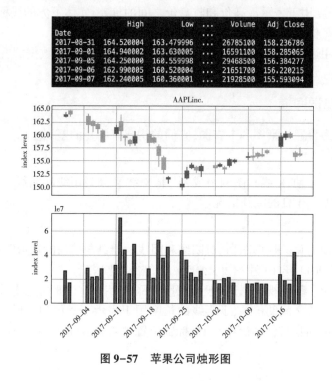

图9-57 苹果公司烛形图

9.6.5 注意事项

● 使用烛形图时展示的数据需要满足"烛形"构成的四要素：开盘价、收盘价、最高价和最低价，或者满足4个数据属性的其他数据。

● 将多组烛形图绘制在同一坐标系中的时候，多组数据间的差异不能太大。

● 使用烛形图进行分析时，要注意不同的形态，如较为重要的星线的4种反转形态：黄昏星、启明星、十字星、流星形态，通过顶部反转、底部反转可以预测未来行情趋势。

● 烛形图一般情况下只能衡量一整天的开盘价、收盘价、最高价以及最低价，而不能完整地具体到更精确的时刻变化，所以当需要观察精确时刻变化的股价实时变化时，可以采用折线图。

● 当开盘价与收盘价差异过小时，"蜡烛"的实体会被压缩为一条线，所以要选取合适的纵轴指标间距。

● 烛形图不同颜色的"蜡烛"的实体边缘对应的信息是不同的，所以在进行同一类别信息对比的时候一定要确定实体颜色（比如在进行开盘价对比的时候，要选取上涨实体的下边缘和下跌实体的上边缘）。

● 烛形图主要用于观察数据的变化趋势，如果要进行准确数据值的观察建议采用交互模式。

9.6.6　烛形图的变体

1）OCHL 烛形图

图 9-58 表示 2012 年 12 月—2013 年 5 月苹果公司股票的价格变化情况。OCHL 是一种简化的烛形图,能简化烛形图的视觉负担。

2）含均线拟合的烛形图

图 9-59 表示瑞幸咖啡 2019 年 5 月 24 日—2020 年 3 月 27 日的价格变化。在普通烛形图的基础上加入均线可以丰富图形展示的信息。

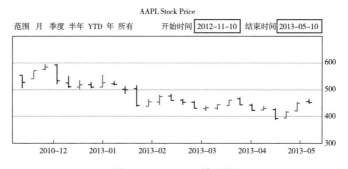

图 9-58　OCHL 烛形图

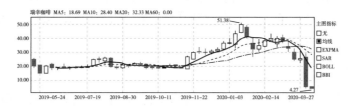

图 9-59　含均线拟合的烛形图

3）卡吉图

图 9-60 表示某个产品 9 月 7 日—10 月 29 日间的价格变化。

4）断线图

与卡吉图类似,用线框取代单条线来表示价格的走势情况。图 9-61 表示某支股票从 2014 年 3 月 28 日—2015 年 3 月 5 日价格变化。

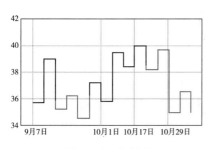

图 9-60　卡吉图

图 9-61　断线图

5）含柱状图的烛形图

图 9-62 表示某支股票 2015 年 3 月 18 日—11 月 11 日的价格变化。在烛形图的基础上加入柱状图表示股票的成交量或成交额。

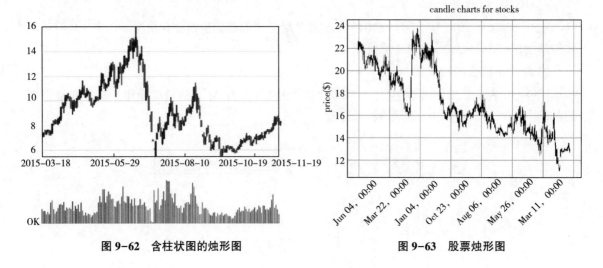

图 9-62　含柱状图的烛形图　　　　　图 9-63　股票烛形图

9.6.7　应用案例

烛形图常用来记录股票的价格变化情况，图 9-63 记录了代码为 603970 的股票几年内的价格变化。可以看出这支股票有一次较大的涨幅但总的来说价格是在不断下跌的。图 9-62 的代码见资源包。

9.6.8　趣味知识

根据"蜡烛"形状分析，烛形图可以分为顶部反转、底部反转、看涨抱线和看跌抱线型。通过烛形图的不同形状，人们发展出很多理论来分析股票未来的走势，见图 9-64 所示。

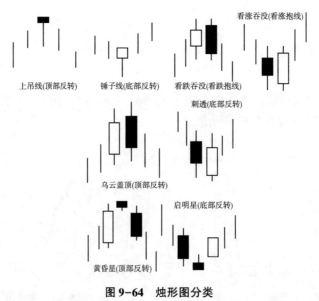

图 9-64　烛形图分类

9.6.9　烛形图小结

小结如图 9-65 所示。

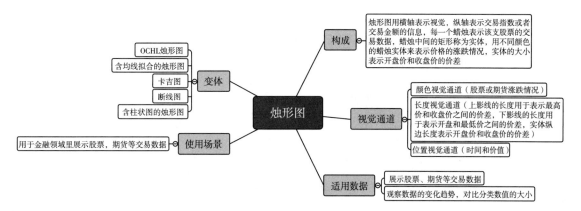

图 9-65　烛形图小结

9.7　时间趋势类可视化图像总结

这一章我们介绍了常用的时间趋势类可视化图像的基本用法，下面我们对这些图像进行总结，并对比不同图表之间的区别和联系，见表 9-1。图 9-66 展示了序列类图表的优劣势对比以及序列类图表之间的关系。

表 9-1　序列类图表优劣势对比

	适用情况	优势	劣势
折线图	呈现一个或多个数值变量间随时间或有序类别变化的趋势	a. 趋势展示最为直观 b. 简洁，类别多时也不会重叠	a. 相对于瀑布图，不能精确展示数据的变化量 b. 不能展示部分与整体的关系
面积图	强调数值变量随时间或有序类别变化的趋势，不易显示数值	a. 对数据变动有很清晰的展示能力 b. 堆叠面积图对多组数据对比比较明显 c. 更具有视觉突出性	a. 不适合展示具体的数值 b. 不适合类别过多的数据
地平线图	适合于比较不同分类之间的时间模式差异	可以极大地节省空间	读图的难度比较大
河流图	呈现总体以及每个个体随序列变化的趋势，强调的是部分与整体的关系	a. 方便考察部分与整体的关系 b. 在数据量大且波动幅度大时，具有突出的视觉结构	a. 视觉效果受类别数量的限制，不能过多也不能过少 b. 比较复杂，最好采用交互界面 c. 相对于折线图，不适合数据差异值很大的情况
瀑布图	呈现变量随时间或有序类别变化的趋势，以及正值和负值的累积效应	a. 更方便考察某一阶段某属性值增加或减少的数值或不同分类的数值对总体数值对影响 b. 能更好地展示演变过程	a. 相对于折线图，不易判断趋势 b. 不适合展示趋势过于平稳的数值 c. 相对于折线图，也不适合数据差异过大的情况
烛线图	呈现股票最高价格、最低价格、开盘价与收盘价以及之间的价差	a. 与折线图相比，展示的信息更为丰富 b. 在金融工具的价格分析上，实用性和适用性十分广泛 c. 对数据变动有更清晰的展示能力	a. 比较适合展示一只股票，多只股票在同一张图可能会有重叠 b. 表现趋势时没有折线图清晰

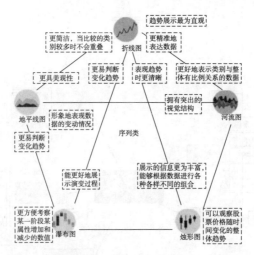

图 9-66   序列类图表对比

9.7.1   折线图与柱状图

图 9-67 是错误使用折线图的一个例子,用来表示运动、策略、行动、投篮和其他消耗的热量对比情况。由于折线图和柱状图的使用情况比较容易混淆,所以下面对二者进行对比和区分。当水平轴的数据类型为无序的分类时,适合使用柱状图;水平轴的数据为时间或连续变量时,适合使用折线图。折线图对自变量有更多的要求,往往自变量需要是某连续的序列。柱状图可以直观地体现各部分数据的大小,强调不同个体之间的比较,在数据维度较少时很直观;而折线图偏向于展示一组数据在时间或其他连续型自变量上的整体变化趋势。另外,两者均比较适合小数据集分析,数据项较多时,会使图表的效果变差。

9.7.2   面积图与柱状图(条形图)

面积图和柱状图均可以用于表现定类、定序或离散化定量数据的频数,但是使用柱状图不能够直观地看出频数的变化趋势;而面积图可以通过数据点之间的连线斜率来展示频数的变化趋势。因此,当要考虑数据在连续坐标下的变化情况时可以使用面积图;当数据为离散化呈现时可以考虑使用柱状图,如图 9-68 所示。同时,在不同类别的数据展示上,柱状图展示的数据条数可以比面积图更加丰富,展示的频数也更为直观。

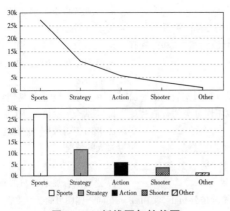

图 9-67   折线图与柱状图

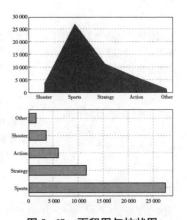

图 9-68   面积图与柱状图

9.7.3　堆叠面积图与堆叠柱状图

堆叠面积图和堆叠柱状图都可以展示数据总量和分量的变化，观察各个分量的占比，呈现不同分类的累加值。堆叠面积图主要展示的是各个组成部分时间或连续数据上的趋势，即 x 轴上只能表示连续数据（时间或数值）；而堆叠柱状图主要展示的是离散化分类数据的对比，即 x 轴上只能表示分类数据。因此，在数据不具有连续分量或者变化趋势不具有意义的时候，可以考虑使用堆叠柱状图来代替堆叠面积图，如图 9-69 所示。

9.7.4　百分比堆积面积图与饼图

百分比堆积面积图和饼图都可以表示部分与总体之间的关系，并且都可以展示总量为"1"的情况下各部分的占比情况。如图 9-70，两个图都反映了全球各大洲人口占比情况。但饼图

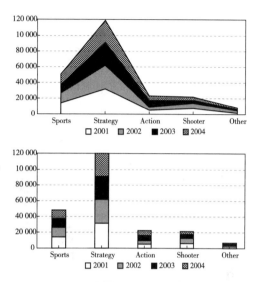

图 9-69　堆叠面积图与堆叠柱状图

一般情况下只能从一维的角度来展示占比情况，即数据的某一项进行固定，而百分比堆积面积图可以表示多维情况下数据占比的情况以及变化趋势。同时，百分比堆积面积图在表示占比问题时不能直观看出占比信息，而只能给出总体的划分，饼图则可以直观地给出每个部分具体的占比情况。

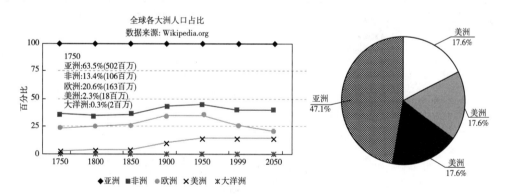

图 9-70　百分比堆积面积图与饼图

9.7.5　河流图与堆叠柱状图

河流图和堆叠柱状图都可以用来表示部分与总体的关系，河流图展示了每一届冬季奥运会各个国家的奖牌数量及占比情况。其中，河流图更加倾向于在同一图表中表示部分与总体的关系以及各组成部分随时间的变化趋势；柱状图倾向离散型数据的数值对比，如图 9-71 所示。因此，当想要展示分类数据在离散情况下的占比，类别数据以离散的情况呈现时，可以考虑使用堆叠柱状图；想观察部分与整体的关系随时间的变化趋势时，可以选择河流图。

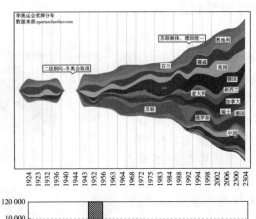

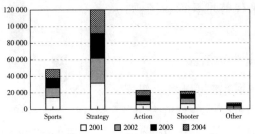

图 9-71　河流图与堆叠柱状图

9.7.6　瀑布图与柱状图

瀑布图和柱状图均可以表示某变量随序列的变化趋势,上面两个图形都反映了确诊人数随时间的变化。其中,瀑布图强调在每个自变量取值上因变量的变化值;柱状图则强调每个自变量取值上因变量的大小关系,如图 9-72 所示。另外,当数据量增多时,柱状图的效果没有瀑布图好。

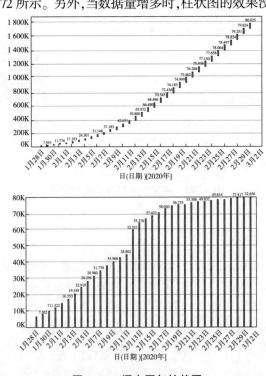

图 9-72　瀑布图与柱状图

9.7.7　烛形图与箱线图

　　烛形图和箱线图在表现形式上类似,但所展示的数据非常不同,所以在这里我们将对二者进行简单的辨析,如图9-73所示。烛形图常用于展示股票交易数据,将各种股票每日、每周、每月的开盘价、收盘价、最高价、最低价等涨跌变化状况,用图形的方式表现出来。主要是用于展示1个时间数据字段以及5个连续字段的数据,可以观察数据的变化趋势、对比分类数值大小,在数据条数方面没有限制。而箱线图常用于显示一组数据的分布情况,将一组数据的最大值、最小值、中位数、上四分位数和下四分位数用图形的方式表现出来。主要用于展示1个分类字段和1个连续字段的数据,可以观察数据的分布情况,在数据条数方面每一组数据最好不要超过12条。

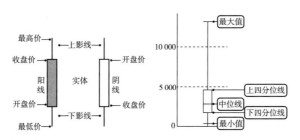

图 9-73　烛形图与箱线图

[**小测验**]

1. 在研究某变量随时间的变化趋势时,折线图的作用有(　　　)(多选)。

A. 表现数据递增还是递减

B. 表现数据增减的速率

C. 帮助分析数据增减的规律

D. 观察分析数据的峰值等特征

E. 帮助预测未来的发展趋势

2. 为了让可视化图表表达效果更好,一个折线图里最好有几条折线?(　　　)。

A.4 条　　　　　　　　　B.6 条　　　　　　　　　C.8 条　　　　　　　　　D.10 条

3. 折线图使用的主要的视觉通道是(　　　)(多选)。

A. 颜色　　　　　　　　B. 位置　　　　　　　　C. 方向　　　　　　　　D. 图案

4. 当数据中包含负值时,不能使用以下哪种图表?(　　　)

A. 折线图　　　　　　　B. 堆叠柱状图　　　　　　C. 散点图　　　　　　　D. 箱线图

5. 下列关于面积图的说法中错误的是(　　　)。

A. 面积图主要用于传达趋势的大小,而不是确切的单个数据值

B. 面积图要用填充区域来展示数据,当图表上有多个图层时,要尽量确保数据不要重叠

C. 百分比堆叠面积图可以用于显示不同部分的关系以及部分占总体比例随时间的变化

趋势

D. 堆叠面积图所有的数据都是从相同的零轴开始

6. 公司经营方面,面积图的作用有( )(多选)。

A. 对比该公司及其对手的股票价格变化

B. 对比该公司以及对手的产品在市场上占比份额大小

C. 查看该公司的盈利亏损趋势情况

D. 查看各个部门或各个商品对与盈利值的贡献,从而可以进一步确定需要改善的部分

7. 在对随时间时间序列变化的多组变量进行研究时,地平线图的作用有( )(多选)。

A. 找出时间序列中的异常行为和主要的模式

B. 可以单独看每一组项目的变化趋势

C. 任意项目间对比解释

D. 以上说法都不对

8. 下列关于河流图的说法错误的是( )。

A. 河流图总是以 x 轴为基线

B. 河流图具有时效性,可以反映一段长时间的数据变化情况以及趋势

C. 河流图的横轴一般表示一个定序数据,一定顺序来排列每个数据的变化

D. 只要是有关联的数据都可以出现在同一张河流图里

9. 关于瀑布图的说法正确的有:( )(多选)

A. 瀑布图不仅能展示一个数据随时间的变化,还能数据整体的构成。

B. 瀑布图运用了位置视觉通道和高度视觉通道,一些情况下还会使用颜色(数值的增减)的视觉通道。

C. 瀑布图纵轴必须 0 开始(即在使用的情况中出现了 y 轴值为负数)。

D. 分组瀑布图可以用于查看多个分组变量的数值以及多个分组的累计效应。

10. 当需要观察精确时刻变化的股价实时变化时最好采用哪种可视化图形?( )

A. 烛形图   B. 柱状图   C. 折线图   D. 瀑布图

11. 河流图适合于以下哪种数据?( )

A. 2019 年成都,北京,上海,广州每天的温度数据

B. 2019 年成都,北京,上海,广州每天的 PM2.5 数据

C. 2019 年成都,北京,上海,广州每天起飞航班流量数据

D. 2019 年成都,北京,上海,广州每天的猪肉价格数据

◆ 10 地理特征类可视化图像

地图特征类的可视化图像，没有传统统计图的横竖轴概念，而是利用地球上的经纬线将地球某一部分的地形、地物按比例缩小投影到平面上。地理特征类可视化图像的横纵轴是地理位置的经纬度，而地图上通过视觉通道呈现的则是相应的数据信息。

分级地图在地图上使用视觉符号表示范围内的分布情况；在分级地图的基础上，蜂窝热力地图用六边形区域的数据点集更好地展示了整体数据分布；变形地图则是用地图中的区域面积来表现数据大小；气泡地图可以反映地图上离散点位的数据特征；关联地图又在气泡地图的基础上强调数据间的轨道。

地图常常用于识别某个地理位置上的数据分布，与其他图像不一样的是，地理特征类可视化图像主要体现了数据的空间分布特征。

10.1 分级地图

分级地图（choropleth map）是地理特征类可视化图像中最为基础的一种。它在原有地图的基础上通过对不同区域添加颜色、阴影或图案来表示该区域的属性或数量。

10.1.1 基本信息

分级地图[①]是一种在地图分区上使用视觉符号（通常是颜色、阴影或者不同疏密的晕线）来表示一个范围值分布情况的地图。在整个制图区域的若干个小区划单元内（行政区划或者其他区划单位），根据各分区的数量（相对）指标进行分级，并用相应色级或不同疏密的晕线，反映各区现象的集中程度或发展水平的分布差别，最常见于选举和人口普查数据的可视化，这些数据以省、市等地理区域为单位。此法因常用色级表示，所以也叫色级统计图法。地图上每个分区的数量使用不同的色级表示，较典型的方法有：

- 一种颜色到另一种颜色混合渐变；
- 单一的色调渐变；
- 透明到不透明；
- 明到暗；
- 用一个完整的色谱变化。

分级地图依靠颜色等来表现数据内在的模式，因此选择合适的颜色非常重要，当数据的值域大或者数据的类型多样时，选择合适的颜色映射相当有挑战性。分级地图中的颜色除了可以反映定量数据外，也可以反映不同的等级属性。例如图 10-1 展示了纽约布鲁克林区安全等级示意图，其中颜色越深表示安全

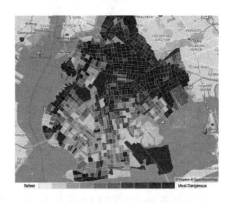

图 10-1 纽约布鲁克林区安全等级示意图

---

① https://antv-2018.alipay.com/zh-cn/vis/chart/choropleth-map.html

等级越低,颜色越浅代表安全等级越高。

10.1.2 构成与视觉通道

分级地图主要由地图、视觉符号以及图例组成,如图 10-2 所示。其视觉符号主要运用了颜色、饱和度、色调和平面位置等视觉通道。

图 10-2 分级地图的构成

10.1.3 适用数据

分级地图较多反映的是呈平面状态但分散分布的现象,如反映人口密度、某农作物播种面积占比、人均收入等。分级地图可以表示数据的空间属性和数值大小这种定量数据或定序数据。

10.1.4 使用场景

分级地图主要适合于表示数量、分布以及发生概率。但由于其数值与地图区域面积不一定对称,因此在某些情况下需要谨慎使用。

1) 表示数量

最常见于选举和人口普查数据的可视化,这些数据以省、市等地理区域为单位。图 10-3 为 2014 年美国各州的人口普查情况,颜色越深表示人数越多。

2) 表示分布

分级地图可以用来记录某一区域内某种关键现象的发生数量,如图 10-4 统计了旧金山各个区域的犯罪数量,颜色深浅可代表犯罪事件发生的数量高低。

图 10-3 2014 年美国主要州的人口情况

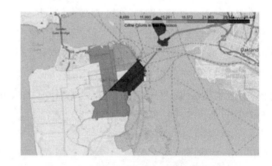

图 10-4 旧金山各个区域的犯罪数量

3) 表示发生概率

除了记录单个数值,分级地图也可以通过数据的百分比预处理来使数据连续化,展现各个地区某一事件的发生概率。图 10-5 为美国各地区失业人数占比情况的分级地图,颜色越深表示失业人数百分比越大。

4) 不合适的场景

分级地图最大的问题在于数据分布和地理区域大小不对称。通常大量数据集中于人口密集的区域,而人口稀疏的地区却占有大多数的屏幕空间,用大量的屏幕空间来表示小部分数据的做法对空间的利用非常不经济,这种不对称还常常会造成用户对数据的错误理解,不能很好地帮助用户准确地区分和比较地图上各个分区的数据值。

图 10-6 展示了 2008 年美国各州大选结果,其中红色区域面积占比较大,很容易让我们觉得麦凯恩获得了选举,但其实从票数来看,最终的获胜人是奥巴马。这就是区域大小和数据大小不对称造成的结果。这种时候推荐使用点描法地图、气泡图或变形地图。

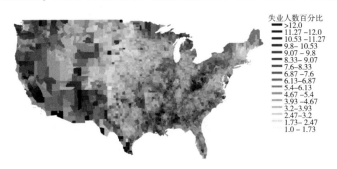

图 10-5 "美国主要地区失业人数百分比"分级地图   图 10-6 2008 年美国总统大选结果

10.1.5 注意事项

● 分级地图常会带来误判,面积大的区域可能数值(人口数、选举人票等)比较小,不适合展示某些选举情况等(比如在表示某一年美国总统大选的情况时,由于看的是投票数,从而会导致数据分布与地图大小不对称)。

● 分级地图受视觉通道的限制,只能够展示某一区域的统计值,而不能展示区域中的点。

● 分级地图在对数据的判断上经常会产生偏差,所以在统计绝对数据的时候最好不采用分级地图。

10.1.6 分级地图的变体

点描法地图[①]也叫点分布地图、点密度地图,是一种通过在地理背景上绘制相同大小的点来表示数据在地理空间上分布的方法。点描法地图是观察对象在地理空间上分布情况的理想方法,在地图上形成的点集群可以显示一些数据模式。借助点描法地图,可以很方便地掌握数据的总体分布情况,但是当需要观察单个具体数据的时候,它是不太适合的。

点描法地图主要用于显示某个经纬度上的数据,而分级地图用于显示某个区域的统计值。如图 10-7 所示,用不同颜色的点在地图上标识不同的种族,粉红色表示白人,蓝色表示黑人,绿色表示亚洲人,黄色表示拉丁美洲人,这一种族分布地图清晰地表现了黑人和白人的聚居区,中部偏右还有一小块绿色的亚裔聚居区,在聚居区交接的区域通常存在不同种族混居的现象。

需要注意的是,这张图中由于数据点很多,正常情况下

图 10-7 2010 年芝加哥人口
种族分布点描法地图

———————————

① https://antv-2018.alipay.com/zh-cn/vis/chart/dot-map.html

当数据中有海量的数据点需要在地图上标识时,点之间会产生大量重叠的情况,而这张图采用了类似于 PixelMap 的算法,将重叠的点在一个目标位置周围的小范围内随机移动,从而解决重叠的问题,让可视化展示更多的细节。

10.1.7　应用案例

应用案例 1:2014 年美国各州人口情况①

分级地图反映得更多的是呈平面布局但分散分布的现象,如反映人口密度、某农作物播种面积的比、人均收入等。本例中,通过颜色的深浅反映了人口的主要分布情况,能很明显看出 California(加利福利亚)、Texas(德克萨斯)两州人口最多。而对于面积较小的区块,因为人口数量少,所以渲染的颜色浅,就导致了这一区块在图上就很难被看见,这也是分级地图的缺点。

应用案例 2:各国人口分布

图 10-9 显示了加拿大、巴西、俄罗斯和美国的人口分级地图,其中数值表示的国家的人口数。可以看出在美国人数较多,而在加拿大、巴西等地的人口数较少。图 10-9 的代码实现见资源包。

 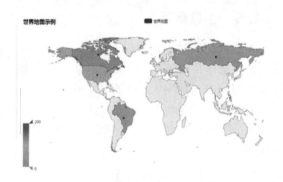

图 10-8　人口分布地图　　　　　　图 10-9　国家人数的分级地图

10.1.8　分级地图小结

小结如图 10-10 所示。

图 10-10　分级地图小结

---

① 数据来源于 United States Census Bureau。

10.2　蜂窝热力地图

蜂窝热力地图(Hexbin Map)是一种等值线图的变种图表。因为每一个区域都被同样的六边形划分,所以可以避免等值线图中不同区域尺寸带来的偏差问题。蜂窝热力地图将一个地理区域划分成多个六边形,每一个六边形都被赋予了数值,并根据数值控制六边形颜色的深浅、饱和度等。

10.2.1　基本信息

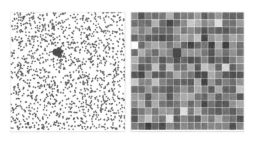

图 10-11　矩形"bin"图

蜂窝热力地图来自 Binning 的思想,将有 N 个数值的数据集分为少于 N 个离散组,分成的组可以是空间的、时间的以及其他属性的。这种方法对于静态与交互的主题地图来讲很有效,因为展示过多的离散点会引起理解与识别的负担,还有可能出现点重叠现象,导致识图的误差。最简单的 2D bin 方式是用矩形将数据点框起来,如图 10-11 所示。最早提出使用互相接连的六边形聚合二维数据来自 4 位美国太平洋西北国家实验室的统计学家[1],他们于 1987 年提出基于六边形的 bin 方法比基于矩形的方法在描述数据上更准确。实际上对于大于 6 个边的多边形,不能实现像六边形一样的表面规则镶嵌,这使得六边形堆积镶嵌成了 2D 数据的最有效、紧凑的划分方式,如图 10-12 所示。

蜂窝热力地图和热力图、地区分布图类似,常见用途包括:①可以帮助人们发现以及解释地图中的点分布空间模式;②通过研究地区的分布状况,确定在什么地方进行决策、选择等。

10.2.2　构成与视觉通道

蜂窝热力地图主要由地图轮廓、颜色不同的六边形以及图例组成,如图 10-13 所示。其中,六边形的颜色代表了坐标点数据的取值。蜂窝热力地图主要运用了平面位置视觉通道(地理信息位置)和饱和度视觉通道(每个六边形颜色深浅或饱和度)。

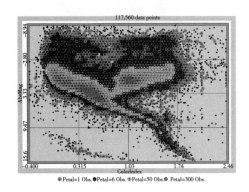

图 10-12　六边形"bin"图

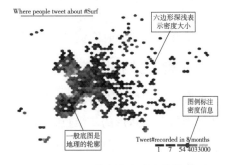

图 10-13　蜂窝热力地图的构成

---

[1]　*Scatterplot Matrix Techniques for Large N* 由 D. B. Carr, R. J. Littlefield, W. L. Nicholcon 和 J. S. Littlefield 四位统计学家撰写,详见 https://www.onacademic.com/detail/journal_1000036471818910_08df.html

10.2.3 适用数据

蜂窝热力地图比分级地图更适合展示聚集性的数据,并且解决了区域尺寸大小对数据大小的视觉干扰。不同六边形所在地区(定类数据)、地区的颜色深浅或饱和度表示在每个六边形内的数据点多少(定比数据)。

10.2.4 使用场景

蜂窝热力地图主要用于表示地理数据的发生分布情况。以 1965—2016 年全球重大地震发生次数数据为例,数据包含 23 412 次重大地震发生的信息,部分数据如表 10-1 所示,只取其中的经纬度绘制蜂窝热力地图,如图 10-14 所示,分析重大地震常发生的地理分布特点。

表 10-1　1965-2016 年全球重大地震发生的次数数据集

日期	时间	纬度	经度
01/02/1965	13:44:18	19.246	145.616
01/04/1965	11:29:49	1.863	127.352
01/05/1965	18:05:58	−20.579	−173.972
…	…	…	…
12/28/2016	12:38:51	36.9179	140.4262
12/29/2016	22:30:19	−9.0283	118.6639
12/30/2016	20:08:28	37.3973	141.4103

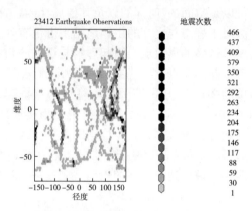

图 10-14　"1965—2016 全球重大地震发生次数"蜂窝热力图

10.2.5 注意事项

● 受众一般通过地理的轮廓、方位识别一个地理区域,但在蜂窝热力地图中,这些地理标识的细节都被抹去(防止误导读者),因此在识别地理细节方面这类图存在缺陷(可以在数据层添加标签缓解这种视觉识别缺陷)。

● 和分级地图一样,绘图前数据要做好预处理(标准化等)。

● 选取连续变化的颜色时要注意区分度等选取的细节。

● 绘制蜂窝热力地图时图例是必不可少的。

10.2.6 蜂窝热力地图的变体

按照平滑数据的程度不同,蜂窝热力图可以变化为以下几种:

1) 用矩形代替六边形的二维直方图

矩形的二维直方图如图 10-15 所示。

2) 二维密度图

二维密度图的示例如图 10-16 所示。

3) 等高线图

等高线图的示例如图 10-17 所示。

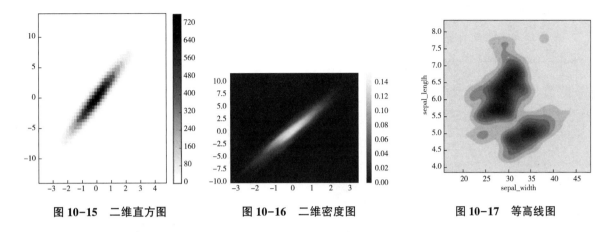

图 10-15　二维直方图　　　　图 10-16　二维密度图　　　　图 10-17　等高线图

　　按照对数据点的平滑程度分类,从散点图到等高线图(其中包含蜂窝热力图)可以进行如下演化,如图 10-18 所示。

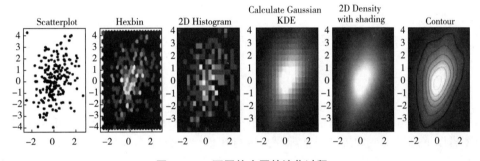

图 10-18　不同热力图的演化过程

10.2.7　应用案例

　　该案例是蜂窝热力地图去除地图后的一般用法,可用来表示数据间的相关关系,随机生成两组属于正态分布的数,绘制蜂窝热力图,可判断两组数据间的相关关系。图 10-19 的代码见资源包。

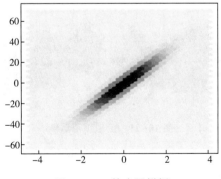

图 10-19　热力图样例

10.2.8 蜂窝热力图小结

小结如图 10-20 所示。

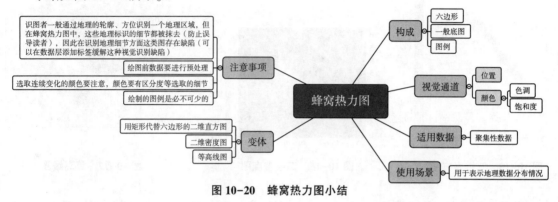

图 10-20 蜂窝热力图小结

10.3 变形地图

变形地图（Cartogram）是分级地图的一种变体，它的出现主要是为了弥补分级地图中数值与区域面积不匹配的缺陷（可参见图 10-6）。变形地图通过扭曲地图中的区域面积达到其与数据匹配的效果。

10.3.1 基本信息

变形地图又称夸张地图，是比较早出现的一种统计地图形式，其历史可以追溯到 1868 年。变形地图可以依据某个专题属性对地理要素进行扭曲、变形，用专题属性值的大小取代真实面积，利用夸张的效果更直观地反映数量特征。主流的变形地图可以分为连续和非连续两类，连续的变形地图是指要素仍然维持原有邻接的拓扑关系，ArcGIS 可以支持这种变形的算法；非连续的变形地图指要素之间不再具有相邻接的关系。

变形地图中，区域的面积根据所给数值大小来决定放大或者缩小。一般来说，变形地图是一个分级地图，区域是根据一个数值变量着色的，需要注意的是，颜色的变量和区域面积的变量可以是不同的。变形地图的目的是纠正分级地图映射中可以观察到的偏差：当每个区域聚集一个变量时，数值很小的区域将与数值很大的区域看起来一样重要，见图 10-21。

图 10-21 变形地图示例

10.3.2 构成与视觉通道

变形地图的背景是一张地图，各个区域面积的大小和代表该区域所选变量数值的大小、颜色可以用来区分同组变量数值的大小，也可以区分其他变量数值大小。变形地图运用了平面位置视觉通道（不同区域）、面积视觉通道（数值大小）和颜色视觉通道（数值大小）。

10.3.3 适用数据

变形地图适用于带有空间区域信息的数据,变形地图的位置代表不同的区域(定类数据),区域面积的大小和颜色都代表所选变量数值的大小(定比数据)。

10.3.4 使用场景

变形地图主要用于呈现存在观察偏差的空间数据。以 2005 年非洲人口分布图为例,如图 10-22 所示分级地图中用颜色来对各国人口进行渲染时,无意中忽略了国土面积这个数量指标,所以在分级地图上不能直观地用面积反映出非洲各个国家的人口数量,而用变形地图就能很好地体现。我们可以以黄色部分也就是尼日利亚的地图为例,很明显地感受到变形地图的优势。

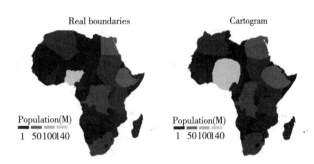

图 10-22 2005 年非洲人口分布分级地图与变形地图

10.3.5 注意事项

● 变形地图的目的是传递该统计指标或变量的信息,为了实现这个目的,需要以变形的方式重塑地图,这会导致地图的几何形状或空间有一定程度的失真。所以在绘制时,如果出现有数据差极大的情况,应当对数据做适当预处理后再将地图变形。

● 在选择颜色来区分数值大小时,要选择适当的颜色变化区间来体现差异。

● 变形地图不同区域面积的大小和颜色的不同可以体现不同组变量数据的数值大小。

● 变形地图对于面积的放缩可能会使得区域边界变得更加模糊,所以在呈现变形地图的同时,最好可以在变形地图的旁边附一张正常的地图。

10.3.6 变形地图的变体

1) 离散面域变形地图[1]

图 10-23 为一幅典型的离散面域变形地图,下层的蓝色是美国各州的土地面积,上层红色则是联邦土地的面积,明显可以看出美国东部联邦土地面积占比较小,而私人的土地面积比重较大。这主要是美国西部大量土地是当时美国政府从其他国家购买而来,因此联邦土地所占比例相对较大。

2) 蜂窝变形地图

图 10-24 应用蜂窝变形热力图,表示了美国各州人口数量,其中颜色越深表示人数越多。

10.3.7 应用案例[2]

本案例展示了北京市某年 GDP 分布情况的变形地图。从图 10-25 我们可以清楚地看到,

① https://mp.weixin.qq.com/s/flNPNEQfdag5Rf7jjO7qeg

② https://www.bilibili.com/read/cv2839897

北京市各区 GDP 与面积没有必然联系。面积相对较小的海淀区和朝阳区恰恰是 GDP 最高的,而远郊地区虽然地理面积大,但是经济发展相对落后。从变形地图中我们还可以看出,北京市的经济发展程度呈现出内高外低的规律。

图 10-23　离散面域变形地图

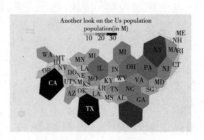

图 10-24　蜂窝变形地图

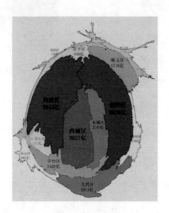

图 10-25　北京市 GDP 分布变形地图

10.3.8　变形地图小结

小结如图 10-26 所示。

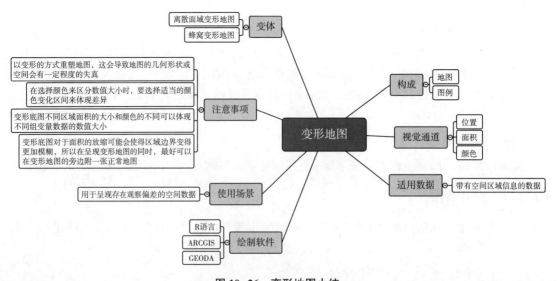

图 10-26　变形地图小结

10.4 关联地图

关联地图是将网络图和地图相结合的一种可视化方法。它在地图的基础上通过有向或者无向边将地图上的点进行连接,展示地图中不同点位的网络相关关系。

10.4.1 基本信息

关联地图是关系网络图和地图的结合。通过在地图上以直线或曲线来连接不同节点地区,呈现不同位置之间的关联关系。相比于直线绘制,曲线更具有美观性和立体感。

生活中最常见的关联地图是飞机航线图,以"节点"之间通过"边"连接体现各地区在地图中的关联关系。在关联地图中,单一线条展示关系,大量的线条则展示相关性。

关联地图的常见用途包括:①显示节点间在地图上的关联关系;②根据地图中呈现的线条密集程度分析和优化实际问题。

10.4.2 构成与视觉通道

关联地图由地图、地图上的节点以及连线(边)组成。关联地图中的连线可以是有向的也可以是无向的。关联地图主要运用了平面位置视觉通道(不同节点所在地图的不同经纬度)和连接视觉通道(边),见图10-27。

图10-27 关联地图示例

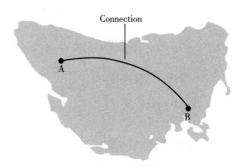

图10-28 关联地图的构成

10.4.3 适用数据

关联地图一般由少量的"节点"和大量的"边"构成。节点表示地图中的地点(定类数据),边的密集程度可以表示节点间的关联关系(定比数据),见图10-28。

10.4.4 使用场景

1)用于制定出行计划

以2019年中国国航执飞的最长国际航线前10名数据为例,绘制关联地图,可以分析长途国际航班大致是在哪些城市之间执飞。其中直飞为红色线,中途转机为紫色线,见图10-29。

2)用于根据出行轨迹调整航班分布

图10-30为Twitter使用者的旅游路线关联地图。世界各地Twitter的使用者不在少数,航空公司可根据每年的旅游路线分布状况调整航班的分布。

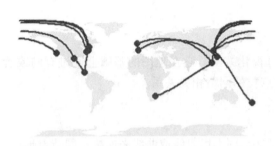

图 10-29　国航执飞的最长国际航线 Top10

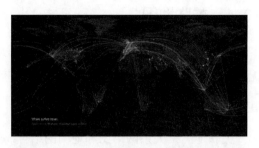

图 10-30　Twitter 使用者的旅游路线关联地图

10.4.5　注意事项

- 关联地图中连线的逻辑是找地理意义上的最短路径,一般呈现的平面地图是使用了墨卡托投影法绘制而成,所以展示为一条条弧线。
- 绘图时,尽量将大量出现的连线做成弧线向上,而将出现较少的做成弧线向下,这样做会让图形的直观影响更明确,不会被干扰,并且可以避免一些特殊值的影响。
- 如果需要表现大量的联系,可使用不同的颜色体现不同区域或类别的关系。
- 关联地图中节点的大小可以代表该地区的重要性、富裕程度等。
- 关联地图存在失真的情况。等角正圆柱投影图中,经纬线相互垂直,经线是等间隔的,靠近赤道的地方失真很小,但随纬度增高而失真加大。

10.4.6　关联地图的变体

1)有向关联地图

图 10-31 为 2017 年国庆假期出港国际航班分布图,其始发站均为中国,故为从中国指出的有向关联地图。

2)带流线的地图

我们可以通过流线,也就是宽度不同的边来展示不同关联的强度或权重,赋予关联地图更多的信息,如图 10-32 所示。

图 10-31　有向关联地图

图 10-32　带流线的地图

3)公交线路分布图

相比于普通关联地图连线主要是直线或者曲线,公交线路分布图中的连接线需要根据公交的具体线路来决定。它不但展示了地图上节点间的关系,还进一步显示其关联的路径,如图 10-33 所示。

10.4.7　应用案例

图 10-34 展示了从法国巴黎到其他城市的航班关联地图,用横纵坐标分别为经度和纬度,用箭头表示关联的方向,将从巴黎到上海、东京、达拉斯等地的航班动态呈现出来。数据可自行编写。图 10-34 的代码见资源包。

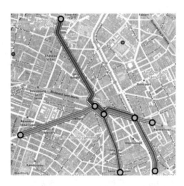

图 10-33　公交线路分布图

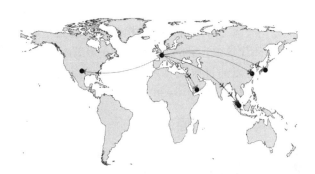

图 10-34　巴黎出发的航班关联地图

10.4.8　关联地图小结

小结如图 10-35 所示。

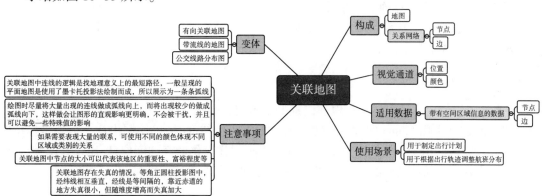

图 10-35　关联地图小结

10.5　气泡地图

气泡地图是将气泡图和地图相结合的一种可视化方法。它在地图的基础上通过添加不同大小的气泡来展示不同点位数据的大小,这也是一种弥补分级地图数值与区域面积不匹配的有效方法。

10.5.1　基本信息

气泡地图以一个地图轮廓为背景,用附着在地图上的气泡来反映数据的大小,可以直观地显示国家或地区的相关数据指标大小和分布范围。气泡地图是由地理区域和气泡大小构成的,地理区域由数据的维度决定,横纵轴即是经度和纬度,用气泡的大小表示数据种类和大小,可以反映趋势、集群以及模式。

理解气泡的地图时,可以先理解气泡图。与散点图相类似,气泡图可以表示趋势、模式,而气泡图的优势在于它可以处理多维数据,横纵轴代表二维数据,气泡的大小、颜色则可以表示三维、四维甚至更多层数据。而气泡地图的应用则更加广泛,用 x、y 表示经纬度,在不要求具体位置的情况下,气泡地图可以将数据的相对集中度完美体现在地理背景中。同时,气泡地图的互动性也很受欢迎,可以通过放大特定部分,或者点击泡泡获取更多信息,见图10-36。

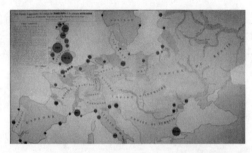

图10-36　1859年欧洲重要港口和主要河流吨位情况

10.5.2　构成与视觉通道

气泡地图由地图、气泡、气泡中的注释以及图例组成。由于气泡大小使用面积视觉通道精确性较差,因此气泡中的注释一般必不可少。除此之外,气泡地图还使用平面位置视觉通道(地理区域)和颜色视觉通道(图例分类),见图10-37。

10.5.3　适用数据

气泡地图适合展现3个数据属性:即地理位置信息这一定类数据、通过气泡颜色体现出的定类数据、通过气泡大小体现的定量数据。

气泡地图的地理区域最多只能取1个维度,并且必须为地理信息,如区域、省、城市等。其图例一般不超过5个类别。

10.5.4　使用场景

气泡地图的使用场景主要是在地理位置上表示定量数据。图10-38随机生成一组数据在欧洲大陆上展示,采用folium实现。地图中的位置表明经纬度,可以绘制出这个地理坐标位置的地图。如果不采用随机的方法,数据的分布也需要提供具体的经纬度信息,比较繁琐,但好处是,folium绘制的图像有良好的交互功能,也可以添加类似图中所示的标记。

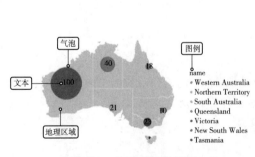

图10-37　气泡地图的构成

图10-38　欧洲大陆随机数据分布

10.5.5　注意事项

- 气泡地图将数值变量映射到气泡区域面积,而不是气泡直径。
- 如果气泡重叠,可以调整透明度改善视觉效果。
- 气泡地图显示图例来帮助了解气泡大小的含义,或注释每个气泡。
- 气泡地图中的气泡只能给受众呈现一个大致信息,所以如果需要呈现数据的精确信息,可以采用柱状图等可视化方式,如果必须要用气泡地图,可以采用交互模式或者在图旁边附上对象的具体数值。
- 当数值字段表达的不是一个区域的总值,而仅仅是取样值(气温、降水等)时不适合使用气泡地图。
- 我们选取的数据对象不能太多,不然会导致气泡地图中气泡过多,既不美观也不利于分析。
- 要制定合适的刻度,以及排除差异过大的数据。刻度不合适会使气泡过大或者过小;数据差异过大或者存在异常值也会使得气泡过大或者过小(比如在研究累计确诊人数时,如果加入湖北数据就会使其他数据的气泡在图中异常小)。气泡过大可能会与其他气泡重叠,气泡过小则不利于观察。

10.5.6　气泡地图的变体

1) 人口数量气泡地图

图 10-39 在图例上进行了创新,将不同尺寸维度的大小重叠进行了相互比较,可以在视觉上更直观地看出数值差距。

2) 带具体数值的气泡地图

图 10-40 的气泡大小表示了不同国家遭受的恐怖袭击次数,将国家作为定类属性进行划分。同时将具体数值注释在气泡上,可以体现实际数字,比较定量数据大小。

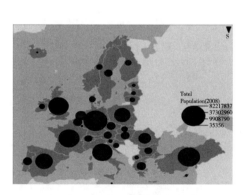

图 10-39　人口数量气泡地图

图 10-40　带具体数值的气泡地图

3) 多组数据对比的气泡地图

图 10-41 把两组数据进行了对比,用颜色的视觉通道进行区分。

4) 分面气泡地图

在气泡地图的基础上,将气泡替换成饼图,图 10-42 使气泡地图具有了饼图的特征属性,满足更多的需求。

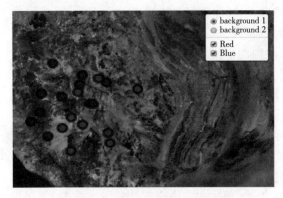

图 10-41　多组数据对比的气泡地图

图 10-42　分面气泡地图

10.5.7　应用案例

应用案例 1:美国各州发生的抢劫案件数量可视化

图 10-43 用气泡大小代表美国各州某年发生的抢劫案件数目,很清晰地就看到美国的东部是抢劫案件发生的集中区域,其中马里兰州最多。借助横纵轴表示经度和纬度,用尺度划分数量的区间对数据赋予气泡的颜色及尺寸大小,在地理位置上用气泡的颜色、尺度反映数据信息。

应用案例 2:2020 年星巴克门店数量可视化

图 10-44 表示了加拿大、巴西、中国、韩国、英国、法国六国星巴克门店数量的气泡地图。数据来源于 http://www.kaggle.com/datasets,其中仅截取了 6 个国家的数据。可以发现 6 国中中国和加拿大的星巴克门店数量较多,巴西的星巴克门店数量较少。图 10-44 的代码见资源包。

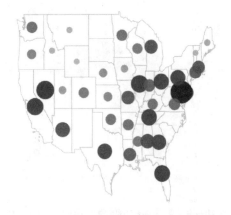

图 10-43　美国各州发生的抢劫案件数目

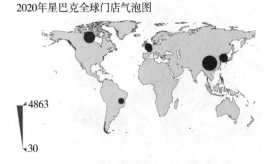

图 10-44　2020 年星巴克门店数量气泡图

10.5.8 气泡地图小结

小结如图 10-45 所示。

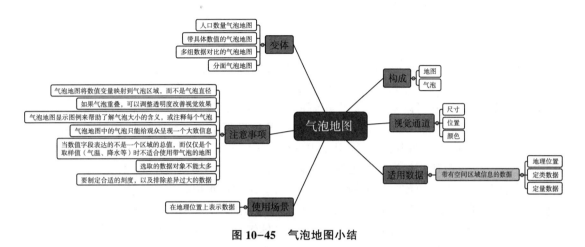

图 10-45 气泡地图小结

10.6 地理特征类可视化图像总结

本章,我们分别介绍了地理特征类可视化图像中常用的分级地图、蜂窝热力地图、变形地图、关联地图以及气泡地图。这些可视化方法都是以地图作为基础展示与地理位置相关的数据信息。在现实应用中,如何选择这些方法呢? 在此,我们进一步对这些可视化方法进行对比。

10.6.1 分级地图与变形地图

(1)分级地图和变形地图都能展现不同区域的位置及其区域内某定量数据的大小。

(2)分级地图使用颜色这一视觉通道来编码数据的层级,会导致面积小的区域可能所表示的数据大,浪费了面积这一更好的视觉通道。

(3)变形地图利用了面积这一视觉通道,消除了地域面积对信息展示的影响。

10.6.2 分级地图与蜂窝热力地图

(1)分级地图和蜂窝热力地图一样善于呈现出分布信息、密度信息。

(2)蜂窝热力图通过将每个小区域转换为同等大小的六边形,消除了面积对读取数据的影响。

(3)相较于分级地图,蜂窝热力地图的地理位置展现不够明显清楚。

10.6.3 变形地图与蜂窝热力地图

(1)变形地图和蜂窝热力地图都消除了分级地图中地域面积对信息呈现的影响。

(2)变形地图更能保持各个区域单元的空间邻接关系,地理位置信息的展现比蜂窝热力图更清晰,但数据量过小的区域可能会由于图形排版而看不清,从而被忽略。

(3)蜂窝热力图相比于变形地图,更加整洁,包容性更强,不会因为一个过大或过小的数据而导致整个图形只能看到过大值的区域或看不到过小值的区域。

10.6.4　分级地图与气泡地图

（1）分级地图与带气泡的地图都用于显示地理区域上的值。分级地图将数值映射到地图区域的颜色上，气泡地图在地图区域上显示一个气泡，气泡的大小表示数值的大小。

（2）气泡地图消除了分级地图中面积对信息呈现的影响。

（3）气泡地图通过气泡的大小来展现这个数据的大小，其中气泡的颜色不是必要的视觉通道，可以通过颜色的饱和度来强调数据的大小，或者通过不同的颜色来对数据分类。而分级地图中颜色通常用来表现数值的大小，所展现的信息维度少于气泡地图。

总的来说，分级地图可以基于我们设定好的层级，通过色级反映该区域的数据大小；分级地图使用了颜色这一视觉通道来编码数据的层级，会导致面积小的区域可能所表示的数据大，浪费了面积这一更好的视觉通道，所以采用面积进行编码的变形地图更佳；对于变形地图，数量太少的数据看不清，这时使用气泡地图更好；气泡地图使用气泡的面积大小来编码数量的大小，既避免了视觉误差，又不会使数据量少的地区看不清；分级地区可以呈现一个大致的集中趋势，但是想观察更细致的集中趋势我们用什么图更好呢？热力图可以表示一个连续的集中趋势的变化，更加细致；如果想观察热力图中一块小区域的具体统计情况我们采用蜂窝热力图更加合适，它使用聚类算法，先处理了六边形内的数据，便于对划分的更小区域进行观察分析，且不影响观察总体的集中趋势。

10.6.5　地理特性类地图小结

小结如图 10-46 所示。

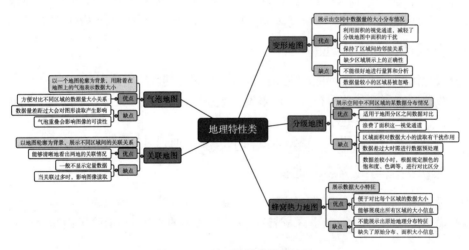

图 10-46　地理特性类地图小结

［小测验］

1. 以下哪一项不是分级地图常用的视觉通道？（　　　）

A. 色调　　　　　　　B. 面积　　　　　　　C. 颜色饱和度　　　　D. 位置

2. 蜂窝热力图的饱和度一般表示（　　　）。

A. 不同类别　　　　　B. 数量大小　　　　　C. 位置　　　　　　　D. 以上都不对

3. 变形地图的区域面积大小表示(　　　)。
A. 该地的面积　　　　　　　　　　　B. 该区域选定变量的数值
C. 关联的密集程度　　　　　　　　　D. 以上都不对

4. 如果要表示两地的关联程度,可以用(　　　)来可视化图形。
A. 分级地图　　　　B. 蜂窝热力图　　　　C. 关联地图　　　　D. 变形地图

5. 在带气泡地图中不可以表示以下哪些方面的特征?(　　　)
A. 位置　　　　　　　　　　　　　　B. 数量大小
C. 不同的类别　　　　　　　　　　　D. 两个节点的关系

本章插图

❖ 11 相关类可视化图像

相关类可视化图像主要关注两个或多个变量之间的相关模式和相关强度。该类图表主要包括散点图、气泡图、相关图、热力图和二维密度图等。其中,散点图可以用于研究数据的相关模式和分布特征;气泡图可以看作散点图的升级版,通过气泡大小这一视觉通道,气泡图可以比散点图多表达一个数据属性;相关图可以显示各个变量的相关系数,大多数时候会与其他图进行跨类组合以体现数据的相关模式与相关强度;热力图中的相关矩阵热力图可以说是相关矩阵的可视化,它用颜色编码了数据的相关系数的大小,让我们一眼就能观察到各个变量的相关关系;二维密度图则主要通过二维密度来进一步描述数据的联合分布情况。

11. 1 散点图

散点图(Scatter Plot),顾名思义就是由一些散乱的点组成的图表,这些点在哪个位置,是由其 X 值和 Y 值确定的,所以也叫做 XY 散点图。散点图用两组数据构成多个坐标点,考察坐标点的分布,判断两变量之间是否存在某种关联或总结坐标点的分布模式。散点图也常用于比较跨类别的聚合数据。

11. 1. 1 基本信息

散点图也叫 X-Y 图,它将所有的数据以点的形式展现在直角坐标系上,以显示变量之间的相互影响程度,点的位置由变量的数值决定,如图 11-1 所示,其代码见资源包。

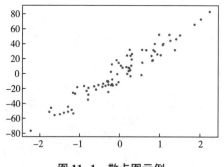

图 11-1　散点图示例

通过观察散点图上数据点的分布情况,我们可以推断出变量间的相关性。如果变量之间不存在相互关系,那么在散点图上就会表现为随机分布的离散点,如果存在某种相关性,那么大部分的数据点就会相对密集并以某种趋势呈现。数据的相关关系主要分为:正相关(两个变量值同时增长或减少)、负相关(一个变量值增加另一个变量值下降)、不相关、线性相关、指数相关等,表现在散点图上的大致分布如图 11-2 所示。那些离点集群较远的点,我们称为离群点或者异常点。

散点图的常见用途包括:①显示变量之间是否存在数量关联趋势;②能够直观地显示关联

趋势是线性的还是非线性的;③通过观察是否存在离群值,从而分析这些离群值对建模分析的影响。

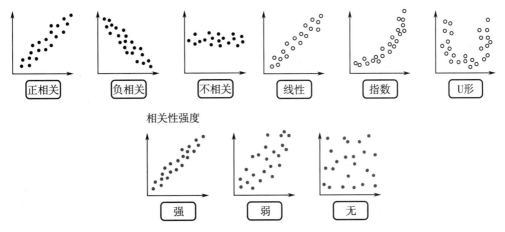

图 11-2　散点图展示数据之间的相关情况

11.1.2　构成与视觉通道

散点图主要由坐标系和点组成。有时候我们会通过点拟合出一条线,称之为回归线,用来描述变量间的函数关系。标准散点图主要运用了平面位置视觉通道(组距、数值的大小、点)和颜色,面积视觉通道(点),如图 11-3 所示。

11.1.3　适用数据

散点图适合展示两个连续的数据字段(定类数据);横轴表示组距(定距数据),纵轴表示数值大小(定比数据或定量数据)。

11.1.4　使用场景

1) 用于观察异常或孤立数据

图 11-4 中呈现了没有入选过全明星的球星的球龄与薪金的关系,从图中可以观察出异常情况。例如,某些球员球龄很长但是薪资相对较低。

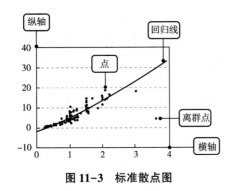

图 11-3　标准散点图

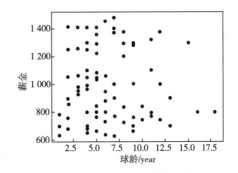

图 11-4　没有入选过全明星的球星,
其球龄与薪金的关系

2) 用于数据的显示与比较的情况

散点图通常用于显示和比较数值,不光可以显示趋势,还能显示数据集群的形状,以及在数据云团中各数据点的关系。图11-5展示了NBA球员是否入选过全明星,以及他们的球龄和薪金的关系,可以展示二者之间的关系,以及直观地展示数据的分布情况。

在图11-6中,还可以通过添加平均球龄和平均薪金的辅助线,将散点图的平面坐标分为四个象限,可以更好地看出数据的分布情况。

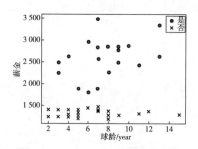

图11-5　是否入选过全明星以及
他们的球龄与薪金的关系

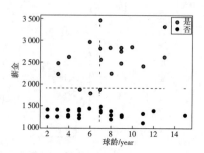

图11-6　是否入选过全明星以及球龄与薪金的关系
(添加了平均值的辅助线)

3) 帮助拟合回归线

我们可以通过样本数据算出样本回归线,将样本回归线添进所画的散点图中,再利用散点图比较回归线的拟合是否恰当。图11-7的代码见资源包。

11.1.5　注意事项

● 观察是否有异常点或离群点的出现。对于异常点,应查明发生的原因,它是否由于测量错误造成的,如果是,应剔除异常点;如果是数据自身的问题,则不能随意丢弃。

● 散点图经常与回归线结合使用,归纳现有数据以进行预测分析。不仅可以解释两个变量之间的关系类型,还可以用来预测未来的值。但趋势线最好不超过两条,以免干扰正常的数据阅读。

● 在分析过程中需要注意,自变量与因变量之间的相关性并不等同于确定的因果关系,也可能需要考虑其他的影响因素。例如广告投放量和点击率是正相关的,但是不能说点击率高只是因为广告投放量多造成的。但是,如果有明显的正相关性,就有足够的理由去增加投放量,然后再去观察数据。

● 散点图适合用于在不考虑时间的情况下比较大量的数据点(这里的大量也是有一定范围的,如果样本的数据点过大,则要注意不能够过密绘图,否则可能会有重合的现象发生)。

● 如果是现实数据的分布情况,则应首先考虑散点图;如果一个散点图没有显示变量之间的任何关系,那么或许该图表类型不是此数据的最佳选择,需要考虑使用其他图表。

● 如果数据包含不同类型,可以给不同类型使用不同的颜色,用颜色可以更好地直观展现出不同类型的数据。

● 散点图仅当有足够多的数据点并且数据之间有相关性时,才能呈现很好的结果。如果一份数据只有极少的信息或者数据间没有相关性,那么绘制一个很空的散点图和不相关的散点图都是没有意义的。

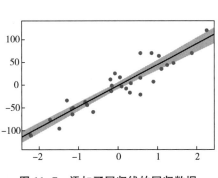

图 11-7 添加了回归线的回归数据

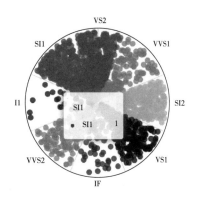

图 11-8 极坐标下的散点图

11.1.6 散点图的变体

1）极坐标下的散点图

通过变换坐标系,能获得极坐标下的散点图(如图 11-8 所示)、圆环上的散点图以及翻转的散点图等。

2）三维散点图

三维散点图是三维坐标系下绘制的散点图。这种散点图可以在原有二维数据的基础上再增加一个维度的定量数据,如图 11-9 所示。

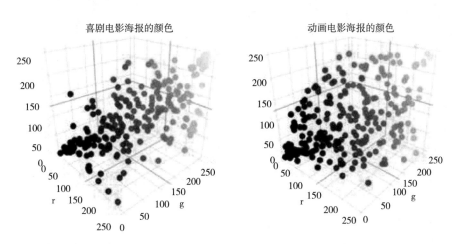

图 11-9 三维散点图

3）散点图矩阵

三维散点图已经是人眼视角下最高的维度了。如果需要展示更高维度变量之间的关系,可以在多变量两两之间做散点图分析得到的散点图矩阵。图 11-10 的代码见资源包。

4）聚类分析图

集群分析的任务是对一组对象进行分组,使同一组(称为集群)中的对象彼此之间(在某种意义上)比其他组(集群)中的对象更相似,如图 11-11 所示。它是探索性数据挖掘的主要任务,是统计数据分析的常用技术,可应用于机器学习、模式识别、图像分析、信息检索、生物信息学等诸多领域。

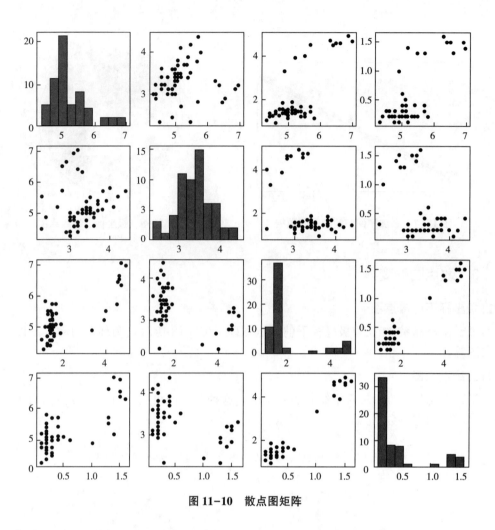

图 11-10　散点图矩阵

5) 气泡图

气泡图是在原有散点图的基础上,将第三个维度的定量数据用气泡的大小展示,如图 11-12 所示。我们将在下一小节详解介绍气泡图的用法。

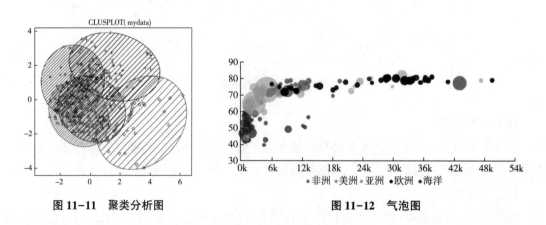

图 11-11　聚类分析图　　　　　　　　　图 11-12　气泡图

6)ArcGIS 图

散点图使用数据值作为 x, y 坐标来绘制点。它可以揭示网格上所绘制的值之间的关系,还可以显示数据趋势。当存在大量数据点时,散点图的作用尤为明显。ArcGIS 产品线为用户提供一个可伸缩的全面的 GIS 平台。因此基于 ArcGIS 的散点图具有很强的交互性,如图 11-13 所示。

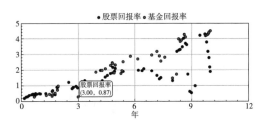

图 11-13   股票和基金回报率与投资年限的关系(ArcGIS 图)

11.1.7   应用案例

应用案例 1:不同来源流量与网站总流量

本案例利用散点图观察不同来源流量与网站总流量的关系。如图 11-14 所示,我们可以发现左上图斜率最大,因此可以判断 directUV 对网站总流量的贡献是最大的。

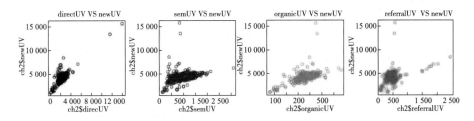

图 11-14   不同流量与网站总流量的关系

应用案例 2:身高与体重的关系

当想展示两个数据之间的分布关系时,可以使用散点图,并且可以做出回归线,从而更直观地展示数据分布情况,比如展示身高与体重之间的关系,如图 11-15 所示。我们可以发现身高和体重之间存在非常明显的正线性关系。

应用案例 3:从散点图到折线图

在分析数据中,可以将散点图中的点按照需求连起来,通过自由绘制的线来直观看出数值的变化趋势,这就是我们常用的折线图。图 11-16 的代码见资源包。

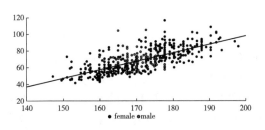

图 11-15   身高与体重的关系

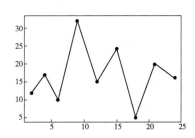

图 11-16   在散点图中自由链接曲线

11.1.8　散点图小结

小结如图 11-17 所示。

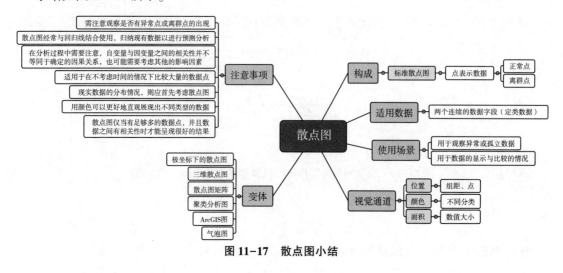

图 11-17　散点图小结

11.2　气泡图

气泡图（Bubble Plot），顾名思义，即以气泡形状为主的绘制展示信息的图，以它为主的图形式多种多样，可以直接散状气泡，可以与坐标系结合，还可以在它们之间用各种连接线呈现关系。不论是整理人物关系，还是统计数据的巧妙呈现，或者是给孩子启蒙的思维导图，气泡图都是较为适合的选择。因此，它的应用面很广。

11.2.1　基本信息

气泡图也叫作泡泡图，它的每一个气泡的面积代表第三个数值数据，另外还可以使用不同的颜色来区分分类数据或者其他的数值数据，或者使用亮度或者透明度。气泡在图中通过 x、y 坐标来分布，从而表示 x、y 轴所对应的数据，气泡的大小（面积）表示数值大小。图 11-18 的气泡图示例代码见资源包。

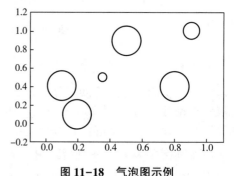

图 11-18　气泡图示例

气泡图的常见用途包括：（1）不同数据间进行对比；（2）展示数值大小；（3）展示 x、y 轴表示数据的相关性。

11.2.2　构成与视觉通道

气泡图与散点图类似，但能比散点图展示更多的数据信息，绘制时将一个变量放在横轴，另一个变量放在纵轴，而第三个变量则用气泡的大小来表示。

气泡图是散点图和百分比区域图的组合，可以呈现出三种不同的信息，有 x、y 上表示的时间、数值的信息，也有气泡本身的大小所呈现出来的该点数值多少的信息，如图 11-19 所示。由于是离散的信息，所以通过平面位置、面积的视觉通道来展现信息，并且可以将不同点的信息进行比较，但是无法展现趋势变化。有时也用颜色视觉通道来区分不同的数据。

11.2.3   适用数据

气泡图中有三个数据属性。其中 x、y 轴可以用来表示时间或者数值大小,表示时间时属于定距数据,表示数值大小时属于定比数据。气泡点的面积大小一般用来表示数值大小,面积是定性数据,数值是定量数据。

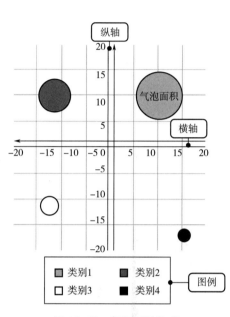

图 11-19   气泡图的构成

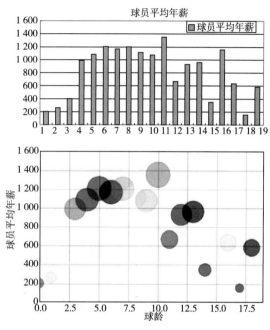

图 11-20   NBA 年薪柱状图与气泡图

11.2.4   使用场景

1)分类对比数据

气泡图可用于显示分类数据,相比柱状图,它能达到更加美观的目的。如图 11-20 所示,分别使用柱状图和气泡图展示了 NBA 球员中不同球龄的平均年薪。在气泡图中,使用气泡的大小来映射数据的大小,而柱状图中使用高度来代表,颜色代表不同的年龄段。相比于高度,面积的映射更直观。

2)多变量映射,用于分析数据的相关性

气泡图作为散点图的变体,也可用于探索分析数据的相关性,在散点图的基础上,还可新增一至两个维度(映射至气泡的大小和颜色)。在图 11-21 中,通过将房价映射为气泡的大小,这样我们就可以很清晰地看出不同房龄和人口下房价的高低,从各个数据看,人口越多、房龄越小(即房子越新),房价越高。其中 x 轴代表房龄,y 轴为人口数,气泡大小表示房价(单位:千)。

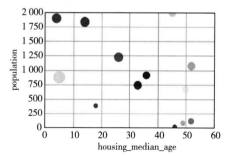

图 11-21   房价气泡图

11.2.5   注意事项

• 当气泡较多、较密集时,注意调整气泡的颜色、透明度和亮度,并且气泡的个数不宜太多,否则会很杂乱。

● 绘图时需要注意，气泡的大小是映射到面积而不是半径或者直径绘制的，用面积来表示可以有效避免视觉误差。

11.2.6　气泡图的变体

1) 三维气泡图

三维坐标系下的气泡图被称为三维气泡图，如图11-22所示。此时，气泡的面积属性变为体积属性。

2) 散点图

散点图与气泡图相比缺少了面积属性，如图11-23所示。

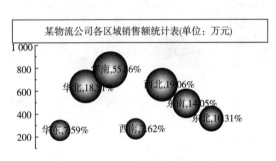

图11-22　三维气泡图

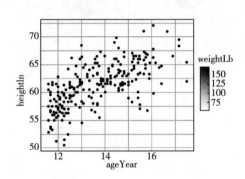

图11-23　散点图

3) 气泡地图

气泡地图是气泡图与地图的结合，如图11-24所示。除了可以反映相关性以外，更多的是反映数据的地理位置信息。

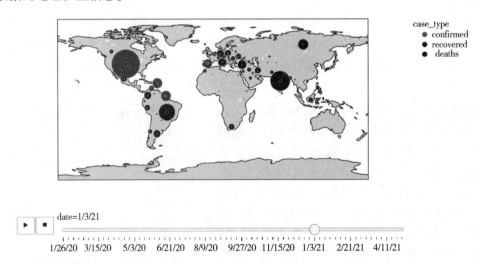

图11-24　气泡地图

4) 相关图

在多变量相关分析中，我们可以使用气泡的面积代表变量之间的相关性，如图11-25所示。

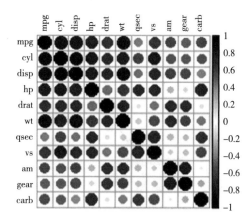

图 11-25　相关图

11.2.7　应用案例

本案例展示了由汉斯·罗斯林①绘制的经典气泡图。图中 x 轴表示人均 GDP，y 轴为预期寿命，气泡大小表示国家人口总数。出此之外，随着时间的推移，气泡图会发生动态变化。图 11-26 仅截取其中 2010 年的气泡图。从图中我们不难看出，经济越发达的国家由于其食品，医疗、环境、社会保障等因素都好于经济欠发达国家，因此人们的预期寿命也更长。出此之外，通过气泡图我们发现，像中国和印度这样的人口大国都还处于经济发展中游，因此，其人口预期寿命也有很大的发展空间。

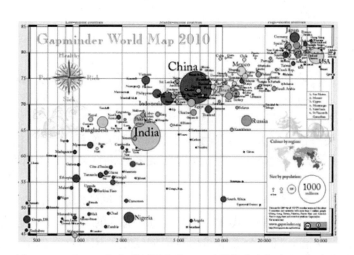

图 11-26　"2010 年全球各国人均 GDP、预期寿命与人口"气泡图

---

① 汉斯·罗斯林（Hans Rosling，1948 年 7 月 27 日～2017 年 2 月 7 日）是卡罗琳学院的国际卫生学教授，并担任 Gapminder 基金会总监，该基金会开发了 Trendalyzer 软件。罗斯林从 1979 年到 1981 年在莫桑比克的纳卡拉担任区域医务官。并且曾经担任世界卫生组织、联合国儿童基金会和其他援助机构的顾问。2001 年至 2007 年，罗斯林在卡罗琳学院担任国际卫生部（IHCAR）的负责人。Gapminder 是瑞士 Gapminder 基金会开发的一个统计软件，你可以形象地看见用世界银行提供数据绘制的世界各国各项发展指数。它用一种新的方法动态地展示了各个国家的历年的各项发展指数，包括了二氧化碳排放量、儿童死亡率、经济增长率、每 1000 人网民数量、军事预算、每 1000 人电话用户、城市人口等等。它用一系列分散的点代表不同的国家，点的位置由轴线对应的指数决定。

11.2.8 气泡图小结

小结如图 11-27 所示。

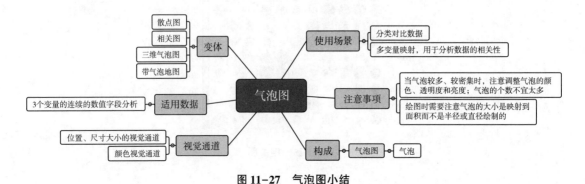

图 11-27　气泡图小结

11.3　相关图

相关图（Scattor Diagram）又称为散布图，是用来研究两个变量之间是否存在相关关系的一种图形。在质量问题的原因分析中，常会接触到各个质量因素之间的关系。这些变量之间的关系往往不能进行解析描述，不能由一个（或几个）变量的数值精确地求出另一个变量的值，这种关系就称为非确定性关系（或相关关系）。相关图就是将两个非确定性关系变量的数据对应列出，标记在坐标图上，来观察它们之间关系的图表。

11.3.1　基本信息

相关图，指把两个变量之间的相关关系，用直角坐标系表示的图表。在工业生产和科学研究中，经常遇到两者之间的关系问题：一种是两个量之间是完全确定的函数关系；另一种是两个量之间是不完全确定的对应关系。对于这种既相关又不完全确定的关系，就称为相关关系。通过画相关图，求出相关系数的方法来确定两个量之间的相关关系，就称为相关分析。而当确定了相关关系之后，再用统计检验与估计的方法对相关系数进行判断并求出回归方程的作法，称为回归分析。

相关图作为研究相关关系的直观工具。一般在进行详细的定量分析之前，可利用相关图对现象之间存在的相关关系的方向、形式和密切程度进行大致的判断。它是以直角坐标系的横轴代表变量 x，纵轴代表变量 y，将两个变量间相对应的变量值用坐标点的形式描绘出来，用来反映两变量之间相关关系的图形。变量之间的相关关系可以简单分为四种表现形式，分别有：正线性相关、负线性相关、非线性相关和不相关，如图 11-28 所示，从图形上各点的分散程度即可判断两变量间关系的密切程度。

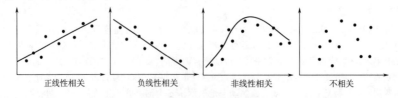

图 11-28　相关图图示例

11.3.2   构成与视觉通道

对于普通的双变量相关图,其组成与散点图相同,由坐标轴、样本点和回归线组成,如图 11-29 所示。但当变量的维度进一步增加时,一般将变量进行两两组合,图形会被构造成一个相关图矩阵。这个矩阵中对角线反映变量与自己的相关性,没有意义,一般使用直方图或密度图替代。

相关图采用了坐标轴位置和接近两个视觉通道,坐标轴位置表示两个变量之间的点,接近的视觉通道表示相关性的大小。

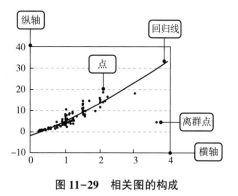

图 11-29   相关图的构成

11.3.3   适用数据

相关图适合展示至少两个维度的定类数据;横轴表示一类数据(定类数据),纵轴表示另一类数据(定类数据),点的集中度表示相关性(定类数据)。

11.3.4   使用场景

以统计学中经典的鸢尾花案例为例,基于 4 个特征的集合,费舍建立了一种线性判别分析法以确定其属种。图 11-30、图 11-31 和图 11-32 的代码见资源包。

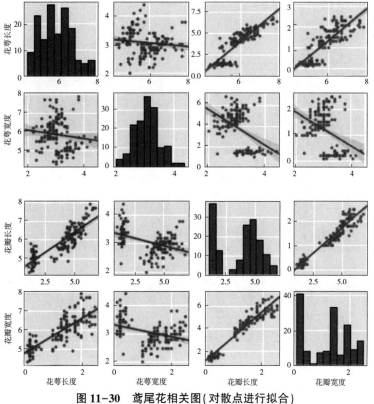

图 11-30   鸢尾花相关图(对散点进行拟合)

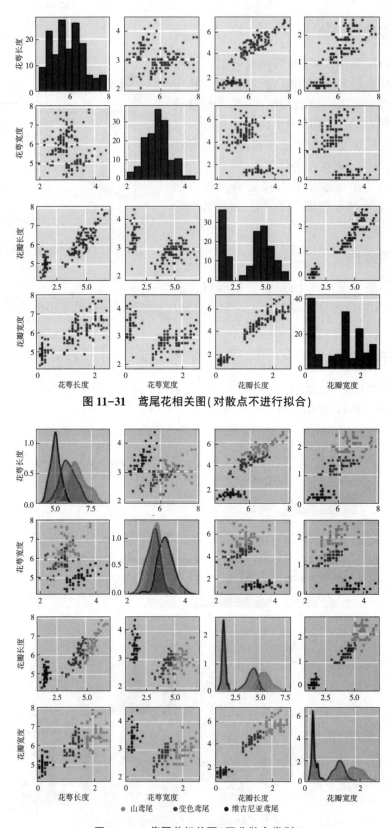

图 11-31　鸢尾花相关图(对散点不进行拟合)

图 11-32　鸢尾花相关图(区分散点类别)

11.3.5 注意事项

• 在寻找相关性时,一些比较偏离的点是需要注意的,是剔除还是特殊情况需要根据具体的例子来看。

• 显示超过 10 个变量之间的关系会大大增加图的理解难度。

• 对角线通常表示每个变量的分布时,使用直方图或者是密度图。

11.3.6 相关图的变体

1) 散点图

当多变量绘制相关图时,对角线也绘制为变量与自己的散点图。此时,点将全部集中在主对角线上,一般没有实质的意义。图 11-33 的代码见资源包。

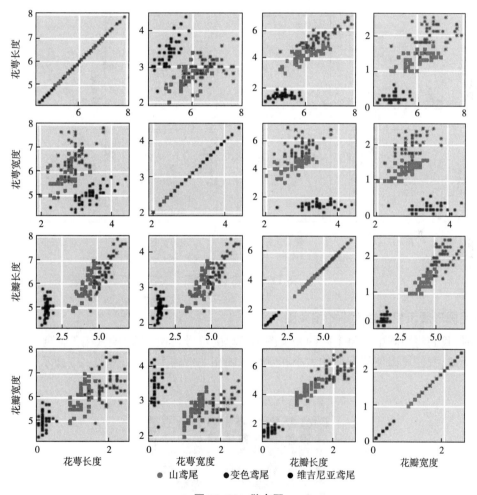

图 11-33 散点图

2) 散点矩阵图

与散点图类似,散点矩阵图只是横纵坐标变量的排序发生了变化。图 11-34 的代码见资源包。

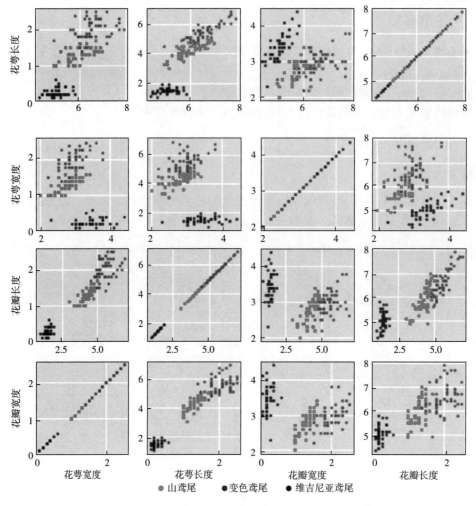

图 11-34　散点矩阵图

3) 用圆形展示相关性大小的相关图

有时,我们将矩阵中的每个两两相关图用简单的符号替换,仅反映其相关强度,忽略其相关结构。例如,我们可以使用圆形的大小和颜色反映相关性的大小,如图 11-35 所示。

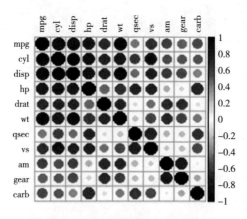

图 11-35　用圆形展示相关性

4）用饼图展示相关性

除了使用圆形反映相关强度外，我们还可以使用饼图展示变量间的两两相关程度。其中，颜色深浅和饼的角度同时表示相关性的大小。

图 11-36 使用数据集 mtcars，横纵坐标为数据集中的变量。mpg 为每百公里油耗，cyl 为发动机气缸数，disp 为排量，hp 为马力，drat 为后轴比，wt 为车重，qsec 为 1/4 英里的时间，vs 为发动机（0 = v 型，1 = 直型），am 为变速器（0 = 自动，1 = 手动），gear 为前进齿轮数，carb 为化油器数。

5）用数字表示相关性

在颜色表示相关性大小的基础上，将数字填入表格中，使得相关程度更加清楚直观，如图 11-37 所示。

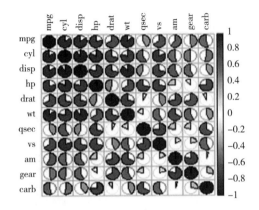

图 11-36　用饼展示相关性

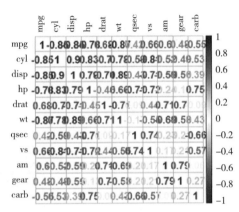

图 11-37　用数字表示相关性

6）用颜色块表示相关性

我们也可以直接使用色块填充相关矩阵，反映相关性更加直观。此图也被称为相关矩阵热力图，如图 11-38 所示。

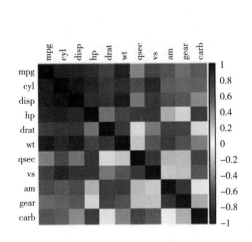

图 11-38　用颜色块表示相关性

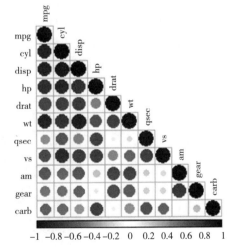

图 11-39　用下三角表示相关图

7）用下三角（上三角）表示相关性

相关系数矩阵是对称矩阵，所以只用下三角或上三角就可以表示矩阵的全部信息，如图 11-39 所示。

8) 用数字+颜色块表示相关性

同时使用数字和颜色将相关性大小表示出来,这样既直观又准确,如图 11-40 所示。

9) 加了显著性水平的相关性

可以通过显著性检验,将在某个显著性水平下显著的相关系数表示出来,空白格代表不显著的相关系数,如图 11-41 所示。

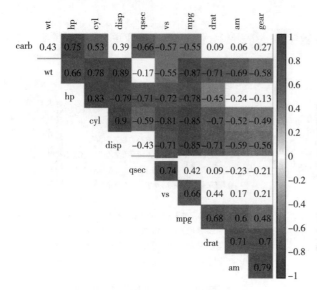

图 11-40 用数字+颜色块表示相关性

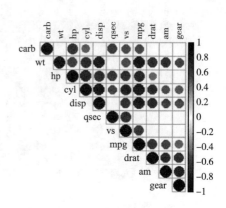

图 11-41 加了显著性水平的相关图

11.3.7 应用案例

以 1.2.1 小节介绍的钻石数据为例,我们使用相关图表示钻石重量(carat)、价格(price)、以及长(x)宽(y)高(z)这 5 个变量的相关性。从图 11-42 我们不难发现,钻石的价格与其重量之间的相关性非常高,而其重量又受到其尺寸(长宽高)的影响。另外,钻石的长宽高存在很强的正相关,说明钻石的形状相对来说都比较规整。图 11-42 的代码见资源包。

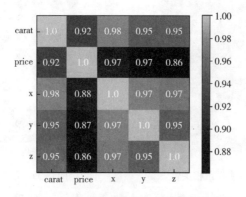

图 11-42 "钻石重量、价格、长宽高"相关图

11.3.8 相关图小结

小结如图 11-43 所示。

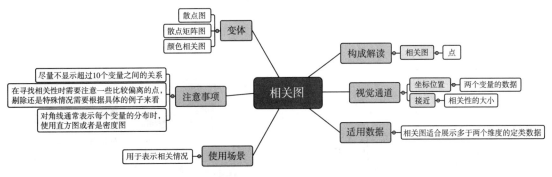

图 11-43 相关图小结

11.4 热力图

热力图(Heat Map)是通过密度函数进行可视化以表示二维平面中点密度的热图。它使人们能够独立于缩放因子感知点的密度。现今热力图在网页分析、业务数据分析等多个领域均有较为广泛的应用。

11.4.1 基本信息

"热力图"一词最初是由软件设计师科马克·金尼(Cormac Kinney)于 1991 年提出并创造的,用来描述一个 2D 显示实时金融市场信息。在最开始,是矩形色块加上颜色编码(如图 11-44)。经过多年的演化,如今的热力图更为规范。为大多数人所理解的都是类似于图 11-45 这种经过平滑模糊处理过的热力图谱。图 11-44 和图 11-45 的代码见资源包。

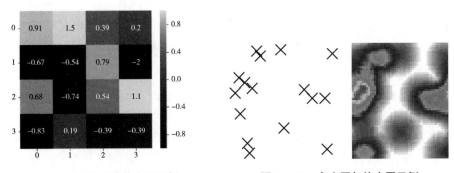

图 11-44 相关矩阵热力图示例　　　图 11-45 点击图与热力图示例

热力图是非常特殊的一种图,其使用场景通常比较有限。通常定义的热力图是两个连续数据分别映射 x 轴和 y 轴。第三个连续数据映射到颜色,这个数据通常有两种获取途径办法:

(1)从原始数据里取出相应数据字段,直接输入。

(2)通过封箱和计数统计,得到区域数据密度元数据并映射到颜色。

热力图将两个连续字段分别映射到 x 和 y 轴,将一个连续元数据映射到颜色,便于观察数据的分布。

热力图根据其不同的分类有不同的用法：①研究多个变量之间的相关性，这在数据分析时使用较多；(2)反映数据的分布(如图11-46)。因此热力图除了可以归为相关类可视化图像，也可归为分布类可视化图像。

对于经过平滑模糊处理的热力图谱，一般用于：①反映数据的分布情况，一般此时的热力图是没有横纵坐标的，它的位置信息由背景图提供；②用于网页点击量分析，比如绘制点击热图、注意力热图和对比热图等；③用于面向视频的可视化(如图11-47)。

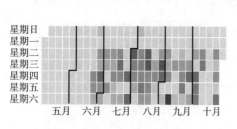

图11-46　水平日历色块图

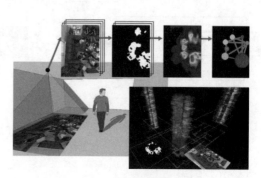

图11-47　面向视频的可视化

11.4.2　构成与视觉通道

热力图主要分为边界未经平滑处理的热力图和边界经过光滑处理的热力图。这两种热力图均基于二维坐标轴。区别在于边界未经平化处理的热力图主要由矩形块构成，如图11-48所示，而经平滑后由热力图谱组成，如图11-49所示。

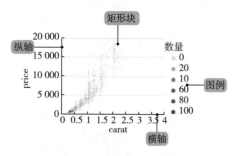

图11-48　边界未经平滑处理的热力图

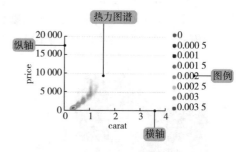

图11-49　边界经过光滑处理的热力图

热力图主要使用平面位置视觉通道将两个分类数据或两个定量数据映射到 x 轴和 y 轴上，使用饱和度视觉通道呈现定量数据的大小，以及使用面积视觉通道反映分布的广度。

11.4.3　适用数据

热力图适用的数据一般是两个连续数据分别映射到 x 轴和 y 轴。如果是色块图，则是两个定类数据。第三个连续数据映射到颜色，用来描述第三个数据的频率、密度等。除 x 轴和 y 轴之外的第三个数据，多数情况下为 x 和 y 共同出现的频率或该 x 和 y 的密度，也可以是独立的其他数据。热力图适用于样本量超过30条数据的场景。

11.4.4　使用场景

1) 用于表示离散数据的分布

图 11-50 表现了每位农民种植的不同作物的年收成情况。其中,农民的名字被映射到 x 轴,他们所种植的不同作物名称映射到 y 轴。每位农民每种作物的年收成映射到颜色,并且在小格子中进行标示。从图中我们可以观察到每位农民的收成情况,也可以对每位农民的收成进行横向比较或者纵向比较。

2) 数据的统计预测

图 11-51 展示的是克拉数和价格的关系。我们想通过已有的钻石数据,对未知区域的钻石数据进行预测。

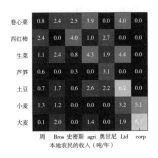

图 11-50　农民今年种植的不同作物的收成分布

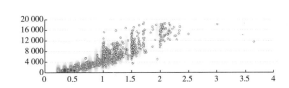

图 11-51　钻石重量与价格热力图

3) 数据的相关性分析

图 11-52 展示了"网上零售额累计增长""实物商品零售额累计增长""吃类实物商品网上零售额累计增长""穿类实物商品网上零售额累计增长""用类实物商品网上零售额累计增长"和疫情指标确诊人数。从图中我们可以发现,疫情对除了食品类以外的其他类别商品网上零售额都有着较大的影响(相关系数小于 -0.7),对食品类的影响相对较小(相关系数 -0.41)。

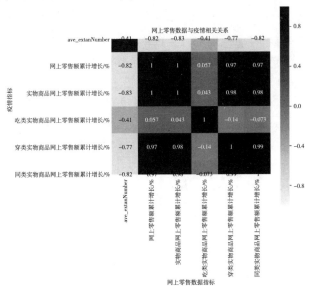

图 11-52　网上零售数据各指标和疫情的相关系矩阵热力图

11.4.5 注意事项

- 在绘制热力图前一般需要统一数据单位;
- 数据需要真实可靠,不然画出的热力图中的颜色分布毫无价值;
- 热力图的颜色运用很重要:①热力图一般情况用其专有的色系:彩虹色系;②对相关矩阵热力图,因为我们不仅关心相关系数的数值,也关心它的符号(正负)。为了能够让读者更好地捕捉这个信息,建议采用类似红蓝发散等正值与负值不是同一个颜色且颜色差异比较大的色系,或者在图上加上数值标签;
- 采用颜色编码可以带给读者很强的视觉冲击力,但准确度上较弱,很难通过颜色来分辨数据的具体大小,所以热力图的主要应用在整体全局的数据呈现;
- 热力图可以不需要坐标轴,其背景常常是图片或地图;
- 在绘制色块图的时候,可以使用聚类分析,然后根据聚类对矩阵的行和列进行置换以将相似的值彼此靠近放置。这样可以让色块图更美观,也有利于让我们发现更多的数据分布信息。

11.4.6 热力图的变体

1)水平日历色块图

由小色块有序且紧凑地组成的图表,以日历格式展示,如图11-53所示,从而在基础热力图的基础上增加了时间的维度,用来展示一段时间内的数据分布情况。

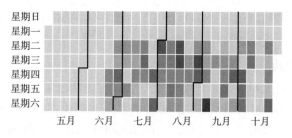

图11-53 水平日历色块图

2)日历色块图

与水平日历色块图类似,日历色块图以日历格式展示一段时间内的数据分布情况。不同的是日历色块图每个月份的色块是分开呈现的,如图11-54所示。

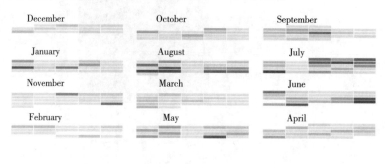

图11-54 日历色块图

3）六边形分箱图

分块的热力图用于表现 x、y 都是连续数据。其中六边形分箱图对 x、y 进行划分封装成一个个的六边形，使用颜色的深浅标示数据的大小。这种类似于第 10 章所介绍的蜂窝热力地图，只是图像绘制在普通二维坐标系而非地图上。图 11-55 的代码见资源包。

4）极坐标下的色块图

极坐标常常用于可视化周期性的数据。图 11-56 展示的是 7 天×24 小时的数据变化。

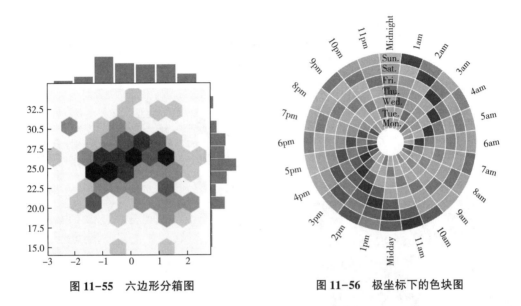

图 11-55　六边形分箱图　　　　图 11-56　极坐标下的色块图

5）矩形分箱图

类似于六边形分箱图，矩形分箱图只是将色块用矩形表示。其中矩形的形状可以由坐标系的形状来确定，如图 11-57 所示。

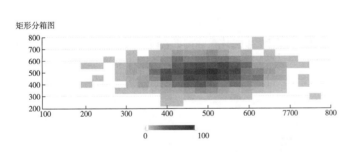

图 11-57　矩形分箱图

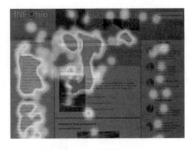

图 11-58　网页热力图

11.4.7　应用案例

应用案例 1：网页热力图

百度统计生成热力图的功能对很多中小型网站的升级有极大的帮助，如图 11-58 所示。有了热力图的帮忙，优化和调整网页设计就有了科学依据，可对症下药，不必盲目升级，还可以动态考量页面调整前后的点击效果；在点击行为集中和访客多的页面地方可以多放广告，点击率会更高，效果更为突出；通过链接点击图了解同一栏目下不同文字链接被点击的次数，判断该链接标题和内容的受欢迎程度,以优化排版;对于没有链接的地方的点击也能利用起来,将页面上的流量价值最大化,比如没有链接但点击非常多的文字,说明访客对这方面的内容非常感兴趣,可以加上链接让访客了解更多。

应用案例2:面向视频的可视化

图11-59中箭头的指向依次是:视频拍摄地、俯视视角的摄像影像、二值化特征跟踪(人物)序列、从二值化序列推导出的人物位置热力图(时空耦合)、基于热力图的人物关系图、视频立方可视化。

应用案例3:生物基因分析

在生物基因科学领域,热力图尤其多用于展示各种基因或RNA在不同样本中的表达,观察其表达模式。图11-60是24个样本(列)中30类基因(行)的表达情况。从中可以探索疾病与基因之间的关系。

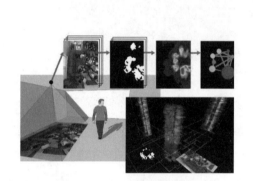

图11-59　面向视频的可视化

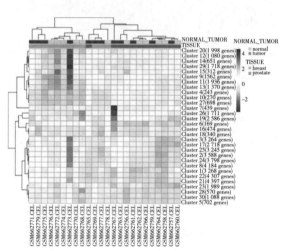

图11-60　基因表达热力图

应用案例4:城市热力图

城市热力图是实时反映人群聚集情况的大数据可视化产品,如图11-61所示。它以用户在使用定位功能时的地理位置数据为基础,通过一定的空间计算,并在地图上进行叠加,通过不同的颜色来反映不同的聚集程度。城市热力图可以有效地应用于躲避拥挤以及警务监控等。

图11-61　城市热力图

11.4.8　热力图小结

小结如图 11-62 所示。

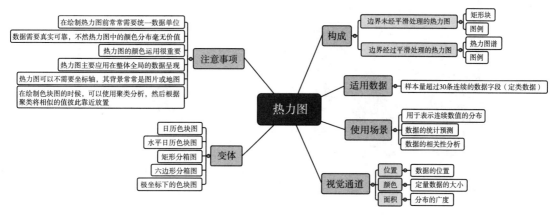

图 11-62　热力图小结

11.5　二维密度图

二维密度图是将二维定量数据的分布绘制于坐标系中的一种可视化方法,我们可以把它看作直方图和密度图的一种二维推广。除了可以通过二维密度图观察二维变量的分布情况,我们也可以用它探索两个变量之间的相关信息。

11.5.1　基本信息

二维密度图,又称 2D 密度图。顾名思义,它是利用二维的数据展示数据密度的。二维密度图显示了数据集中两个定量变量范围内值的分布,也通常展示两个随机变量的联合密度分布。它计算二维空间特定区域内的观测次数,并使用正方形、六边形或核密度估计来表示它。

二维密度图或二维直方图是直方图的延伸。其最大的作用是更好展现二维数据的分布,避免散点图中的过度绘制。当数据点较多时,二维密度图会计算二维空间特定区域内观测值的数量。这个特定的区域可以是正方形,也可以是六边形。还可以进行二维核密度估计,并用等值线表示它。如果我们对比密度图,即一维密度图,它也表示变量的分布。核密度图使用核密度估计来显示变量的概率密度函数,它是直方图的平滑版本。二维密度图即是在此基础上的二维拓展与延伸。不过,二维密度图也有其独有的优势,即能够清晰表现两个随机变量的联合密度以及其分布之间的关系。

其中,核密度估计(kernel density estimation)是概率论中用来估计未知的密度函数,属于非参数检验方法之一。通过核密度估计图可以比较直观地看出数据样本本身的分布特征。图 11-63 展示了二维密度图的示例,其代码见资源包。

11.5.2　构成与视觉通道

二维密度图沿水平轴(x 轴)方向显示一组数值数据,沿垂直轴(y 轴)方向显示另一组数值数据。对 2D 空间的特定区域内的观察次数进行计数,并使用颜色这个视觉通道来表示。颜色代表了该区域内点的密度,颜色越浅表示该区域内的样本点越多。通过二维密度图,我们可以避免样本点较多较密集带来的干扰。

二维密度图使用的视觉通道包括平面位置、面积、形状、颜色(深浅、饱和度、透明程度)等。图 11-64 的代码见资源包。

图 11-63 二维密度图示例

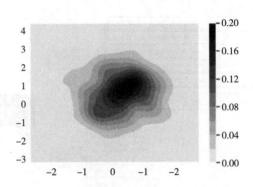

图 11-64 二维密度图示例(二维正态分布)

11.5.3 适用数据

二维密度图只适用于样本量很大的数据。在样本量较少时,通常使用散点图进行研究;当样本量足够大,二维密度图对于避免在散点图中过度绘制是非常有用的。二维密度图可以用来展示两个定量数据间的关联关系。

11.5.4 使用场景

1) 用于表示两个定量数据的关联关系

图 11-65 为山鸢尾花的花萼长度和花萼宽度的二维密度图。我们可以看到,二维密度图中颜色的深浅表示该长度和宽度对应的鸢尾花数量的多少。由此我们可以直观地看出该品种鸢尾花的花萼长度与宽度呈正相关的关系。

2) 用于表示两个随机变量的联合分布情况

图 11-66 展示了一个两维随机向量联合分布的二维密度图,代码见资源包。

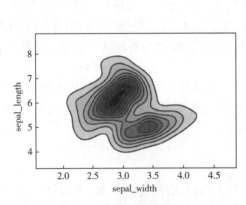

图 11-65 "山鸢尾花花萼长度和
花萼宽度"二维密度图

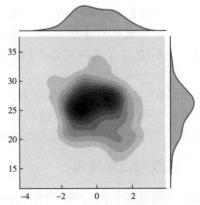

图 11-66 二维随机向量联合分布

3)用于大量的二维数据关系的数据集,避免在散点图中过度绘制

二维密度图对于避免在散点图中过度绘制是非常有用的。下面这个例子展示了过度绘制的散点图和二维密度图之间的区别,如图 11-67 所示。可以看出,由于点的数量过多,在散点图中点的分布情况已经不再明显,而在密度图中依旧明显。

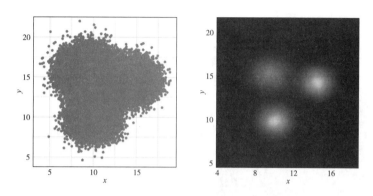

图 11-67　过度绘制的散点图和二维密度图

11.5.5　注意事项

- 二维密度图对于组距的选取标准很敏感,这类似于直方图中的组距选择。二维密度图同样牵涉统计学的概念,所以对资料进行合理的分组、选择合适的组距尤为重要。不同的组距选择,可能得出不同的结论。
- 仅在样本量巨大时才有用。如果没有栈溢出的现象,请使用散点图。
- 挑选一个好的颜色。颜色能够帮助我们了解联合密度情况,但如果颜色选择不当,反而会影响研究。

11.5.6　二维密度图的变体

二维密度图有多种变体,其在密度图和直方图的扩展基础上,计算二维空间特定区域内的观测数,并以颜色梯度表示。其最大的不同便在于特定区域的形状选择上,如图 11-68 所示,从左到右依次是:

(1)六边形区域,又称蜂窝区域,故这种二维密度图又称蜂窝图。

(2)平方区域,即正方形区域。

(3)核密度估计。

(4)在图 3 基础上增加颜色渐变。

(5)在图 4 基础上带有等高线。

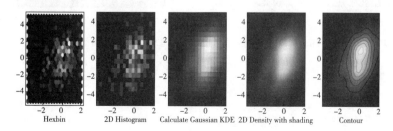

图 11-68　二维密度图的变体

当然,随着视觉通道的变化,比如对颜色种类、深浅、饱和度、透明度等进行改变,或是对位置参数、组距等进行改变,同样会得到不同长相的二维密度图。有关二维密度图的变体——三维密度图,以及如何制作不同颜色的二维密度图,会在 11.5.8 小节进行补充。

11.5.7 应用案例

应用案例 1:纽约市的房租

本案例选取了纽约市的房租水平数据,包含了纽约 2012 年近 5 万条数据,在地图区域内计算每个小六边形区域内房租,绘制如图 11-69 所示的二维密度图,事实上也侧面实践了蜂窝热力地图。

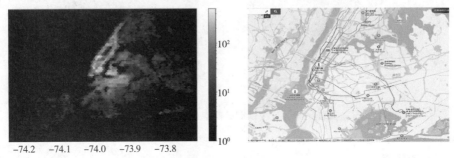

图 11-69　纽约市的房租

由这个例子我们可以注意两点:第一,注意颜色的深浅选取,也就是对数据集极差过大时的合理处理,比如上述的纽约房租,在最繁华地段日租金最高近万,而周边地区甚至有日租金数十元的情况,因此我们可以取对数来缩小差距;第二点,注意画图时所调用工具的画图逻辑,二维密度图实现所绘制的小六边形是通过严谨的数学理论才选取的形状,所以不宜随意更改形状,另外二维密度图的小六边形数量是一定的,所以注意 x 轴和 y 轴之比。

应用案例 2:鸢尾花

在 11.5.4 小节中,我们介绍了统计学中经典的鸢尾花案例。我们对这个案例进行补充,可以改变其特定区域的形状,如图 11-70 分别是六边形区域与核密度估计绘制的图案。

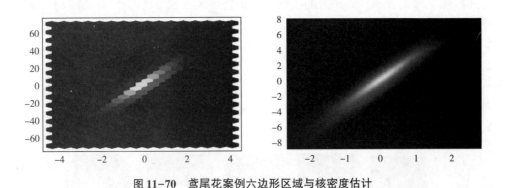

图 11-70　鸢尾花案例六边形区域与核密度估计

11.5.8 编程绘图

1) 二维密度图的变体——三维密度图

二维密度图可以通过三维的形式进行展示,并且可以在颜色变化的基础上依据数据点的多少在三维空间进行图像高低的绘制,越高的地方密度越大,点的数量越多,如图 11-71 所示。

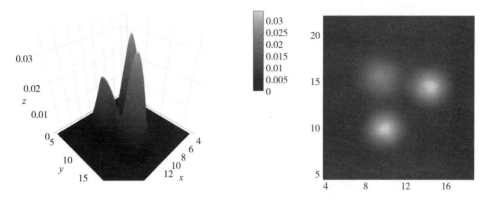

图 11-71　三维密度图与二维密度图

2)编程绘图的颜色改变

如果绘图使用如 Seaborn 等的第三方库,有对应方法改变二维密度图的颜色,如图 11-72 所示。

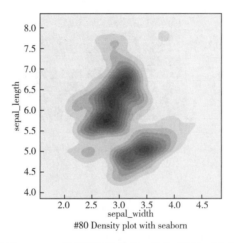

#80 Density plot with seaborn

图 11-72　"用 Seaborn 绘制不同颜色"二维密度图(对比上文的浅蓝)

而如果绘图使用 matplotlib 包中 pcolormesh 函数,我们可以改变 cmap = '…' 中…的值来得到不同颜色变化的二维密度图。例如图 11-73 中展示了 4 种不同颜色类型的二维密度图。

可选的颜色还是太少?其实颜色还可以有很多选项,如图 11-74 所示。而且,不只二维密度图,matplotlib 包中很多函数,我们也同样只需要改变 cmap = '…' 中…的值,就可以得到不同颜色的可视化图。

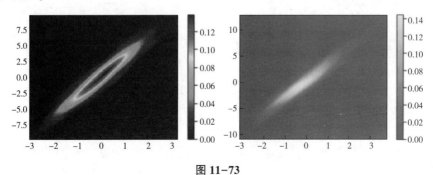

图 11-73

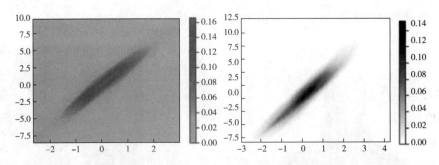

图 11-73　不同颜色的二维密度图(cmap 分别取值为 : jet , summer , cool , gray)

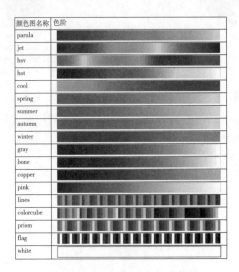

图 11-74　matplotlib 中的色阶

11.5.9　二维密度图小结

小结如图 11-75 所示。

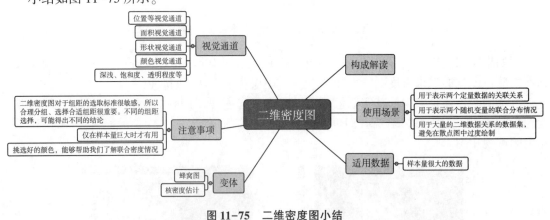

图 11-75　二维密度图小结

11.6　相关类可视化图像总结

本章详细介绍了包括散点图、气泡图、相关图、热力图、二维密度图在内的常用相关类可视化图像。图 11-76 和图 11-77 通过思维导图对这些图像进行了总结和对比。

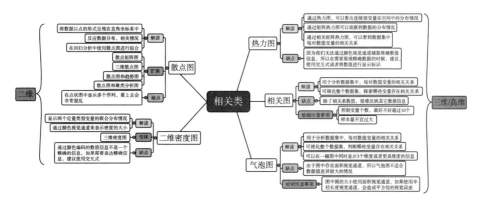

图 11-76　相关类可视化图像总结

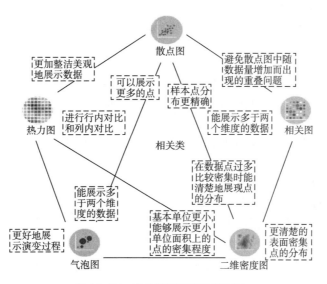

图 11-77　相关类可视化图像对比

下面我们将重点对比本章以及前面章节介绍过的可视化图像,为读者在可视化图像的选择上提供参考。

11.6.1　相关图与峭线图

相关图一般通过离散的数据来表示两个定量数据的相关性,也可以用点的颜色来区分不同的定性数据,从而在一幅图中展示多个定性数据的相关性,如前面的图 11-28 所示,不同种类鸢尾花的花瓣长度、宽度的相关性,也可以用密度图来表示。

如果想要展示更多的比如花茎高度等定量数据,相关图与密度图都不行(因为如果数据类型过多,就会造成图片整体的混乱,并且可读性下降),就需要峭线图来展示更多数据的相关程度,当需要展示数据超过 6 个时,峭线图效果更好。

11.6.2　二维密度图与小提琴图

图 11-64 从左到右依次是散点图、hexbin 图表、二维直方图、二维密度图和等值线图,就像将马赛克一层一层地抹去,图像逐渐变得清晰,但其实只有最左边的散点图展示了每个数据点的具体信息。它们都可以研究两个定量变量的组合分布,均为密度图和直方图的扩展。

二维密度图可以展示两个定量变量的密度分布,当只展示一个定量变量的密度分布时,可以使用小提琴图。

[小测验]

1. 散点图可以直观的反映数据之间的( )。

A. 相关关系 B. 因果关系

C. 相关关系和因果关系 D. 相关程度

2. 使用气泡图时,数据的大小映射的是( )。

A. 颜色 B. 面积 C. 直径 D. 周长

3. 相关图中对角线位置放( ),非对角线位置放( )。

A. 密度图 B. 散点图 C. 柱形图 D. 热力图

4. 相关图可能用到的视觉通道有( )(多选)。

A. 颜色 B. 面积 C. 位置 D. 长度

5. 绘制热力图需要注意的方面有( )(多选)。

A. 选择彩虹系颜色

B. 使用数据前统一数据单位

C. 必须要有坐标轴

D. 数据的数值大小重要,正负不重要

12　网络关系类可视化图像

网络关系类可视化图像,又称关联类图形,是由节点-链接构成的统计图表,主要用于展示数据间的相互关系。在网络关系类图表的构成中,主要使用图形的嵌套、位置等来展示数据之间的关系,而这些关系包括了先后顺序、总量与分量之间的关系、单向或双向关系等,是当下极受欢迎的"网红统计图表"。常见的网络关系类图表有网络图、弧形链接图、环形链接图、和弦图、桑基图等。需要注意的是,与相关类可视化图像主要关注变量间的关系不同,网络关系类可视化图像主要关注数据样本之间的关系。

12.1　网络图

网络图(Network Graph)是最为基础也是最常用的网络关系类可视化图像。网络图通过节点和边反映数据间的关系。后面介绍的弧形链接图、环形链接图、和弦图、桑基图等其实都是通过网络图演化而来的。

12.1.1　基本信息

网络图是一种图解模型,形状如同网络,故称为网络图。网络图是由作业(箭线)、事件(又称节点)和路线三个因素组成的。网络图可分为有向权重图、无向权重图、有向无权重图、无向无权重图等,见图 12-1。

用节点表示对象,用线或边表示关系的节点链接布局是最自然的可视化布局。它容易被用户理解和接受,并快速建立事物与事物之间的联系,显式地表示事物之间的关系。点代表定类数据,而边的粗细可以代表定量数据。

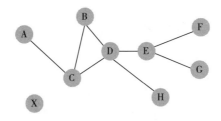

图 12-1　网络图示例

12.1.2　构成与视觉通道

图 12-2 为简单的网络图,点代表节,点在图形中的位置被称为布局(代码见资源包)。布局的方式包括力引导布局、环形布局、随机布局、光谱布局、跳跃布局、球形布局等多种(如图12-3 所示)。边代表点与点的连接关系,分为无向边、单向边、双向边,边的粗细可以映射连接关系的强弱。

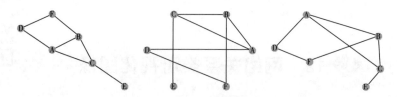

图 12-2　跳跃式布局(左)、环形布局(中)、随机布局(右)

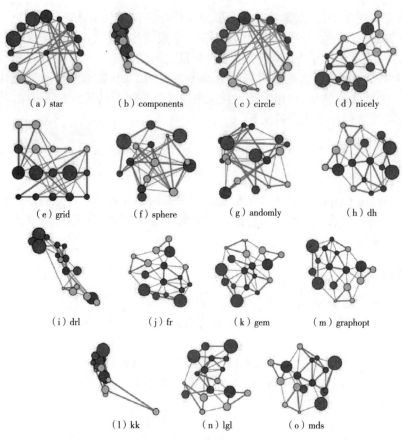

图 12-3　网络图布局方式

为了更加清晰美观,选择网络图布局时应该尽量减少边缘交叉,使边长均匀,防止节点重叠,尽量对称(如图 12-4 所示)。

网络图主要使用的视觉通道包括:接近的节点通过接近视觉通道表示社交中具有某特性的一类人群;相连的节点通过连接视觉通道反映一定的关联联系;不同颜色的节点和连线使用颜色视觉通道表示不同的人群和不同的关系;位置接近的节点通过平面位置视觉通道反映节点的分组情况;节点的形状使用形状视觉通道表示不同的分类等。

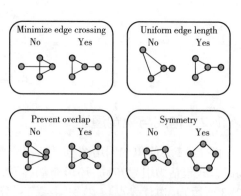

图 12-4　网络图布局的美学标准

12.1.3 适用数据

　　网络图主要用来表示节点和节点之间的关系。
各个节点表示不同类型的数据,具有类别型属性,可以用来表示定类数据。当网络图按照一定的逻辑顺序排列时,具有序数型属性,可以用来表示定序数据。此外,节点之间的连线表示两个节点存在联系,而当连线上加入数据表示权值时,具有数值型属性,可以用来表示定比数据。

12.1.4 使用场景

1) 网络图可以表达连接和关联关系

　　与树数据类似,数据项和连接关系可以有多种属性,并定义一些基本任务。节点连接图和邻接矩阵是常见的可视化形式,见图 12-5 和图 12-6。

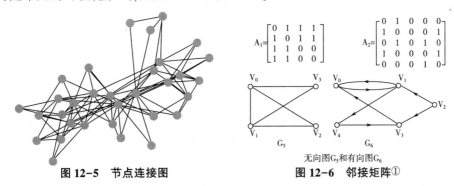

图 12-5　节点连接图　　　　　图 12-6　邻接矩阵①

2) 表示层级(树形) 结构

　　有些层级结构用简单的节点和连线表示,但是数据结构属于树形结构,成为树形网络图。图 12-7 为印欧语系的语言树状网络图,我们可以看出,印欧语系语言流派都是发源自原始印欧语,经过各式各样的演变而成。比如法语,就是由原始印欧语演变成意大利语,再演变成拉丁裔法利斯堪语,进而演变成拉丁语,最后演变为法语。

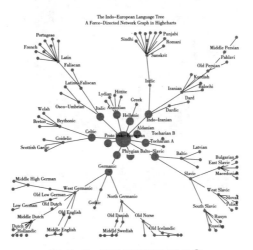

图 12-7　印欧语系演变结构②

① https://baike.so.com/doc/5597991-5810592.html

② https://www.highcharts.com/docs/chart-and-series-types/network-graph#!

12.1.5 注意事项

- 适用于对相互联系的复杂系统的直观理解,而不适用于对细节数据进行分析;
- 在绘制过程中也应注意不同"阵营"角色之间的位置关系。
- 如果要求可视化作品能够反映精确的数字,我们可以采用交互式进行展示;
- 在节点和边不是特别多,且节点不是特别小的情况下,可以将连线粗细和节点大小代表的定量数据的大小在图中标示出来;
- 对点的分布进行处理。
- 当数据中的各个对象没有相关关系或者明确的次序关系的话,建议使用其他图进行展示。
- 使用网络图很难表示起点和终点联系权值不同的有向图,可以采用桑基图或和弦图。
- 不同的节点位置会有不同的效果,尽可能将关键路线布置在中心位置。
- 在网络图中,除网络起点、终点外,其他各节点的前后都有箭线连接,即图中不能有缺口,使自网络起点起经由任何箭线都可以达到网络终点。否则,将使某些作业失去与其紧后(或紧前)作业应有的联系。[①]

12.1.6 网络图的变体

1)将径向布局节点链接图与径向布局的热力图相结合

节点径向排列,而每一个节点有热力图来代表数量维度的信息,这样不仅可以反映节点之间的联系,还可以体现数量,增加了信息存储量。

图12-8被用于神经学中脑白质萎缩评估的可视化[②],在代表皮质包裹的最外侧圆内,创建了5张圆形热力图,以编码与相应包裹相关的5个结构措施。连接图节点之间的棕色链接表明WM纤维位于受病理影响的区域和未受病变的区域之间。类似地,灰色链接表明两个区域之间

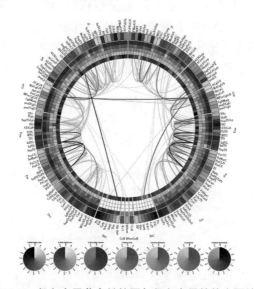

图12-8 径向布局节点链接图与径向布局的热力图结合

---

① 网络图_百度百科(baidu.com)

② 前沿|创伤性脑损伤中白质萎缩评估的患者定制连接学可视化|神经学(frontiersin.org) Irimia Andrei et al. Patient-tailored connectomics visualization for the assessment of white matter atrophy in traumatic brain injury.[J]. Frontiers in neurology, 2012, 3:10.

的 WM 纤维都受到了影响。连接图下面显示了圆形的彩色映射,用于链接(前两个映射,从白色到棕色和从白色到黑色)和连接图最内层五个环上编码的度量。

2) 与地图结合

将网络图用地图形式表达的方法,称为 GMap,如图 12-9 所示。简单地说,GMap 是一种用平面代表集合,平面划分代表数据聚类的"地图"可视化策略,地图上的国家、国家之间的关系作为可视化隐喻表达了数据的分类和类别之间的相邻度关系。

最常见的与地图结合的方式还是关联地图,就是在地图上直接用一个网络图表示不同地方之间的关系,如图 12-10 所示。节点表示不同的地理坐标,连线表示地理坐标之间的联系。

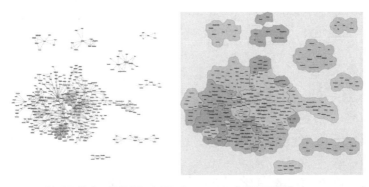

图 12-9　分别用节点-链接图(左图)和 GMap(右图)可视化 1994—2004 年间参加 Graph Drawing 会议的学者之间的合著关系①

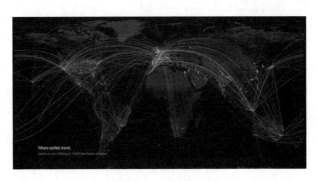

图 12-10　航空飞行轨迹

12.1.7　应用案例

(1)任何一项任务或工程都是由一些基本活动或工作组成的,它们之间有一定的先后顺序和逻辑。用带箭头的线段"→"来表示工作,用节点"○"来表示两项工作的分界点。按工作的先后顺序和逻辑关系画成的工作关系图就是一张网络图。每一个节点称为"事项",它表示一项工作的结束和另一项工作的开始,除了一个总开始事项和一个总结束事项。在节点中可标上数字,以便于注明哪项工作的结束和哪一项工作的开始。图 12-11 表示某一项工程由 10 项工作组成,共有 10 个节点,第①节点表示项目开始,第⑩节点表示结束。

---

① GMap：Drawing Graphs as Maps(yifanhu. net)

（2）早期的社交网络数据量小，用简单的点和连线已经足够表达其中的社交关系。人们认为尽可能少的连线交叉能增强可视化的可读性，从而更好地展现网络结构，这也成为绘制社交网络图的一条重要准则。

如何布局这些点的位置是网络布局的核心问题。为了突出核心的社会关系地位，通常的做法是将对应的点尺寸变大并置于中心位置，如图12-12 左所示。另一种做法是采用标靶式布局展现不同级别的社会关系，如图12-12 右所示。越靠近中心的点越容易被选中，地位也越核心。因为点处于不同的圆中，连接这些点的线段便会相对较短，从而减少线段之间的交叉。

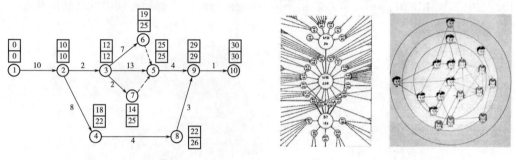

图 12-11　工程图示例　　　　　　图 12-12　早期社交网络图①

除了实际生活中的社交网络，文学作品中的人物关系也是一种社交网络。图 12-13 展示了莎士比亚悲剧角色的社交网络。②

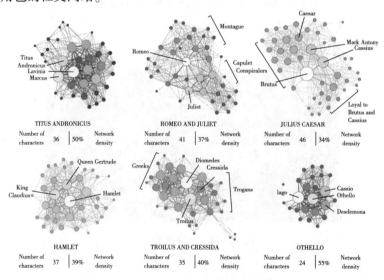

图 12-13　莎士比亚悲剧的角色网络

（3）图 12-14 是一幅基因共表达网络分析图。基因共表达网络分析（Gene Co-expression Network Analysis）是基于基因间表达数据的相似性而构建的网络图，图中的循环节点代表基因，具有相似表达谱的基因被连接起来形成网络。

---

① https://graph. baidu. com/api/proxy? mroute = redirect&sec = 1626369429249&seckey = 735622287b&u = http%3A%2F%2Fwww. cmu. edu%2Fjoss%2Fcontent%2Farticles%2Fvolume1%2Ffreeman. html

② Martin Grandjean, Digital humanities, Data visualization, Network analysis. Network visualization：mapping Shakespeare's tragedies

在图中一些标记代表的信息：圆圈代表基因，直线代表基因存在的调控关系。圆圈的大小代表 degree 值，即网络中某一基因与周围基因的关系数量，degree 越大，代表与它有相互作用关系的基因越多。[①]

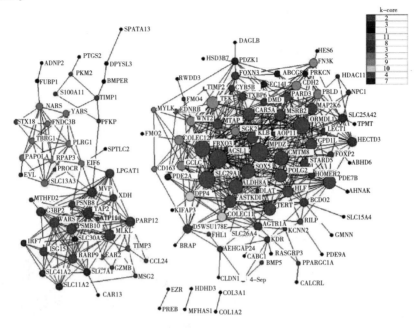

图 12-14　基因共表达网络分析图

12.1.8　网络图小结

小结如图 12-15 所示。

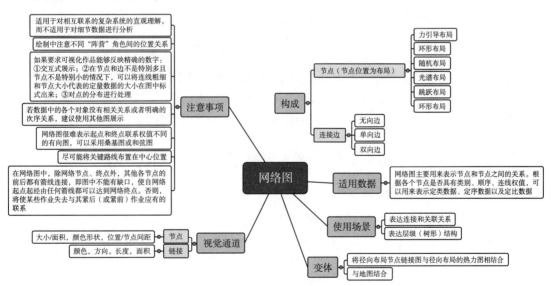

图 12-15　网络图小结

①　Genes related to the very early stage of ConA-induced fulminant hepatitis：a gene-chip-based study in a mouse model｜BMC Genomics｜Full Text（biomedcentral. com）Feng Chen et al. Genes related to the very early stage of ConA-induced fulminant hepatitis：a gene-chip-based study in a mouse model［J］. 2010, 11(1)：240.

12.2 弧形链接图

弧形链接图(arc diagram)，又称弧长链接图，顾名思义，是由弧形组成的。弧形链接图有很多个节点，按照直线排列布局，不同的节点之间用弧形进行连接。弧形链接图就是一种可以用来表示关联，展示多个节点之间关系的可视化图像，如图 12-16 所示。

12.2.1 基本信息

弧形链接图源自 11 世纪的音乐中，在中世纪的欧洲，人们尤其流行于描绘、分析音乐作品。弧形链接图则出现在有关音乐理论的中世纪文本中，旨在可视化音乐音调等，以便于理解音乐(见图 12-17)。当时，弧形链接图成为学者教育和研究的工具。

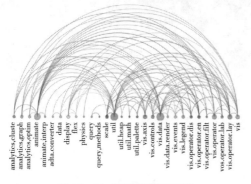

图 12-16　弧形链接图示例

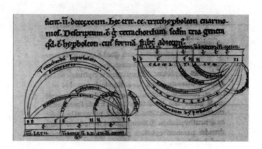

图 12-17　中世纪的音乐理论文本，VC blog 1

而较早系统地介绍弧形链接图的，是美国的一位可视化科学家和艺术家 Martin M. Wattenberg。他在文章中强调弧形图可用在生物基因领域，用连线的方式寻找同类型的数据，以展示数据结构。

弧形链接图是节点-链接法的一个变种，节点-链接法是指用节点表示对象，用线(或边)表示关系的节点-链接布局(node-link)的一种可视化布局表示。弧形链接图在此概念的基础上，采用一维布局方式，即节点沿某个线性轴或环状排列，用圆弧表达节点之间的链接关系。这种方法不能像二维布局那样表达图的全局结构，但在节点良好排序后可清晰地呈现环和桥的结构。所有的节点都在一条直线上。节点之间使用弧线来表示他们之间有关联，而关联的紧密程度可以通过弧线的粗细来表示。

弧形链接图常用于表达数据之间的关系，以及关系的重要性，在查找数据时可能很有用。

12.2.2 构成与视觉通道

弧形链接图由直线布局的节点和弧形边构成，如图 12-18 所示。弧形链接图运用了定类视觉通道：平面位置视觉通道(不同的节点)、色调视觉通道(节点的颜色)；定量视觉通道：面积视觉通道(节点的属性值大小)，长度视觉通道(呈现节点关联的紧密程度)；连接视觉通道(呈现各节点之间的关联)等。基本的弧形链接图使用节点数据和源节点与目标节点的连接数据进行可视化，连线的宽度不作为视

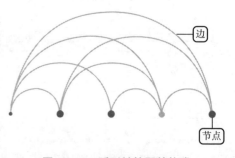

图 12-18　弧形链接图的构成

觉通道。但是弧形链接图中连线的宽度也可以作为视觉通道,表示节点之间关联的紧密程度。

12.2.3　适用数据

弧形链接图适合展示不少于 2 条的数据。如列表:一组节点数据(包含节点 id 字段)、一组链接数据(包含源节点字段和目标节点字段)。

12.2.4　使用场景

弧形链接图多用于表达数据之间的关系,以及关系的重要性。以杭州地铁站数据为例,首先用 excel 对杭州地铁 B 号线 1—24 号站点在 2019 年 1 月 1 日刷卡数据进行筛选,对每位用户进和出的两个站点进行统计,选取了当天两个站点之间进出的热度最高的前 24 条关系,并用弧形链接图进行可视化。

从图 12-19 中可以看出当天 B 号线人们进出地铁站热度最高的 24 条路线,观察出人们最经常出入的地铁路线。且通过节点的大小可以看出各个站点的热门程度。例如 15 号站点与其他站点存在的关联最多,这说明 15 号站点是热门站点,应该重点开发和维护。

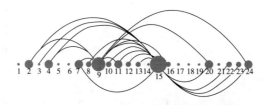

图 12-19　杭州地铁站点弧形链接图

12.2.5　注意事项

● 直接使用原始数据顺序作图可能导致混乱。为了使图像更加清晰,可以对节点和弧线进行处理。在连线较多时,节点的排序很重要,在节点良好排序后可清晰地呈现环和桥的结构。因为节点位置的排布与节点权重无关,所以尽量挑选最优的排布方式使得整体图表看起来比较整洁美观、易于进行数据分析。如图 12-20 所示,其中左图是随机排序的节点和 180 度圆弧,视觉上并不直观;中间的图是采用了重心启发式排序节点之后;右图则将弧的角度更改为 100 度后,可以更容易地消除弧的歧义。

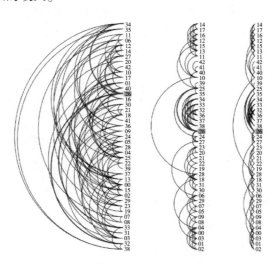

图 12-20　节点排序和弧的角度选取示例

● 此方法不能像二维布局那样表达图的全局结构。它们不像 2D 图表那样显示节点之间的结构和连接,并且过多的链接会使图表由于混乱而难以阅读。如果需要展示的节点数据过多或者过于复杂,不适合使用弧形链接图,可以考虑环形链接图。

● 弧形链接图主要用于展示数据之间的链接关系,所以数据不能少于 2 条,不然不具备链接关系,弧形链接图失去意义。

● 弧形链接图的连线可以使用权重控制线宽,粗细均匀。

● 弧形链接图的节点使用标准线性布局,节点权重决定节点大小但不影响位置。

12.2.6 弧形链接图的变体

1) 连线宽度作为视觉通道的弧形链接图(加权弧形链接图)

用不同宽度的链接表现人物关系的强弱。加权弧形链接图对每个链接赋予了不同的权重,便于使用者区分出不同节点间的关系强弱,如图 12-21 所示。

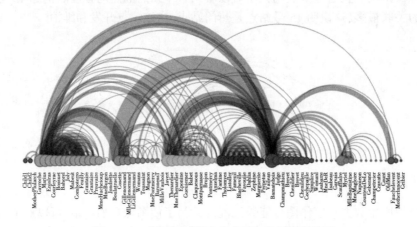

图 12-21 《悲惨世界》人物关系加权弧形链接图

2) 双重结构的弧形链接图

(1)单一结构。图 12-22 将 RNA 复杂的碱基对可视化为线性序列上的弧,并按值为碱基对着色。

(2)双重结构。在同一序列上绘制两个结构以便于比较 RNA 的结构与实验结果,如图 12-23 所示。

图 12-22 RNA 碱基对可视化(单一结构)

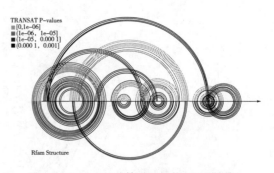

图 12-23 RNA 碱基对可视化(双重结构)

3) 极坐标弧形链接图

极坐标弧形链接图在弧形链接图的基础上,将节点分布在圆形边界上,这样的关联方式可以最小化不同关系联系之间的影响,更高效率地去展示关系的集中、分散程度,如图 12-24 所示。这也是我们下一小节将介绍的环形链接图。

12.2.7　应用案例

(1)音乐形式的可视化。分析曲谱中的重复部分,使用弧形突出显示音乐的重复部分(或任何序列),如图 12-25 所示。

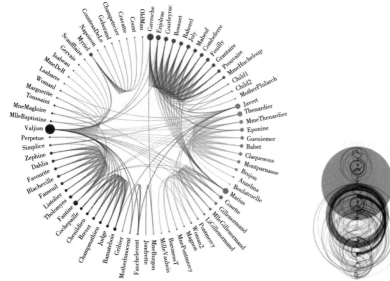

图 12-24　《悲惨世界》人物关系极坐标弧形链接图　　　　**图 12-25　木星交响曲,月光鸣奏曲——贝多芬**

(2)分析人物关系。可以对现实人物在某一领域的人物关系进行可视化,或者对文学和影视作品中的人物关系进行可视化。

图 12-26 是一位研究人员的合著关系网。Vincent Ranwez 是多个科学出版物的作者,和 100 多位作家均有过合作关系。在所有人中,如果两人之间有过合著关系,即会用弧线连接。

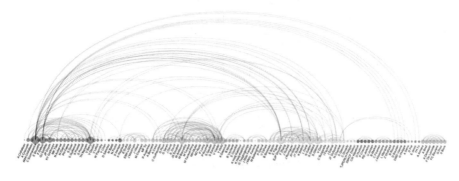

图 12-26　某研究人员的合著关系网

(3)在生物基因领域,用连线的方式寻找同类型的数据,以展示数据结构。RNA 上相关基对之间的关联关系。弧形链接图忽略了节点的具体含义,不同的颜色即是影响不同性状的基对联系,如图 12-27、图 12-28 所示。在图的右上方又给出了图例,方便看到不同性状的影响基对数量,可以比较控制性状间基对数部分与总体的关系。

在下方用同一种颜色表示了所有的基对关系,是总体相关基对数的一个表示。也可以在同一序列上绘制两个结构以便于比较 RNA 的结构与实验结果(如图 12-29 所示)。将节点用华夫图表示,加入了华夫图的属性,可以看出基对中变异的类别和数量。

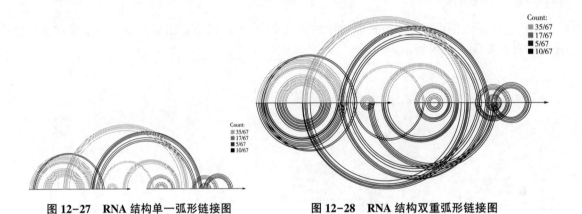

图 12-27　RNA 结构单一弧形链接图　　　图 12-28　RNA 结构双重弧形链接图

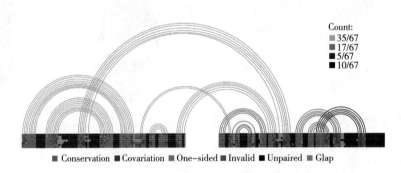

■ Conservation ■ Covariation ■ One-sided ■ Invalid ■ Unpaired ■ Glap

图 12-29　带华夫图的单一结构 RNA 弧形图

(4)体现某一领域上业务上的联系。图 12-30 是某航空公司中指定国家间的飞行航班次数关系的可视化。

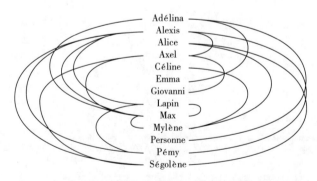

图 12-30　某航空公司中指定国家间的飞行航班次数关系

12.2.8　弧长链接图小结

小结如图 12-31 所示。

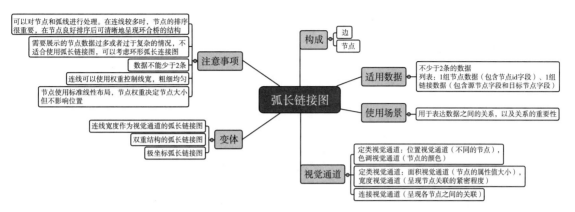

图 12-31　弧长链接图小结

12.3　环形链接图

环形链接图(Circular Diagram),又称环形弧长链接图,也就是上一小节介绍的极坐标弧形链接图。不同于弧形链接图以直线布局节点,环形链接图将节点布局在圆上,这样可以更好地展示节点之间的链接关系。

12.3.1　基本信息

环形链接图是弧形链接图的另一种形式,将各节点的坐标按圆环的形式排列。

与弧形链接图相同,环形链接图也是采用节点和链接法,用节点表示对象,节点的大小表示面积,用连线表示两节点间的关系。图 12-32 环形链接图的代码见资源包。

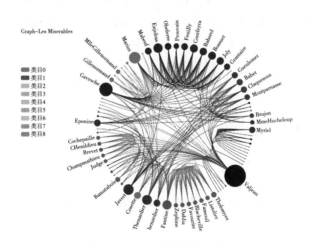

图 12-32　环形链接图示例

12.3.2　构成与视觉通道

环形链接图同样由节点和边组成,如图 12-33 所示。除了节点按照圆形布局外,边可以是直线也可以是弧线。在网络图的基础上,环形链接图还进一步运用了颜色视觉通道(不同的节点和链接的颜色不同)和面积视觉通道(节点的大小来代表权重)。

12.3.3　适用数据

环形链接图适合展示不低于 5 条的定类数据;数据包括一组节点数据和一组链接数据。

12.3.4　使用场景

环形链接图可以反映全国人口流动方向。例如,挑出全国一年平均人口流动较多的 12 个城市,来看看这些城市之间的人口流动存在哪些关系,如图 12-34 所示。

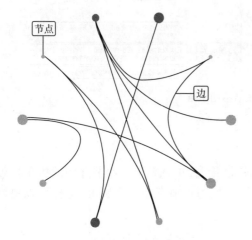
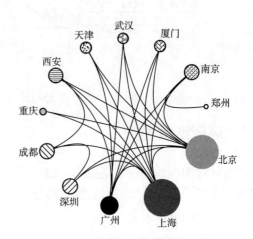

图 12-33　环形链接图的构成　　　　图 12-34　全国人口流量环形链接图

12.3.5　注意事项

●环形链接图的节点使用圆形布局,节点权重决定节点大小但不影响位置。
●环形链接图的连线可以使用权重控制线宽,粗细均匀。但当数据量过大时,由于线的数量过多,一般不采用线宽代表权重的方法。
●环形链接图的连线可以重叠绘制在节点上。
●要考虑节点排布的位置,尽量最小化连接边之间的交叉情况,不然会显得整个图表较为凌乱。

12.3.6　环形链接图的变体

1)径向布局的热力环形链接组合图

在环形链接图的基础上,使用热力图替代原来的节点,就形成了热力环形链接组合图,如图 12-35 所示。相比于普通的环形链接图,它能反映更多一层数据信息。

2)分层环形链接图

环形链接图主要表达数据间的关系,以及关系的重要性。在此基础上,分层环形链接图可以表示不同层次结构中的实体间的邻接关系(如图 12-36 左),将邻接边缘捆绑在一起,可以减少复杂网络中常见的杂波(如图 12-36 右)。

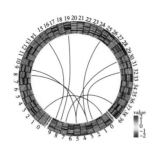

图 12-35　径向布局的热力环形链接组合图

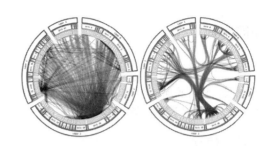

图 12-36　分层环形链接图

3) 和弦图

和弦图忽略了节点的具体意义,把节点按照不同属性划分成一个整体,将两个属性之间的所有链接关系合并在一个链接中,用连线的宽度表示连接的多少,方便看出不同节点集合之间的关系的强弱,如图 12-37 所示。我们将在下一节详细介绍和弦图的用法。

12.3.7　应用案例

本案例使用环形链接图展示杭州地铁人流量,如图 12-38 所示。通过 2019 年 1 月 1 号杭州地铁 1、2、3 号线的进出地铁站数据,整理出进出人流量最大的 11 个地铁站,并用环形链接图展示。

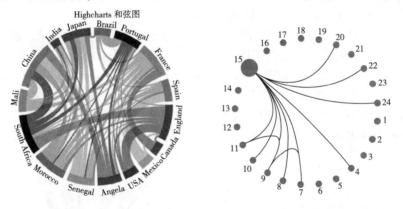

图 12-37　和弦图

图 12-38　杭州地铁人流量环形链接图

12.3.8　环形弧长链接图小结

小结如图 12-39 所示。

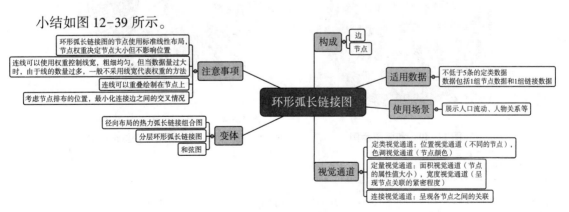

图 12-39　环形弧长链接图小结

12.4 和弦图

在环形链接图的基础上,和弦图忽略了节点的具体意义,把节点按照不同属性划分成一个整体,将两个属性之间的所有链接关系合并在一个链接中,用连线的宽度表示连接的多少,方便看出不同节点集合之间关系的强弱。

12.4.1 基本信息

和弦图是一种显示矩阵中数据间相互关系(多个对象间的关系)的可视化方法,节点围绕着圆周分布,点与点之间以弧线(带有权重)或贝塞尔曲线彼此连接以显示其中关系,然后给每个连接分配数值(通过每个圆弧的宽度比例表示)。此外,也可以用颜色将数据分成不同类别,有助于进行比较和区分。

和弦图可以用来表示单向以及双向的数据流向,圆周上任意两点的连线表示了两个对象间的关联关系,故和弦图非常适合用于分析复杂数据的关联关系。

此外,和弦图具有以下特点:①圆上两点的连线来表示两者的关系;②连接线的宽度可以表示两个数据之间的关系程度或者比例关系;③弧线与圆的接触面积上的宽度也可以用来表示关系程度和比例关系;④可以使用不同的颜色来区分不同的关系。

需要注意的是,当数据关系过于复杂时,可以使用交互式和弦图,从而清晰明确地得到我们想知道的信息。图 12-40 和弦图示例的代码见资源包。

和弦图的名字与几何学密切相关,但最开始使用和弦图的却是生物学家。面对纷繁复杂的基因组数据,生物学家创造了和弦图来展示基因组之间的关系。2017 年,一批生物学家在《自然》上发表了一篇名为"Scalable whole-genome single-cell library preparation without preamplification"[1]的文章,在文中,他们运用和弦图展示了 bulk-equivalent 基因组与 bulk 基因组的断点连接重组情况。图 12-41 中,灰色弧线代表了重叠连接的基因组合,橙色弧线代表了只在 bulk-equivalent 基因组产生连接概率大的组合,蓝色弧线代表了只在 bulk 基因组产生连接概率大的组合。

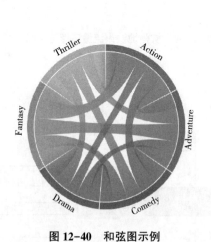

图 12-40　和弦图示例

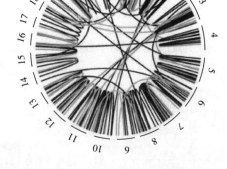

图 12-41　bulk-equivalent 基因组与 bulk 基因组的断点连接重组情况

---

① Zahn Hans et al. Scalable whole-genome single-cell library preparation without preamplification. [J]. Nature methods, 2017, 14(2): 167-173.

12.4.2 构成与视觉通道

和弦图由节点集合和有权边组成,如图 12-42 所示。连接线的宽度可以表示两个数据之间的关系程度或者比例关系,弧线与圆的接触面积上的宽度也可以用来表示关系程度和比例关系。和弦图主要运用了颜色视觉通道(用于对数据进行分类),平面位置视觉通道(用于展示不同对象之间的关系),长度视觉通道(用于展示两个对象间关系的紧密程度)等。

1)"入门级"和弦图

"入门级"和弦图仅用来展示数据之间的关系,如图 12-43 所示。此时,弧线与圆周的接触面积、颜色、弧的宽度没有数值意义,可以展示简单的关系(A–B)、具体位置信息(A–C)、方向关系(A–D)。

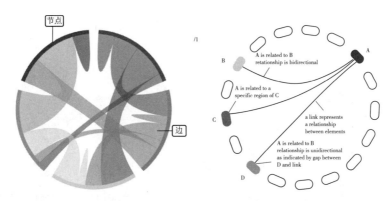

图 12-42 和弦图的构成   图 12-43 "入门级"和弦图

2)"普通级"和弦图

在"入门级和弦图的基础上,可以在弧线与圆周的接触面积上赋予一定的数值意义,此时的和弦图增加了表示两个数据之间的关系程度或者比例关系的作用,如图 12-44 所示。

3)"高手级"和弦图

将弧线根据相关数据进行着色,此时更加方面我们发现数据之间的关系。值得注意的是,在对弧线进行着色的时候,我们是根据源数据或者目标数据进行着色分类的。如图 12-45 所示,左图是以源数据进行分类着色,而右图是根据目标数据进行分类着色的。

以上展示的"入门""普通""高手"三个级别的和弦图也可以看作是环形图的分支。

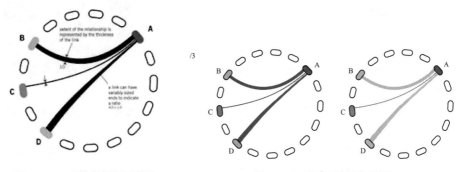

图 12-44 "普通级"和弦图   图 12-45 "高手级"和弦图

4）"殿堂级"和弦图

此时，和弦图的弧线使用源权重和目标权重一起控制线宽，可能导致弧线两端的粗细是不同的。如图 12-46 所示，左图展示了 A 与 B 之间单向数据关系，(A,B) 为 2，(B,A) 为 10，使用两条不同的曲线展示。而右图则将两组数据结合成一条弧线，如 B 点处弧线与圆周相连的部分展示了从 B 出发 (B,A) 的数值大小。

5）"神话级"和弦图

我们可以通过设计弧线与圆周是否接触，来更进一步地区分数据类别。即弧线与圆周相接触展示了一种性质的数据，弧线与圆周不接触则展示了另外一种性质的数据（如人口流动和弦图）。如图 12-47 所示，弧线与圆周相接触表示了某地的流出人口，而弧线与圆周不接触表示了流入人口。此时我们也可以使用矩阵来区分数据类型（图中的矩阵，行代表了流出人口，而列代表了流入人口）。

图 12-46 "殿堂级"和弦图

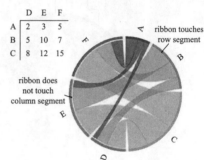

图 12-47 "神话级"和弦图

12.4.3 适用数据

和弦图适合展示多组数据之间的关联关系：节点（定类数据），弧线（定量数据）。

12.4.4 使用场景

和弦图主要用于展示各节点之间的连接关系。图 12-48 为 2019 年 1 月 1 日根据杭州地铁刷卡情况，将每个人的 id 进行匹配，获取其当日的进出站信息（路线）。将当日流量最大的几个站挑选出来，可以大致看到每两个站之间的路线流量的火爆程度。

12.4.5 注意事项

● 在读取和弦图的时候要注意，和弦图的节点所表示的数据属性（是同一维度还是多种维度）。和弦图能表示某一数据的总量与分量之间的关系。每一条边的起始长度代表了某一数据的每个不同分量的数值情况，而节点长度（节点大小）则代表了该数据的总量。

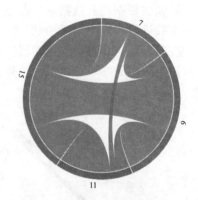

图 12-48 杭州地铁进出站和弦图

● 在绘制和弦图的时候我们可以将数据进行一定的排序，这样得到的图像会更加清晰。即圆上的分组顺序很重要，要尽量减少越过弦相互缠绕的次数。

● 当连接（关系）过多的时候，我们可以省略关联较小的连接，从而简化图像。

● 在和弦图中想要得到更加详细的数据信息,此时我们可以使用交互式图表来储存更多信息。

● 和弦图用来表示数据集内或者不同数据之间的关系的图表,所以用到的数据对象不少于2个。

12.4.6　和弦图的变体

1)极坐标弧形图

相比和弦图,极坐标弧形图的节点数据大小不再是圆弧的宽度比例,而是直接体现为节点大小,如图 12-49 所示。弧形图的连线重叠绘制在节点上,可以使用权重控制连线线宽粗细均匀,能够清晰地展示环和桥的结构。极坐标弧形图也是弧形图使用极坐标系进行绘制的变体,适用范围和弧形图一样。

2)环形布局的网络图

环形布局的网络图直接反映各节点对象间的关系,如图 12-50 所示。但大规模网络中,随着海量节点和边的数目不断增多,例如规模达到百万以上时,可视化界面中会出现节点和边大量聚集、重叠和覆盖问题,使得分析者难以辨识可视化效果。

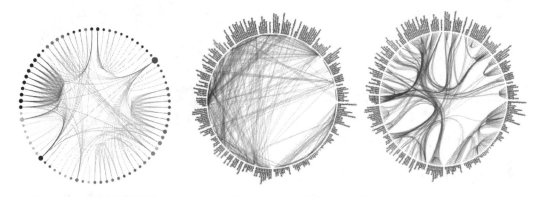

图 12-49　极坐标弧形图　　　　图 12-50　环形布局网络图(左)和边捆绑图(右)①

12.4.7　应用案例

(1)图 12-51 是一篇关于 Environment international 的文章中所用到的和弦图。该图主要描述了不同的土壤样本中不同的抗生素抗性基因类型的分布。从图中我们可以发现,在环的外层不是只能表示一种数据属性,该图左半圆表示样本丰富度信息,右半圆则表示不同抗性基因的信息。中间的连线则对应了不同样本丰富度与不同抗性基因之间的关系,连线越宽则表示该样本丰富度与该抗性基因联系越紧密。

(2)在旅游行业中,和弦图可以用来展示不同景区之间游客的关联程度。此时我们需要用到的数据是景点的名称以及两个景点之间游客数量(从某一景点到另一景点),如图 12-52 所示。

---

① https://www.darkhorseanalytics.com/blog/visualizations-twisted-path

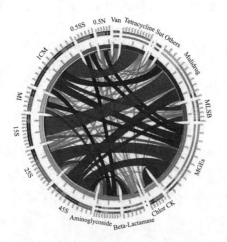

图 12-51　抗生素抗性基因类型分布和弦图

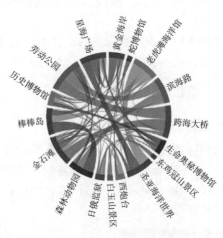

图 12-52　景点关联关系和弦图

（3）和弦图在展示不同国家间或不同地区之间的人口流动信息具有较强的辨识度。和弦图利用弧线是否与圆周相连来显示人口是流出还是流入，每个节点的大小展示了该国家（地区）在某段时间内流动人口总量，而弧线的宽度则代表了该国家（地区）流出人口与流入人口的相对关系。图12-53在数据段外围加入比例尺，即通过连接线与数据段接触点宽度，直观地看到该连接线数据量在该数据中所占比例。主要的人口流动很容易察觉，比如从南亚向西亚的移民，或者从非洲到欧洲的移民。此外，对于每个大洲来说，量化移民和移民的比例是很容易的。

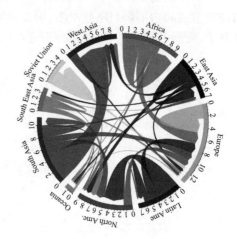

图 12-53　人口流动和弦图①

12.4.8　和弦图小结

小结如图 12-54 所示。

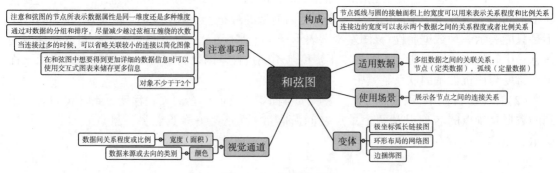

图 12-54　和弦图小结

①　https://www.data-to-viz.com/story/AdjacencyMatrix.html（数据来自 Guy J. Abel. Estimates of Global Bilateral Migration Flows by Gender between 1960 and 20151［J］. International Migration Review, 2018, 52(3): 809-852. ）

12.5　桑基图

　　1898 年,爱尔兰工程师马修·亨利·菲纳斯·里亚尔·桑基(Matthew Henry Phineas Riall Sankey)[①]在《土木工程师学会会议纪要》的一篇关于蒸汽机能源效率的文章中首次推出了一个用与数量成比例的箭头表示能量的能量流动图,如图 12-55 所示。此后便以其名字命名为“桑基图”(Sankey diagram)。

　　在此之前,法国工程师查尔斯·约瑟夫·米纳德(Charles Joseph Minard)[②]曾使用这种图表来可视化 1812 年拿破仑俄罗斯战役中拿破仑军队在欧洲的移动和数量变化情况。图 12-56 中显示了在 1812 年 6 月拿破仑带领 42 万人入侵俄罗斯,随着战争的不断深入,军队人数一路减少,到了战败撤退时,只剩下了 1 万人。

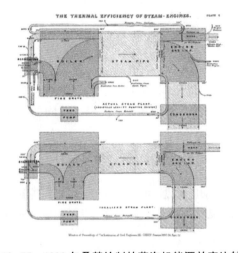

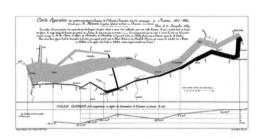

图 12-55　1898 年桑基绘制的蒸汽机能源效率比较图　　**图 12-56　1869 年米纳德绘制的拿破仑征俄图**

　　20 世纪,奥地利机械工程师阿洛伊斯·里德勒(Alois Riedler)开始使用这些流程图来分析乘用车的功率和能源损失。在这一过程中,桑基图越来越受欢迎,特别是在德国,由于第一次世界大战后支付的赔偿金,德国的经济侧重于物质和能源效率。如今,这种图表在全球范围内用于数据可视化,例如在材料流分析和能源管理系统中。[③]

12.5.1　基本信息

　　桑基图,即桑基能量分流图,也叫桑基能量平衡图。它是一种特定类型的流程图,图中延伸的分支的宽度对应数据流量的大小,通常应用于能源、材料成分、金融等数据的可视化分析。

　　桑基图自被命名的那一刻起,就注定和能量分不开。桑基图通常用于可视化能源或成本转移,帮助我们确定各部分流量在总体中的大概占比情况,无论数据怎么流动,桑基图的总数值保持不变,坚持数据的“能量守恒”。遵守能量守恒的桑基图是一种特定类型的流程图。不同于一般的流程图,桑基图在描述一组数据到另一组数据的流向的同时,还能展示到底“流”了多少。在数据流动的可视化过程中,桑基图紧紧遵循能量守恒,数据从开始到结束,总量都保持不

　　①　桑基简介:马修·亨利·菲纳斯·里亚尔·桑基。|军事维基|影迷(wikia.org)
　　②　米纳德简介:"有史以来最好的图形"背后的被低估的人(nationalgeographic.com)
　　③　What is a Sankey diagram？| iPoint-systems(ifu.com)

变。图 12-57 桑基图示例的代码见资源包。

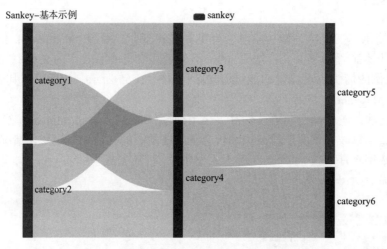

图 12-57　桑基图示例

桑基图最明显的特征有两点：第一,起始流量和结束流量相同,所有主支宽度的总和与所有分出去的分支宽度总和相等,保持能量的平衡;第二,在内部,不同的线条代表了不同的流量分流情况,边的宽度与流量成比例地显示,边越宽,数值越大。

12.5.2　构成与视觉通道

桑基图主要由边、流量和节点组成,其中边代表了流动的数据,流量代表了流动数据的具体数值,节点代表了不同分类。边的宽度与流量成比例地显示,边越宽,数值越大。见图 12-58。

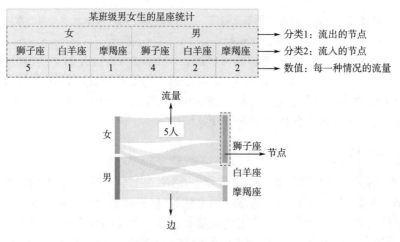

图 12-58　桑基图的构成①

在使用桑基图的过程中,我们一定要谨记,桑基图要保持能量的守恒。无论数据怎样流动,数据的总量从开始到结束都不能有任何的变化,不能在中间过程创造出数据,流失损耗,损耗的数据应该流向表示损耗的节点。

---

① 素材来源:图之典(tuzhidian.com)

桑基图呈现不同的节点和分支采用颜色和平面位置视觉通道,属于定性视觉通道;呈现分支占有的流量多少采用长度视觉通道,属于定量视觉通道;呈现各节点之间的关联采用连接视觉通道。

12.5.3　适用数据

为展现"能量的走向",桑基图的各个节点应当用以区分不同的类别(定类数据),并且不同层级的节点应当具有层级关系。边的宽度表示流量的大小(定比数据)。桑基图适用的数据量需要在 10 条以上。

12.5.4　使用场景

桑基图主要用于表示层级分布情况。表 12-1 是北美洲疫情的分布情况,展示了北美洲各个国家的累计确诊人数,累计确诊人数中现存确诊人数、治愈人数和死亡人数。

表 12-1　北美洲疫情分布情况

城市或城镇	确诊人数	死亡人数	治愈人数	现存确诊人数
美国	1011600	58343	115398	837859
加拿大	50026	2859	19050	28117
墨西哥	16752	1569	2627	12556
其他	17779	2334	455	14900

图 12-59 依照北美洲疫情的分布情况绘制的桑基图,展示了北美洲各个国家的累计确诊人数,累计确诊人数中现存确诊人数、治愈人数和死亡人数。可以在一张图中,展示北美洲各个国家累计确诊人数的比例,不同国家之间治愈人数、死亡人数的比较。[16]①

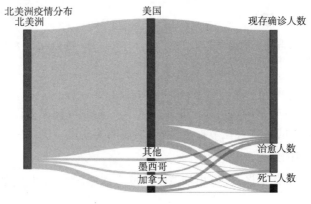

图 12-59　北美洲疫情桑基图

12.5.5　注意事项

● 起始流量和结束流量相同,所有主支宽度的总和与所有分出去的分支宽度总和相等,保持能量的平衡,不能在中间过程创造出流量,流失的流量应流向表示损耗的节点。

---

① 数据来源:handbook 备选数据 1/疫情数据.csv

- 节点的位置可能会造成连接边的交叉,考虑节点排布的位置,尽量最小化连接边之间的交叉情况,不然会显得整个图表较为凌乱。
- 连接过多时,建议不显示过多下级分支。
- 边的透明设计减少了难以辨别数据流向的障碍,将会更好地展示数据流动。
- 不仅是流向的数据,只要具有层级的分类数据,都可以用桑基图来展现。

12.5.6　桑基图的变体

1)桑基图与地图的结合

图 12-60 展示了世界各地贸易往来。在节点具有地理位置时,将桑基图与地图结合起来能更加直观地观察到事物的实际流动数量和方向,例如旅行的人数、正在交易的货物数量、流动的资金等等。

2)象形桑基图

图 12-61 是 2017"信息之美"奖的时政类金奖作品《在他们的路上:外国战斗士之旅》。其中,桑基图的形状不同于原始的平行轴进行绘制。在理解暴力宗教激进化这一复杂现象的背景下,这张图描画了 ISIS 战斗人员出征以及返回的旅程,致敬了拿破仑征俄图。主干使用黑色,代表出征,支干使用黄色,代表归来。菱形代表出征国家,该国穆斯林人口越多,面积越大,战士人数占穆斯林人数越大,颜色越深。通过这张图,读者可以清楚地追踪 ISIS 的全部行动。①

图 12-60　桑基图与地图的结合②

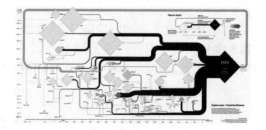

图 12-61　象形桑基图

3)纵向桑基图

桑基图既可以左右流向布局也可以上下流向布局。绘制纵向桑基图时,可将节点的矩形放大,便于将文字或者数字信息放置在节点上,增加图表的美观度。图 12-62 的代码见资源包。

4)桑基图与条形图的结合

在桑基图的边上加入条形图,能够更加清晰地反应流量的大小对比,如图 12-63 所示。

5)径向桑基图

2009 年克里斯·罗斯(Chris Roth)在 Visio Guy 网站发帖提出了径向桑基图以期更好地说明循环或反馈的过程,并提供了如图 12-64 中的两类原型图,帖子的评论者立即提出了一些场景,如旋转或辐射过程、递归工业过程、再投资、循环周期等。

① On Their Way: the Journey of Foreign Fighters — Information is Beautiful Awards
② 素材来源:数据可视化指南(V):地图篇(sohu.com)

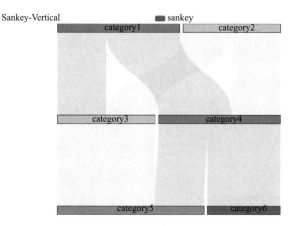

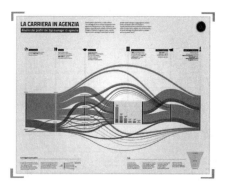

图 12-62　纵向桑基图

图 12-63　桑基图与条形图的结合

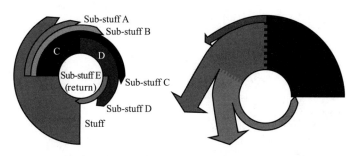

图 12-64　"一切径向"环形桑基图(左)和"切线飞离"环形桑基图(右)

但这类图形中,与希望读者关注的箭头厚度相比,箭头的长度或面积可能更能被人眼感知,因此绘制时需要注意对长度进行规范,以免出现视觉误导。

12.5.7　应用案例

桑基图以能量流动的形式,能一眼看出能量流动的情况。图 12-65 为 2009 年美国能源产出的分布以及能源的用途和损耗图。从图中可以明显看出主要的能源浪费发生于发电和交通。

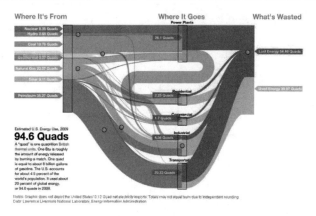

图 12-65　美国能源产出及消耗

12.5.8 桑基图小结

小结如图 12-66 所示。

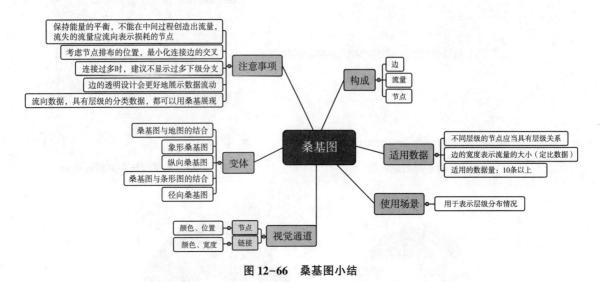

图 12-66　桑基图小结

12.6　网络关系图总结

本章主要介绍了 5 种常用的网络关系类图像的使用方法。表 12-2 对本章介绍的网络关系类可视化图像进行了总结和对比。除此之外,我们可以利用图 12-66 对此类图像进行归纳,从图 12-67 和图 12-68 中总结各类图像的优缺点、使用场景和布局方式。

表 12-2　网络关系类可视化图像总结

	弧形图(环形图)	和弦图	桑基图	网络图
节点布局	线性(圆形)布局	权重线性布局	权重布局	没有要求
节点权重	决定节点大小,不影响位置	决定节点大小,同时决定位置	节点不表示权重	
连线	使用权重控制线宽,但是粗细均匀	使用源权重和目标权重控制线宽,从而粗细不一定均匀	保持能量守恒,每条边的宽度是保持不变的	不表示权重,仅表示从在关系
连线是否重叠	连线重叠绘制在节点上	连线在节点处平铺不重叠,从而节点宽度为连线宽度之和	连线重叠绘制在节点上	
层级关系	不分层级,表示节点间的相互关联		按照层级给节点分类,描述多级关系	不分层级,表示节点间的相互关联

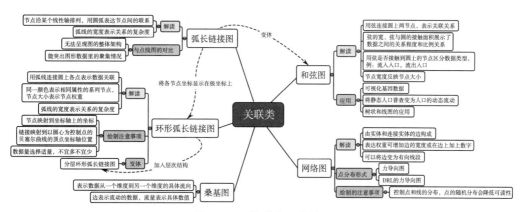

图 12-67 关联类图表关系

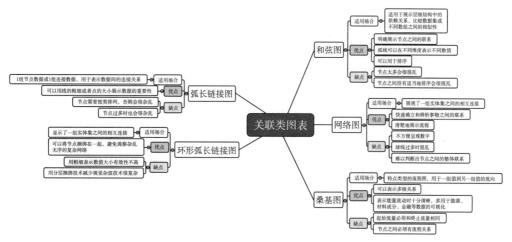

图 12-68 关联类图表的优劣势及使用场合

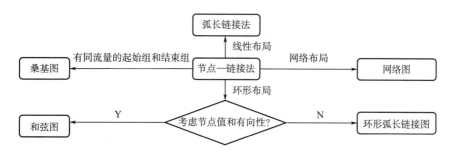

图 12-69 关联类图表的布局

[小测验]

1. 网络图中链接可以传达的信息有( )(多选)。

A. 关系方向   B. 关系强弱   C. 关系类别   D. 以上都不对

2. 绘制弧形链接图至少需要( )条数据。

A. 1   B. 2   C. 3   D. 4

3. 环形链接图和和弦图的主要差异在于(   )。
A. 节点大小　　　　　　　　　B. 链接的有向与无向
C. 节点的布局　　　　　　　　D. 线条的颜色

4. 在和弦图中,连接线的宽度表示(   )。
A. 节点数据大小
B. 两个数据之间的关系程度或者比例关系
C. 节点个数
D. 节点类别

5. 以下不属于桑基图的组成部分的是(   )。
A. 节点　　　　　B. 流量　　　　　C. 边　　　　　D. 弧线

6. 下面哪些可以抽象为网络关系图? (   )
A. 一周中成都的天气
B. 从小学、初中到高中的人物关系变化
C. 一年中某个路口的交通事故数量变化
D. 某上市公司的历年收益情况

本章插图

 13　使用数据可视化讲述故事

数据可视化通常可以帮助我们揭示数据背后的复杂故事。近些年,学者们越来越多地将可视化整合到他们的叙事中,这样可以更好地帮助我们理解他们的故事。在业界,要想紧扣数据和故事之间的关联,并利用它们既感性又理性地吸引受众从而改变他们的观念往往是非常困难的。就像著名英国作家鲁德亚德·吉卜林(Rudyard Kipling)说过的:"如果历史以故事的形式讲述,那么它将永远不会被遗忘"。类似的思想也适用于数据。因此,我们应该明白,如果数据能被更好地展示,那它便能被更好地理解和接受。

现在进行数据可视化的成本很低,不管是 Word 还是 Excel,甚至 PowerPoint 都可以直接把一个表格数据转成我们想要的图像:饼图、折线图、条形图、面积图,甚至更为炫酷的 3D 图,等等。我们在进行数据可视化时常常会以自我为中心,选择自己喜欢和熟悉的方式。但数据可视化的成功并不始于数据可视化,而是在着手数据可视化之前,应花更多时间和精力来好好理解这些数据"讲给谁"、"讲什么"以及"如何讲"。

首先我们需要搞清楚谁是你的受众。尝试与太多需求不同的人一次性沟通完成,远没有与明确细分好的一部分受众沟通的效率高。你对受众了解得越多,就越能准确理解如何与之产生共鸣,如何在沟通中满足双方的需求。我们可以给小孩和成人讲述同一个故事,但是却应该采用截然不同的方式。例如,对于一个行政人员,统计数字可能是关键;而对于商业智能管理者,方法和技术可能才是重点。

其次,我们讲的这个故事到底要受众听懂什么?对于这点,讲故事的人一定要心中有数,我们自己才是解读数据并帮助人们理解和做出反应的人。否则面对一堆花里胡哨的图表以及听过一页页干巴巴的照本宣科之后,受众们可能根本没有理解我们的意图和看明白数据的意义。

只有在明确了受众是谁以及希望他们了解什么之后,我们才能做出决定:究竟用什么样的数据展示方式来表达我们的观点。

利用数据可视化讲述故事的方法主要分为主动式叙事和互动式叙事两种。对于主动式叙事,数据、可视化图像以及故事主要由作者来选择并讲述给大众读者。而互动式叙事,则是提供工具和方法给读者,让他们自主展示数据,这让读者有更多的自由度来选择、分析和理解数据背后的故事。但有时候,对于互动式叙事,我们也需要利用互动图像来讲述自己的故事,而不是让受众自我发挥。

13.1　主动式叙事

对于主动式叙事,掌控权完全在我们自己手中。由于缺乏互动的机会,我们更需要在讲故事之前做好充分的准备。

首先,我们需要确保了解数据,这是讲好故事至关重要的第一步。我们需要了解的包括:为什么要收集这些数据?这些数据有什么样的价值?讲故事的受众是谁?如何能让数据的作用最大化?只有深入理解这些问题,才能为创造出既有意义又人性化的数据可视化打下重要的基础。

其次,我们需要明确想讲的故事。好的数据可视化不仅仅是一张美丽的图片,它还能讲述一个任何人都能明白的故事。因此,至关重要的是,我们首先需要明确想讲的故事,然后将数据作为一种润色故事的方式。

最后,我们需要确保使用数据可视化是用于引导而非支配受众。受众在理解与学习并形成自我体验的过程中,数据应该扮演着幕后潜移默化的角色。值得探索的是,如何在数据可视化中融入自己的见解,使受众灵活地解读数据,对受众来说极具意义。毕竟,愉悦的体验才能使受众记住并相信故事。

在讲述故事时,我们需要把握两个原则:简单,准确。首先,利用数据可视化讲故事是用来传递我们的观点,而非让受众接收不需要的过载信息。作为故事讲述者,我们的角色就是专注简单,将复杂或者零散的数据信息变得切实可行、易于理解、极具意义和人性化。其次,利用数据传达观点的根本目的是希望让我们所传递的故事是真实有依据的。因此,对数据可视化的解读必须准确无误。牵强地利用数据表达它原本不能支撑的观点往往会适得其反。接下来我们就来分享一些精彩的数据可视化叙事的例子。

第一个例子:美国同性婚姻合法化

同性婚姻一直是美国热议的话题之一。1924 年 12 月 10日,德国移民 Henry Gerber 在芝加哥成立了美国第一个公认的同性恋权益组织。伊利诺伊州特许发行了美国第一本同性恋出版物——《友谊和自由》。在此后的 90 年,同性婚姻一直徘徊在非法与合法的边缘。2000 年 7 月 1 日,佛蒙特州成为同性恋伴侣民事结合合法化的第一个州。2015 年 6 月 26 日,美国的最高法院裁定同性婚姻在全美合法,同性恋合法化在美国终于尘埃落定。同年,《纽约时报》在报道中展示了美国同性婚姻立法的变化情况。从图 13-1 中我们可以清楚地看到,1992—2015年不同州对于同性婚姻的法律态度,展示了同性婚姻合法化的发展历程①。

图 13-1　美国同性恋合法化示意图

第二个例子:在叙利亚,谁和谁在战斗?

自 2011 年 3 月叙利亚危机爆发后,在某些大国的干预下,叙利亚局势从示威游行到武装冲突,从"叙利亚自由军"出现到"伊斯兰国"异军突起,最终形成叙政府军、反对派武装、极端组织武装等多方混战、抢占山头的局面。

如图 13-2 所示,这是截至 2018 年 3 月 22 日的叙利亚内战形势图。图中右下色块的说明文字,自上而下分别为:俄罗斯—伊朗—阿萨德政权控制区、黎巴嫩真主党控制区、反对派/基地组织侵入区、"伊斯兰国"控制区、叙利亚库尔德人控制区、土耳其/反对派控制区。该图未描述基地组织对叙利亚西部的控制。

许多不同的组织之间的关系可能令人很难理解,尤其是当有 11 个这样的组织在叙利亚内战中同时存在的时候。这些组织之间有的结盟,有的敌对,这让人难以理清头绪。但是,Slate网站通过表格的形式和熟悉的视觉表达,将这些数据以一种简单的、易于理解的形式进行简化。图 13-3 中不同的表情表示了各个组织之间的关系,清楚地反映了叙利亚内战中各个不同组织和派别的立场。借助这样的图表,受众对于这场战争中的各方能有更直观的认识和理解。

---

① http://www.nytimes.com/interactive/2015/03/04/us/gay-marriage-state-by-state.html.

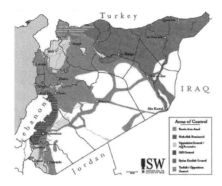
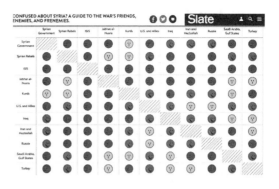

图 13-2   叙利亚内战形势图　　　　图 13-3   叙利亚内战中各个不同组织和派别的立场

第三个例子：2016 年温布尔登网球锦标赛的赢家和输家

一项体育赛事的结果往往不只是谁得冠军这么简单。尤其是像温布尔登网球公开赛这样的大型网球赛事，参与选手众多，场次复杂。我们很难对赛事的各场比赛结果一目了然。2016年温布尔登网球锦标赛组织方利用图 13-4 即时地展现了赛事各场竞争对手以及比赛结果。从图形中，我们可以很容易看到种子选手与非种子选手的参赛进程以及各场比赛的最终结果。①

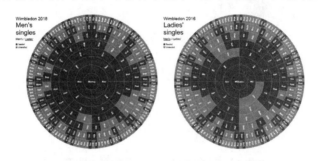

图 13-4   2016 年温布尔登网球锦标赛示意图

第四个例子：今年发生了哪些新闻？

在自媒体高度发达的今天，新闻的产生以及传播不再依赖于传统的媒体。每年，有数以亿计的自媒体新闻在网络中传播。那么，一年中有哪些新闻是人们最为关注的呢？民调和数据分析公司 Echelon Insights 将 2014 年 Twitter 上的 1.84 亿条推文进行了可视化，如图 13-5 所示，从中我们可以很容易看出一年中有哪些新闻是我们关注的焦点。

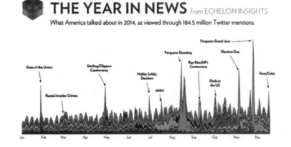

图 13-5   2014 年 Twitter 上的推文可视化

---

①　http://charts. animateddata. co. uk/wimbledon/2016/matchtree/mens/.

13.2　互动式叙事

相较于主动式叙事手段,互动式叙事方式更加灵活和简洁。受众可自由决定如何看待数据,作者仅仅提供相应的工具和手段,或引导受众使用互动式工具。因此,互动式叙事通常具有极强的交互性。

最为典型的互动并利用数据分析叙事的例子是 Gapminder World(http://gapminder.org/world),其界面如图 13-6 所示。它囊括了包括经济、环境、健康、科技等在内的超过 600 个指标的相应数据,提供交互可视化工具来帮助受众更好地了解这个世界,并发现这些数据背后的结构、趋势和相关性。它由著名的瑞典统计学家汉斯·罗斯林(Hans Rosling)创立并使用 Trendalyzer 软件进行实现。2007 年 3 月,它被谷歌收购。

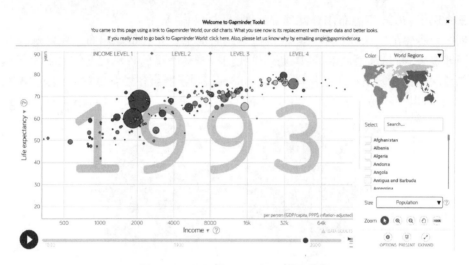

图 13-6　Gapminder World 界面截图

Gapminder 使用的信息可视化工具是一个交互式的气泡图,默认包含 5 个维度:x 轴、y 轴、气泡大小、颜色和时间(年)。这些维度的含义可由读者自行设定。然而,即使使用这样的可视化工具来创造一个故事,仍然不是一件容易的事。

那么,我们如何使用这种互动式工具来讲述故事呢? 下面为大家总结一些常用的思路。

(1) **抓住时间变化趋势**。很多互动可视化工具都会展现数据随时间变化的规律,这往往是受众非常关注的。Gapminder 的时间轴以动态的形式展现。点击播放按钮,变量之间的规律将从 1800 年变化到 2018 年。这样我们就可以很好地利用气泡变动的方向和速度来解释很有意义的规律。

(2) **从整体到局部的聚焦**。我们可以首先关注整体数据的规律,例如,我们关注全球的经济变化与人口寿命变化规律;然后具体到某个区域,比如亚洲;最后聚焦到中国。这样我们就可以分析局部与总体之间的联系与区别,并进一步分析其原因。大部分互动式可视化工具都可以对局部进行标注。

(3) **由点到面的分析**。与上述的分析方式不同,我们也可以逆推,由小视角扩展到大视角。我们可以首先拿一个大家熟悉的国家入手分析,这让受众更容易理解。然后将之扩展到更大的范围,解释其普适的规律。这样的叙事方式也是一种常用的思路。

(4) **突出对比**。突出对比是一种利用极端的例子来解释差异性的方式。例如,我们可以单独拿出如中国这样的人口大国和如斐济这样的人口小国来进行对比。这样极端的差异性往往能让受众一目了然。

（5）**探究交叉点**。当我们分析两种不同类别的规律时，交叉点往往是非常重要的位置，值得我们深入分析。交叉点代表两个类别的值达到一致的点，往往交叉点前后两个类别之间的关系会发生变化。例如，中国在2010年GDP超过日本成为世界第二大经济体，因此2010年便是中国与日本经济增长的交叉点，值得我们关注。

（6）**描绘出异常值**。异常值对于数据可视化展示非常重要。异常值指与主体结构完全不同的样本。我们可以将它单独找出并分析其原因。例如与大部分国家预期寿命随时间稳步上升不同，卢旺达在20世纪90年代出现预期寿命大幅下降的情况。通过分析，我们发现这与卢旺达1994年种族大屠杀有很大关系。

（7）**剖析原因**。大部分情况下，数据可视化仅仅能反映出数据之间的相关性和结构性，但无法解释因果关系。因此，在叙事过程中，剖析现象背后的原因是我们的核心工作之一。透过现象看本质，这是我们讲述可视化故事的灵魂所在。

现在有很多JavaScript框架可以生成交互式可视化，最为流行的是D3.js。当然，也有一些使用Python来生成交互式可视化的方法。其中一种方法是在JSON格式下生成数据，D3.js可以使用它作图。另外一个选择是使用Plotly（http：//www.plot.ly）。我们将在附录中介绍一些Plotly的细节。

下面，我们再向大家推荐一些炫酷的交互式可视化网站①。

（1）**The Lasting Mark of Miles Davis**：根据维基百科里提到"黑暗王子"迈尔斯·戴维斯的页面次数统计展示这个音乐家留给后人关于音乐方面的遗产，如图13-7所示。滚动右边的文字，左边固定的数据图也会根据内容随之变化颜色显示。②

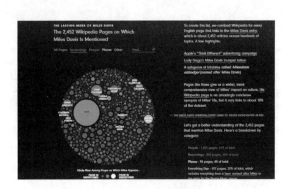

图13-7　"迈尔斯·戴维斯"信息图

（2）**网络的演变**：很棒的网络技术演变的可视化图表，用了很多交互的形式展示主流浏览器的演变技术发展；不同颜色的线条代表着不同的技术，不同的时间线段代表着不同浏览器的诞生、迭代、消亡，如图13-8所示。③

（3）**Histography**：是一个互动的时间表，绘制了从大爆炸到2015年的历史事件，数据收集来源是维基百科和网站本身的更新记录。每个点代表一个事件，也可以选择看特定的时间或者特定的事件，如图13-9所示。④

---

① https：//www.freebuf.com/company-information/141409.html

② http：//polygraph.cool/miles/

③ http：//www.evolutionoftheweb.com/?　hl=zh-cn

④ http：//histography.io/

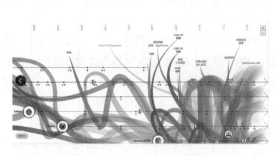
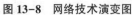

图 13-8　网络技术演变图

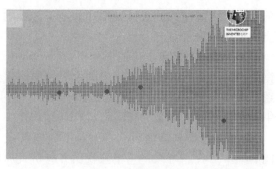

图 13-9　历史事件图

（4）**Larmkarte Berlin**：基于柏林白天和夜晚噪音分贝的数据统计，视觉上根据颜色的冷暖阶梯表示分贝数的高低变化，值得称赞的是当放大时能看到地图效果上的细节处理。光标悬停在想要看到的地方，会出现关于此处早晚的具体分贝数以及造成噪音的主要交通工具，如图 13-10 所示①。

（5）**The New Republican Center of Gravity**：特朗普可以看看哪些政治家支持他以及哪些反对他。光标悬停在某个政治家的头像上时，会有这个人的姓名以及他的态度，网页下方会有政治家的态度以及判断他态度的言语。这个可视化的有趣之处在于轨道中心的特朗普表情变化，当光标悬停在支持他的轨道上，他面带笑容；当光标在其他轨道上，他又会是另一个表情，如图 13-11 所示②。

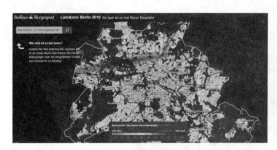

图 13-10　柏林噪音分贝图

图 13-11　美国政治家态度信息图

（6）**The Ventusky**：这是直观设计的一个很好的案例，它会即时显示世界各地天气的总体趋势以及风向的流动趋势。左侧是一些关于气候的不同维度。例如选择温度，右下角的不同颜色则代表温度从高到低的度数，地图会根据位置的温度来决定显示什么颜色，呈现出色彩丰富、犹如油画的可视化效果，如图 13-12 所示③。

（7）**Airbnb Activities Aroundthe World**：Airbnb 制作的住宿交互地图，地图的视觉设计处理在所有常见地图中比较特别，能让用户在旅行前发现有趣的地方。用户可以在地图中选择要去的地方，查看房源信息以及当地游客的年数量，如图 13-13 所示④。

---

① http://interaktiv. morgenpost. de/laermkarte-berlin/

② https://www. theguardian. com/us-news/ng-interactive/2016/may/14/who-supports-donald-trump-the-new-republican-center-of-gravity

③ https://www. ventusky. com/? p=44;7;1&l=temperature

④ https://pt. airbnb. com/map? cdn_cn=1

图 13-12　世界各地天气总体趋势图

图 13-13　Airbnb 住宿地图

（8）**Who Old Are You**：这是一个与用户自己相关的数据可视化。用户通过输入自己的出生日期让数据库实时匹配相关图例。正中间的黑色线是你现在的年龄,线上黑色的原点是你,数据图缩到最小便是你的整个人生的历程,其他的原点是别人在你这个年龄时取得的成就,如图 13-14 所示。①

（9）**The Rhythm of Food**：谷歌通过搜索数据制作了多年来人们在不同季节对食物和配方的爱好上升和下降的趋势图,发现不同季节食物需求的变化、不同国家对食物喜爱的时间变化、一些节日让人们对食物欢迎度的变化等等。这个数据可视化可以让我们学习到对于数据的分析和呈现方式,如图 13-15 所示。②

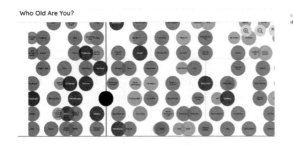

图 13-14　人生历程图

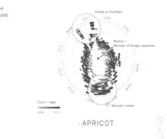

图 13-15　不同季节对食物需求的变化图

[小测验]

1. 使用数据可视化讲述故事,我们首先要搞清楚的是(　　)。

A. 使用什么可视化图像　　　　　B. 使用什么可视化工具

C. 谁是你的受众　　　　　　　　D. 选择叙事的方式

2. 可视化叙事方式主要分为(　　)。

A. 线上和线下　　　　　　　　　B. 一对多和一对一

C. 主动式和互动式　　　　　　　D. 报告式和讨论式

3. 以下案例属于互动式叙事的是(　　)。

A. 美国同性恋婚姻合法化　　　　B. 在叙利亚谁和谁在战斗

① http://www.informationisbeautiful.net/visualizations/who-old-are-you/

② 原网站:http://rhythm-of-food.net/

C. 温布尔登网球锦标赛的赢家和输家　D. Gapminder World

4. 常用的交互式叙事的思路有(　　　　)。(多选)
A. 抓住时间变化趋势　　　　　　B. 从整体到局部的聚焦
C. 由点到面的分析　　　　　　　D. 突出对比
E. 研究交叉点

5. 数据可视化无法直接展示的是(　　　　)。
A. 相关性　　　　　B. 异常值　　　　C. 时间趋势　　　　D. 因果关系

本章插图

14 基础数据可视化案例

本部分,我们通过 7 个可视化视角学习 40 种基础可视化图像的具体用法,以及如何使用可视化图像讲述故事。当大家熟悉这些方法之后,就可以开始着手解决一些数据分析和可视化工作中的实际问题了。以下我们将介绍 6 个实际问题中的案例,从问题本身出发,展示可视化的完整过程,为大家提供一些参考。这 6 个案例均以大家熟悉的社会经济现象作为背景,主要包括电影、动漫、足球、教育、枪击以及就业等。案例中使用的可视化方法基本涵盖了本部分介绍的可视化图像,案例以可视化分析报告和交互式网站等多种形式进行呈现。本章各案例分析的 Python 代码请参看相应资源包。

14.1 美国暴力枪击事件可视化分析

2020 年 5 月 25 日美国警察暴力执法致黑人乔治·弗洛伊德死亡,该事件引发了美国诸多抗议示威活动,也在世界范围里带来舆论的轰动和人们对该事件发生背后原因的深思。美国作为一个多元文化的代表性国家,生活着各种肤色和地区的人口,包括美国当地白人、非裔黑人、亚裔人、印第安人等。作为一个世界超级大国,其经济的发达和科技的发展似乎让人们忽视了美国社会存在的重要问题——种族歧视。美国黑人家庭和白人家庭之间的种族贫富差距,黑人面临的劳动力市场歧视,在住房、医疗、教育等方面遭遇的不公平对待,政府的不作为等,这一系列原因都加剧了美国的社会矛盾,致使美国警察种族主义暴力频发。尤其在新冠疫情下,穷人和少数族裔受疫情的影响更大,激化了固有矛盾。美国民众对政府应对疫情不力感到不满和愤怒,对政府失去信心,纷纷购买枪支以求自保,社会治安不断恶化。

本案例借助 Matplotlib、Seaborn 和 Pyecharts 这 3 个与绘图相关的库,利用 Python 编程对近几年的美国警察执法数据和枪击事件数据进行可视化分析,对美国的治安环境和暴力冲突进行剖析,进一步对事件发生的特征进行更深层次的挖掘。本案例希望借助可视化分析,引起更多人对暴力事件的重视和坚决抵制,为构造和谐安全的社会环境而努力。

本案例一共使用 4 个数据集,其中,数据 deaths_and_stats. csv、fatal_encounters_dot_org. csv、police_killings. csv 来源于鲸鱼社区,gun-violence-data_01-2013_03-2018. csv 来源于 Kaggle。

数据 1 反映美国各州死亡、发生暴力事件的汇总数据,共 99 条记录;

数据 2 是 2000—2020 年遭受致命伤害的调查数据,共 28 195 条记录;

数据 3 是 2013—2019 年被警察杀死的死者调查数据,共 7 663 条记录;

数据 4 是 2013—2018 年美国发生枪击事件数据,共 239 666 条记录;

本案例还使用了一条关于国际社会谴责美国警察暴力执法致黑人死亡的文本数据。

在进行可视化分析前,本案例对数据进行了预处理。

(1)2013—2018 年美国枪击事件数据中,由于原数据只有完整的日期字段,为了便于分组分析,新增加了年、月、日三个字段;同时通过对受伤人数和死亡人数的相加,增加了伤亡数这一字段;在分析使用枪的种类时,枪支种类通过 split( ) 和 replace( ) 函数从字符串中进行提取;

(2)警察杀死死者数据中,通过 dropna( ) 将死者中年龄为空值的记录删除;在对性别分析

时,为了方便分析,将属性值为变性人和未知的记录删除;对年龄分析时,同样将非数字型、未知的和空值记录删除;

(3)遭受致命伤害的数据中,将年份不确定的记录删除;通过 split( )在日期及描述这一字段值中提取得到月、日两个新的属性值。

本案例从美国暴力犯罪事件、美国枪击、美国受致命伤害以及美国被警察杀害这 4 个角度对美国枪击事件进行综合分析。

14.1.1　对暴力犯罪事件数据的分析

1)各州暴力犯罪事件总次数情况

图 14-1 中各州的颜色深浅代表了美国暴力犯罪事件总次数。不难发现,加利福尼亚州暴力犯罪事件最多,超过 1000 万次;其次德克萨斯州和纽约州暴力犯罪事件也较多,均超过 800 万次;与这三个州相比,其他州暴力犯罪事件相对较少。通过观察这三个州的地理位置,可以发现它们均位于美国沿海地区,外来移民较多,并且进出口贸易也较为发达,这在一定程度上会刺激犯罪事件的发生,导致治安相对较差。

2)主要州各城市暴力犯罪事件情况

我们将暴力犯罪事件最多的三个州进行进一步分析。在图 14-2 中,内层为暴力犯罪事件最多的前三个州,即加利福尼亚、德克萨斯州和纽约州。外层为内层各州所包含的各大城市,不同城市用颜色进行了区分。其中加州包含了 17 个城市,从中可以发现洛杉矶是暴力犯罪事件最多的城市,其原因可能与它本身是加州人口最多的城市有关;德州包含了 13 个城市,其中休斯敦是暴力犯罪事件最多的城市,它是德州第一大城市,也是墨西哥湾沿岸最大的经济中心,进出口贸易发达,因此较容易滋生犯罪;纽约州的纽约市作为美国经济最发达的城市,暴力枪击事件频发,因此成为了美国暴力犯罪事件最多的城市。

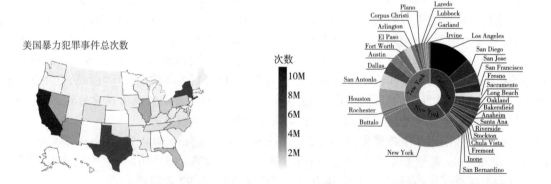

图 14-1　"美国暴力犯罪事件"地图　　　　图 14-2　"州、城市暴力犯罪次数"旭日图

3)暴力犯罪事件的变化情况

我们使用折线图展示暴力犯罪事件在 2013—2018 年的变化情况,如图 14-3 所示。通过观察发现每年的暴力犯罪事件数均在 40 万以上。2013—2014 年暴力犯罪数有小幅度下降,2014—2016 年暴力犯罪事件发生次数呈现大幅度上升,之后小幅度下降并趋于稳定。这可以说明 2014 年后,由于某些因素导致暴力犯罪事件频发,并使得暴力犯罪事件数维持在一个较高的态势。

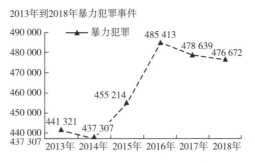

图 14-3 "暴力犯罪事件"折线图

4)美国各种族被警察杀死人数分布

图 14-4 展示了白人、黑人、西班牙裔、美洲印第安人、亚裔、夏威夷人等种族被警察杀死的比重状况。通过扇形的面积可以清楚地发现在被警察杀死的总数中,白人占比最多,为 40.9%。该结果是合理的,因为白人在美国总人口中占比最高;其次为西班牙裔人,占 28%,其人口数占外来移民的比重较大,犯罪率较高;再次为黑人,占 21.6%,虽然与白人占比相差较多,但是黑人作为美国人口中的少数,其被警察杀死占比也较大。该占比从一定程度上反映了美国社会对黑人的种族歧视。美洲印第安人、亚裔、夏威夷人本身人口占比就小,所以被警察杀死人数占比也较小。

5)2013—2018 年警察逮捕总人数情况

图 14-5 通过颜色对不同年份进行了区分,通过每部分面积的大小对各年份的警察逮捕总人数进行了比较。通过观察可以发现,警察逮捕总人数在 2013 年最多,在以后逐年减少,但减少幅度不大。尤其在 2015—2017 年,警察逮捕总人数基本保持稳定,这说明整个社会治安环境没有发生太大的变化,也没有特殊情况的出现。

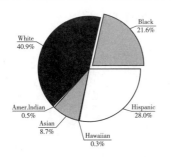

图 14-4 "种族分布"饼图

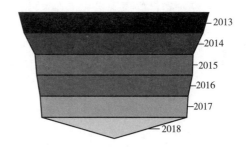

图 14-5 "警察逮捕人数"漏斗图

14.1.2 对枪击事件的分析

1)对各州枪击事件和伤亡数的统计

通过对各州枪击事件发生次数和总伤亡数的统计(图 14-6),可以清楚地对各州的情况进行比较。我们可以发现,枪击事件发生的次数和总伤亡数呈正相关,即一般枪击事件发生较多的地区,其伤亡数也较多。同时,可以发现加利福尼亚州、佛罗里达州、伊利诺伊州和德克萨斯州发生的枪击事件次数最多,而且在枪击事件中受伤和死亡的人数也最多。这说明这几个州的治安环境相对较差,社会不安定程度较为严重。其原因可能与这几个州的外来移民较多,受文化、宗教等因素的影响,较容易引起冲突发生有关。而像夏威夷、爱达荷州、怀俄明州等地区则较少发生枪击事件,伤亡人数也较少。说明这几个州治安环境较好,社会比较稳定。

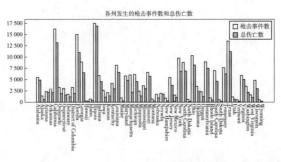

图 14-6　"各州枪击事件"并排柱状图

2) 各种枪支使用情况

通过图 14-7 可以发现,在所有枪击事件中手枪(Handgun)的使用次数最多,接近 25 000 次;9mm、Rifle、Shotgun、22LR 这几种枪使用次数在 5 000～10 000 内;其他种类的枪使用次数均在 5 000 次以下。手枪在枪击事件中的频繁使用,其主要原因在于其便于携带,不易被发现,杀伤力和威胁力较强。

3) 对枪击事件发生地点的统计

图 14-8 通过字体的大小展示枪击事件发生地点的分布情况以及对枪击发生地点的集中程度进行比较。可以发现,Apartment、Park、High School 这 3 个词所占的空间最大,说明公寓、公园和高中是发生枪击事件最频繁的地点。在公寓发生枪击事件大多由于家庭、情感类纠纷引起;在公园的原因可能为抢劫、蓄意犯罪;在高中校园发生枪击事件可能由于校园霸凌、学校监管制度不完善等因素。其次,Bar、Club、Lounge、Motel、neighborhood 这几个词较为显眼,这些多为休闲娱乐场所,酗酒、精神紊乱等原因造成了在这些地点枪击事件的发生。

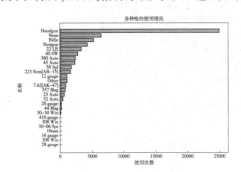

图 14-7　"枪支种类"条形图

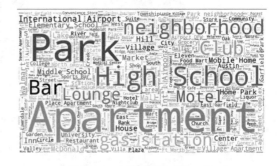

图 14-8　"枪击地点"词云图

4) 美国各州枪击事件发生的分布

图 14-9 展示了发生枪击事件数目前 10 个州的具体分布,通过比较各个小矩形的面积大小可以发现伊利诺伊州、加利福尼亚州和佛罗里达州是发生枪击事件最多的前 3 个州,且它们发生枪击事件数目相差很小。其次德克萨斯州、纽约州和俄亥俄州是发生枪击事件数较多的地区,且它们发生枪击事件数也比较接近。除此之外,北卡罗莱纳州、路易斯安那州、宾夕法尼亚州和乔治亚州是发生枪击事件数紧随其后的 4 个州,且它们发生枪击事件数目相差不大。

5) 2013—2018 年枪击事件伤亡情况

图 14-10 展示了 2013—2018 年枪击事件中受伤和死亡的人数情况。其中红色区域代表死亡人数,通过观察半径长度可以发现 2017 年和 2016 年人数最多,在 1~2 万之间,2013 年最少;蓝色区域代表在枪击事件中受伤的人数,同样是 2017 年和 2016 年人数最多,均超过了 4 万人,2013 年的和 2018 年的人数较少。单独观察某个年份,可得知受伤人数远超死亡人数。

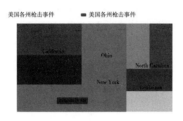

图 14-9　"各州枪击"矩形树图

图 14-10　"枪击伤亡"极坐标图

14.1.3　遭受致命伤害的可视化分析

1) 死亡原因情况

图 14-11 展示对于遭受致命伤害而死亡的不同死亡原因分布情况。可以发现共有 20 018 人死于枪击,占所有死亡人数的绝大多数;其次有 5 759 人死于交通事故。而因泰瑟枪、医疗紧急事故、化学药剂、窒息、毒品滥用、从高处坠落、被工具击打、烧伤、刺伤等原因而死亡的人数相对较少。说明美国暴力枪击事件频发,致使许多人受到致命伤害,政府应当更加重视对枪支使用权和所有权的分配和监管,减少枪击事件的发生。

2) 遭受致命伤害人们种族情况

通过观察图 14-12 可以发现,在遭受致命伤害的人中,有欧美人(白人)、来自中东地区的移民、印第安人\阿拉斯加人、亚裔\太平洋岛民、西班牙裔\拉丁裔、非裔黑人和种族不明确者。通过比较图中直线的长度可以发现白人是在所有遭受致命伤害的人中的最多的,有 9 094 人,其原因是白人人口本身占美国人口的绝大多数;其次有较多种族不明确的人遭受了致命伤害。有 5 982 的黑人遭受了致命伤害,而本身黑人人口规模很小,说明黑人在美国所处的社会环境人身安全感较低,社会地位不高。其次是作为外来移民的西班牙裔、拉丁裔遭受致命伤害较多,本身该人群犯罪率较高。而亚裔、印第安人、中东地区外来移民等遭受着较少的致命伤害。

图 14-11　"死亡原因"南丁格尔玫瑰图

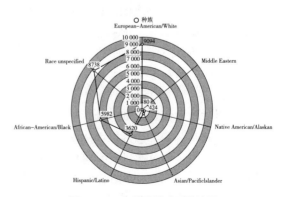

图 14-12　"种族分布"雷达图

3)2000—2020 年遭受致命伤害的性别情况

图 14-13 展示了从 2000—2020 年男性和女性在遭受致命伤害的人数变化情况(在这里排除了对少数变性人的分析)。首先通过观察两条河流图的宽度,可以比较得知在遭受致命伤害人中男性占了明显较大的比例,其中男性人数是女性人数的数倍之多。之后分别观察男性和女性遭受致命伤害人数在时间上的变化情况,通过观察河流上界和下界间的距离可以得到男性在 2000—2019 年人数基本上呈现逐渐增长的趋势;而女性因为一直人数较少,在 20 年间变化不是很明显;同时可以发现男性和女性在 2013—2019 年遭受致命伤害人数在不断增长,在 2013 年和 2019 年达到了两个峰值。而在 2020 年,男性和女性遭受致命伤害人数明显减少,这是因为数据统计到 2020 年 6 月份,没有将 2020 年数统计完整。

4)2000—2020 年每月受致命伤害人数情况

图 14-14 展示了 2000—2020 年各月份遭受致命伤害的人数的分布。用颜色的深浅对不同年份、不同月份的人数进行了比较。通过横向观察可以发现 2000—2020 年 5 月整体上颜色由浅到深,说明从 2020—2020 年遭受致命伤害的人数在不断增多。在 2000—2010 年,遭受致命伤害的人数相对较少,纵向来看,5 月、7 月和 12 月这三个月份的人数相对于其他月份来说相对较多;在 2011—2015 年,遭受致命伤害的人数相对较多,其中除了 2 月、9 月和 11 月,其他月份的人数均相对较多;在 2016—2020 年,所有月份的人数均相对较多,无明显差异。

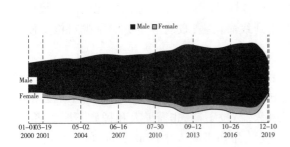

图 14-13 "性别主题"河流图

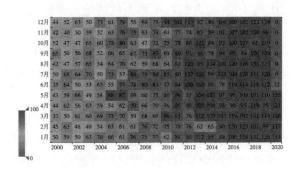

图 14-14 "受致命伤害人数"热力图

5)2019 年每日受致命伤害人数情况

图 14-15 展示了 2019 年从 1 月 1 日—12 月 31 日每天遭受致命伤害的人数,不同的颜色代表了不同人数的区间。首先,通过观察发现 2019 年大部分时间每天有不超过 8 人遭受致命伤害;较少天数有 8~12 人遭受了致命伤害;在 2019 年中仅有 4 天有 12~16 人遭受了致命伤害,分别是:7 月的第 1 周周三、第 2 周周六、第 4 周周四和 11 月的第 1 周周五。通过比较较多人数的小方格数量,可以得到 7 月、8 月、9 月和 12 月较其他月份有更多人遭受致命伤害;同时可观察得到周三到周六有更多人遭受致命伤害。

6)美国各州受致命伤害人数分布

图 14-16 显示了各州在 2000—2020 年累计遭受致命伤害的人数情况,每个区域颜色的深浅程度代表了人数的多少。通过观察可以发现,加利福尼亚州人数最多,超过 4 500 人;其次为德克萨斯州,人数在 2 000~2 500 之间;再次为佛罗里达州,有 1 500~2 000 人。其他州遭受致命伤害的人数相对较少。

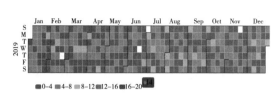

图 14-15 "受致命伤害人数"日历图

图 14-16 "美国各州受致命伤害人数分布"地图

14.1.4 被警察杀死数据的可视化分析

1)每年被警察杀死人数的年龄分布

图 14-17 显示了 2013—2019 年每年被警察杀死人数的年龄分布情况。每个小的箱线图从下往上依次包含年龄的最小值、四分之一分位数、中位数和四分之三分位数和最大值(没有异常值的出现)。

首先可以观察得知,2013—2019 年被警察杀死人数的最小年龄均在 20 岁以下,即为青少年,其中 2013 年、2015 年和 2018 年的最小值均仅为 1 岁;其次观察中位数情况,可以观察得到 2013—2019 年基本一致,在 35 岁左右;观察最大值的分布情况,可以发现除 2013 年有一位 107 岁的人被警察杀死,2014—2019 年被警察杀死的最大年龄均在八九十岁,且从 2013—2019 年死者的最大年龄基本呈下降的趋势,说明美国对大龄老人有一定程度的照顾。

2)被警察杀死种族分布

图 14-18 展示了从 2013—2019 年被警察杀死的总人数的种族分布情况。通过观察每个数据点的高度对不同种族的人数进行比较。可以发现在被警察杀死的人中,白人最多,有 3 378 人;其次为黑人,作为美国人口数的少数,该死者人数相对较多;再次为西班牙裔,有 1 335 人,其作为外来移民的多数,死者人数也较多;印第安人、太平洋岛民等原住民人数很少,本身他们的人口数就很少。从图中可以看出,黑人被警察杀死的比例很高,反映了美国社会有一定的种族歧视现象。

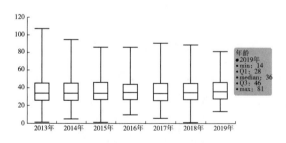

图 14-17 "被警察杀死人数的年龄分布"箱线图

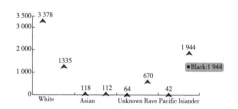

图 14-18 "被警察杀死种族分布"散点图

3)是否武装情况

图 14-19 显示了在被警察杀死之前是否对自己进行武装的分布情况。通过观察可以发现大多数人采用了武装来保护自己,有 5 428 人;其次有 1 073 人没有武装自己,还有 513 人利用汽车来武装自己,仍有 649 人的情况尚不明确。说明多数人在被警察杀死之间,采取了一系列

措施来与警察交涉,试图保护自己;但仍有一部分人在毫无威胁力的情况下被警察杀死。

4) 性别、种族和死亡原因的分布情况

图 14-20 清楚地展示了被警察杀死的人的性别、种族和死亡原因的分布。首先通过观察带子的宽度可以发现死者绝大多数为男性,且男性死者中,白人最多,其次为黑人和西班牙裔,且他们绝大多数都死于枪杀。而在女性死者中,西班牙裔最多,最次为白人,且她们也大多死于枪杀。

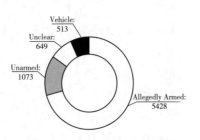

图 14-19 "是否武装"圆环图

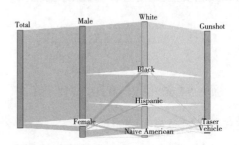

图 14-20 "性别、种族、死亡原因"桑基图

5) 多个属性间关系

图 14-21 展示了时间、性别、年龄、种族、州、是否武装、武器和死亡原因间的相互关系。其中对分类变量进行了重编码,将其编码为数值变量。

时间:1 到 7 分别代表 2013—2018 年;

性别:1 代表男性,2 代表女性;

种族:1 代表白人,2 代表黑人,3 代表西班牙裔,4 代表印第安人;

是否武装:1 代表武装,2 代表没有武装,3 代表不清楚,4 代表汽车。

通过比较直线的密集程度,可以发现死者多为男性,年龄在 20~30 岁之间较多,多为白人,多为枪击致死。

6) 年龄分布情况

图 14-22 展示了被警察杀死人数的人的年龄分布情况,首先通过直方图的高低可以得到死者在 30 多岁的人数最多,其次通过核密度图的顶点可以发现死者的年龄分布在 20~40 岁,其次为 40~60 岁;60 岁以上的死者相对较少。通过观察核密度图的尾部可以发现仍有很少的死者为婴幼儿和超过 80 岁的老年人。

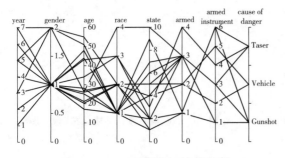

图 14-21 "不同属性"平行坐标图

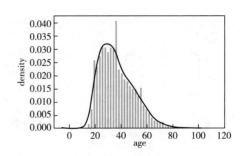

图 14-22 "年龄"密度图

7) 性别、种族和死亡原因间的关系

图 14-23 展示了被警察杀死人的性别、种族和死亡原因间的网络关系。首先,每个圆的大小代

表每个属性值的占总人数的多少。可以比较得到死者多为男性、白人,且死因多为枪杀;其次,连接两个属性值间的线条的粗细代表了两个属性值间关系的密切程度,其他属性值均指向白人、男性和枪击的线条较粗。总之说明被警察杀死的多数人的性别为男性、种族为白人、死因为枪击。

8) 国际社会对美国警察暴力执法看法

图 14-24 中,字体的大小可以展示此篇报道的词频高低。首先,"美国""警察""非洲裔"这 3 个词占的空间最大,表明了该报道的主题。其次,"种族歧视"揭示了这篇报道的主旨,即国际社会认为美国警察暴力执法的本质上是种族歧视。这说明种族歧视是存在于美国社会的严重问题,导致了种族之间的冲突。国际社会严厉谴责该问题,希望美国政府可以有所作为,改善社会矛盾,维持社会和谐与稳定。

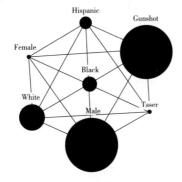

图 14-23 "不同属性"网络图

图 14-24 "新闻报道"词云图

14.1.5 小结

本案例从比较与排序、局部与整体、分布、时间趋势、地理特征和网络关系这 6 个视角,通过绘制各种各样的图形对美国警察暴力执法数据和枪击事件数据进行了可视化分析。通过以上分析,可以了解到由于政府缺乏监管,公民的人身安全感缺乏,枪击事件的频发致使了大量无辜人丧失了生命。同时人口规模占美国总人口少数的非裔黑人,遭受了许多致命伤害和被美国警察的歧视对待。总之,美国的种族歧视是其导致大量流血事件的主要原因之一。

14.2 TMDB 电影数据可视化分析

近年来,随着人们生活质量的不断提高,精神文化需求变得越来越强烈,影视行业逐渐走进千家万户,成为大家最喜欢的娱乐方式之一。影视产业和市场的日益成熟也促进了良性消费和高质量影片的创作。目前,电影产业分析的方法主要为传统的文字描述和统计分析,通过时间、播放量和电影的描述进行对比研究,缺乏利用大数据及可视化方法进行的深入系统研究。可视化分析可以提高科研人员对数据隐藏信息的洞察力。可视化分析是一种综合利用可视化界面和分析理论来帮助用户解释复杂数据的技术,是用户与数据交互的接口,其表现形式通常有直方图、饼图、散点图等。

随着电影行业的蓬勃发展,电影市场的竞争越来越激烈,越来越多的影业公司想通过用户对于不同电影类型评分的变化了解用户的喜好。评分是观众从接受的角度对影片进行的评价和回馈,一方面取决于电影本身的艺术质量,另一方面则取决于观众本身的需求,即影片在多大程度上与观众的期待达到融合。那么如何了解影片类型、评分等因素对观众选择的影响呢? 本案例对相关数据进行可视化分析,整个过程均用 Python 语言实现。其中,数据预处理用 numpy

和 pandas 实现;数据可视化分析用 matplotlib 和 pyecharts 实现。

本案例首先从数量上分析了不同字段的特征,包括不同字段的最大值、最小值、top 值等。其次,从时间趋势分析了不同电影类型、总票房、评论数量、平均分在时间维度上的变化。最后,利用热力图、矩形树图、散点图、核密度估计图分析了不同字段之间的关系。结合上述分析,得出相应结论与建议。

电影数据库(TMDB,the movie database)是一个共享的电影和电视数据库。它起源于 2008 年的电影爱好者信息交流社区。自 2008 年以来,数据库中的影视剧相关数据逐年增长。经过近 13 年的沉淀,如今已为超过 20 万开发者和公司提供数据,成为首屈一指的电影数据库。

本文从 TMDB 中选择了 5 043 条电影相关内容的数据,包括剧名、上映时间、语言、评分、导演、类型、主演、地区等在内的 19 个字段,结合本书介绍方法对此进行分析。首先,数据中可能存在重复值,因此我们去除重复值,保留第一次出现的数据项,处理之后剩下 4 996 条数据。其次,某些字段可能会存在一些缺失,为了便于我们的分析,我们将存在缺失字段的数据删除,处理之后还剩 3 391 条数据。在后续的分析中,我们仅利用这 3 391 条数据。

从图 14-25 可以看出,电影的上映时间从 1927—2016 年,时间跨度比较大。电影评分最高分为 9.3 分(满分 10.0 分),最低分为 1.6 分,平均分为 6.47 分。电影时长在 7~330 分钟之间,一半以上的电影时长超过 140 分钟。评论家的评论数量最小为 1,最大为 813,平均每部电影有 140 名评论家参与评论。

	上映时间	评分	评论家评论的数量	电影时长	总票房	参与投票的用户数量	用户的评论数量	制作成本	aspect_ratio
count	4 935.000 000	5 043.000 000	4 993.000 000	5 028.000 000	4.159 000e+03	5.043 000e+03	5 022.000 000	4.551 000e+03	4 714.000 000
mean	2 002.470 517	6.442 138	140.194 272	107.201 074	4.846 841e+07	8.366 816e+04	272.770 808	3.975 262e+07	2.220 463
std	12.474 599	1.125 116	121.601 675	25.197 441	6.845 299e+07	1.384 853e+05	377.982 886	2.061 149e+08	1.385 113
min	1 916.000 000	1.600 000	1.000 000	7.000 000	1.620 000e+02	5.000 000e+00	1.000 000	2.180 000e+02	1.180 000
25%	1 999.000 000	5.800 000	50.000 000	93.000 000	5.340 988e+06	8.593 500e+03	65.000 000	6.000 000e+06	1.850 000
50%	2 005.000 000	6.600 000	110.000 000	103.000 000	2.551 750e+07	3.435 900e+04	156.000 000	2.000 000e+07	2.350 000
75%	2 011.000 000	7.200 000	195.000 000	118.000 000	6.230 944e+07	9.630 900e+04	326.000 000	4.500 000e+07	2.350 000
max	2 016.000 000	9.500 000	813.000 000	511.000 000	7.605 058e+08	1.689 764e+06	5060.000 000	1.221 550e+10	16.000 000

图 14-25　数据基本描述性统计

14.2.1　单一特征分析

1)历年电影上映数量——柱状图、光滑折线图

从图 14-26 中可以发现,电影上映最多的年份为 2002 年,共上映了 174 部电影,1916—1994 年上映数量均少于 60 部,因此在后续的分析中我们只分析 1995—2016 年的数据。1995—2016 年电影数量起伏波动,时大时小,其中比较多的年份为 2005 年,171 部电影;2006 年,168 部电影;2008 年,166 部电影;2009 年,165 部电影。

2)各类型电影数量——玫瑰图

每部电影都有超过两个不同的类型标签。例如,《阿凡达》的类型标签依次包括:动作片、冒险片、科幻片等。我们仅对其前两个类型标签进行分析。从图 14-27 中可以发现,各种类型的电影数量差距比较大,从玫瑰图的直径可以直接看出各种类型的电影数量之间的差异。类型 1 中排名前三的依次是动作片 947 部、喜剧片 847 部、戏剧片 525 部,占了电影的绝大部分;类型 2 中排名前三的依次是戏剧片 890 部、冒险片 408 部、犯罪片 338 部,与类型 1 的前三名有显著的差异。

3)各类型电影数量——词云图

从图 14-28 中可以看出在类型 1、类型 2 中各类型电影的数量差异,名字的大小直接代表了数量的大小,在类型 1 中占比最大的是动作片、喜剧片、戏剧片,占了电影的绝大部分;类型 2

中排名前三的依次是戏剧片、冒险片、犯罪片。

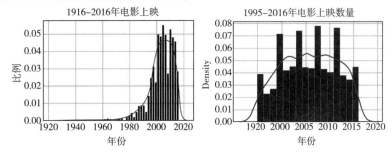

图 14-26 "各年电影上映数量"柱状图和光滑折线图

图 14-27 "各类型电影数量占比"玫瑰图　　　图 14-28 "各类型电影占比"词云图

4) 电影产量最多前 6 名导演——水球图

从图 14-29 中可以看出,在观察时间内,电影产量最多的 6 名导演分别为:Steven Spielberg、Clint Eastwood、Ridley Scott、Woody Allen、Martin Scorsese、Renny Harlin,他们分别导演的电影数量为 24、17、17、16、15、15,可以看出他们导演的电影数量差别不是很大,最大值与最小值之间仅相差了 9 部。

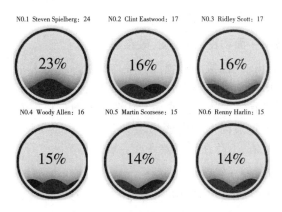

图 14-29 "前 6 名导演电影产量"水球图

水球中的百分比表示,前 6 名导演中每一位导演的电影数量占前 6 名的总数量的百分比,分别占了 23%、16%、16%、15%、14%、14%,可以看出除了第 1 名导演,其余导演的电影差距都不是很大。

5) 电影等级分类占比——仪表盘

从图 14-30 可以看出,电影一共分为了 11 个等级,其中等级数量最多的为 R,总共有 1483

部电影的等级为 R①，占比为 43.7%。其次是 PG-13②，1207 部电影的等级为 PG-13，占比为 35.5%。排名第三的是 PG③，共 545 部电影等级为 PG，占比 16%。其他等级的电影等级数量较少，仅仅占了总数量的 4.8%。以上数据说明美国很重视对未成年人的保护，几乎所有的电影，未成年人都需要在家长的陪同下观看，只有极少部分电影，未成年人可以独自观看。

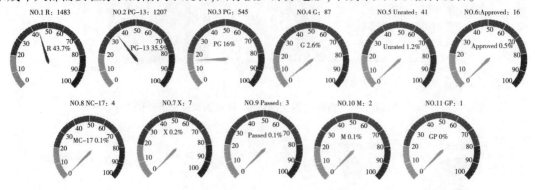

图 14-30 "电影等级占比"仪表盘

6）电影产量最多的 6 个地区——漏斗图

从图 14-31 中可以看出，在我们所研究的数据中，各个地区的电影产量差距很大，其中美国的电影产量最多，高达 2677 部电影；排名第二为英国，在这段时间内，一共有 302 部电影，数量占比相比于其他国家也是很大的。后面几个国家依次是法国、德国、加拿大、澳大利亚，虽然这 4 个国家的电影产量比较多，但是他们的电影产量也都不足 100 部。

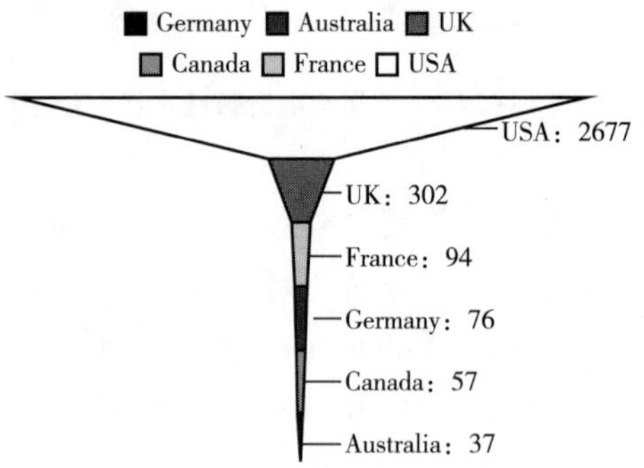

图 14-31 "电影产量最多的 6 个地区"漏斗图

14.2.2 时间趋势分析

1）上映时间、平均分——面积图、折线图、散点图

从图 14-32 中可以看出，红色覆盖区域代表平均值加减标准差后得到的区间，进一步展示了每年评分的分散情况，历年电影的平均分变化幅度不是很大，在 6.2~6.6 之间，所以红色区域的宽度一直比较稳定，没有较大的起伏波动。从图中的散点可以看出，2005 年左右电影的分数起伏波动是最大的，说明这段时间的电影质量参差不齐。每年评分的平均值变化也不是很大，说明电影的评分比较可信，不存在恶意差评或者刷分等情况。

2）历年评论家评论数量——箱线图

图 14-33 展示了 1995—2016 年期间电影评论家对电影评论数量的箱线图，可以大致看出

---

① R 级电影即限制级电影，存在较多性场合、暴力以及吸食不健康东西并且还会混杂大量的脏话，对于 17 岁以下的孩子会造成误导，因此需要家长陪同观看。R 级电影例子：《肖申克的救赎》《逃离拉斯维加斯》。

② PG-13 级的电影是需要对 13 岁以下的孩子进行限制观看，对于 13~17 岁的孩子需要在家长的陪同下观看，PG-13 级的电影有少量暴力镜头，粗鲁的暴力镜头则几乎没有，电影内容中可能出现部分裸露和脏话。PG-13 级电影例子：《泰坦尼克号》《哈利波特》系列。

③ PG 级即普通级别的电影，电影中基本不存在裸露、性场面，在暴力和吸食不健康的东西方面也不会超过尺度，如果孩子观看的话，需要家长陪同最佳。PG 级电影例子：《少年派的奇幻漂流》《剪刀手爱德华》。

在这段时间内,评论家评论电影的数量逐年增加,猜测其原因可能是因为电影产量的升温,或者是评论家数量的上升。每年评论家评论电影的数量最小值变化幅度不是很大,其中位数一直都保持缓慢上升的趋势,评论数量的最大值变化幅度比较大。

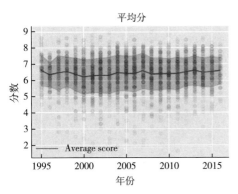

图 14-32 "历年平均分变化"面积图、折线图和散点图

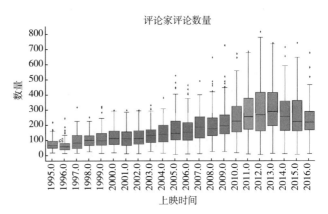

图 14-33 "电影历年评论家评论数量"箱线图

3) 历年用户的评论数量——象柱形图

图 14-34 中,横轴表示时间,纵轴表示历年用户的评论数量的总和,可以看到评论数量最多的年份是 2005 年,分析其原因可能是 2005 年的电影产出最多,并且大致可以看出用户的评论数量与电影的产量有相同的变化趋势,后续将继续分析电影产量与用户的评论数量之间的关系。

4) 类型 1 电影历年数量——堆叠柱状图

从图 14-35 的历年各类型电影数量堆叠图中可以看出,2002 年的电影产出达到最大值,2003 年由于非典疫情的影响,电影总量发生大幅的下降,之后又开始上升。2008 年金融危机之后电影产量又开始逐渐下降。与此同时,从图中可以看出,戏剧片的电影比重每年都很高,其次是冒险片和犯罪片,说明这三种电影很受观众们的喜爱。

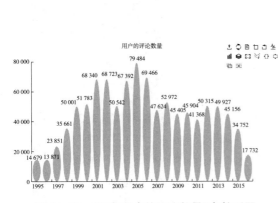

图 14-34 "历年用户的评论数量"象柱形图

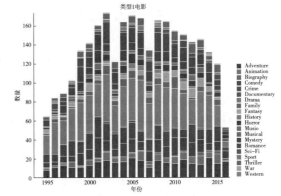

图 14-35 "历年各类型电影数量"堆叠柱状图

5) 类型 2 电影历年数量——河流图

图 14-36 展示了类型 2 电影中种类占比最多的 5 种电影数量变化趋势的河流图。从图中可以看出各类型电影的数量逐年的变化幅度不是很大,但 2014—2016 年,电影的产量都出现了

一定的下降,大致可以看出各类型的电影数量具有共同变化的趋势,可以推断影响电影产量的因素会同时影响整个电影行业电影的产量。

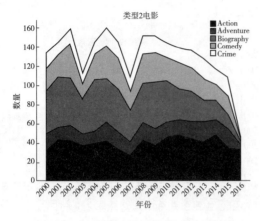

图 14-36 "历年类型 2 电影数量"河流图

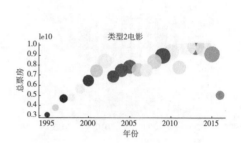

图 14-37 "历年电影总票房"气泡图

6)历年电影总票房——气泡图

图 14-37 展示了 1995—2016 年期间电影总票房的变化情况,横轴表示时间,纵轴表示电影的总票房,气泡的大小表示电影总票房变化情况。可以从图中看出电影总票房在这段时间内,一共产生了两次较大幅度的下降,分别是 2003 年非典疫情和 2008 年金融危机,短时间的下降之后,随后又恢复上升趋势。可以推测 2020 年新冠疫情也会对电影市场产生较大的冲击。

14.2.3 相关性分析

1)电影类型、等级以及各变量相关性——热力图

图 14-38 选取了电影等级数量比较多的 3 个等级 R、PG、PG-13,以及类型占比较大的 10 种类型来进行分析。我们可以通过图片的颜色,结合图例,直观的看出不同等级电影类型的数量。从图中可以看出,等级为 PG-13 的动作片数量最多,共 405 部;其次是等级为 R 的喜剧片,总计 331 部,等级为 PG-13 的喜剧片数量也比较多,高达 310 部。

图 14-39 中的相关矩阵热力图将变量之间的相关关系更为直观地表现出来。方块的颜色代表不同变量相关关系的大小。从图中可以看出,相关关系最强的是参与投票的用户数量与用户的评论数量,相关系数高达 0.79,说明电影的评论数量与投票的用户数量之间存在着明显的正相关关系。总票房与参与投票的用户数量之间的相关关系数为 0.66,票房高的电影,观看的观众相对会比较多,所以参与投票的用户数量也会相对比较多。从图中还可以看出总票房与制作成本没有太高的相关关系。比较有意思的是上映时间与用户评论数量的相关系数为-0.015,猜测导致其负相关的原因是当前电影产量越来越多,观众看电影的途径也越来越丰富,所以观众对一部电影的评论意愿也随之降低。

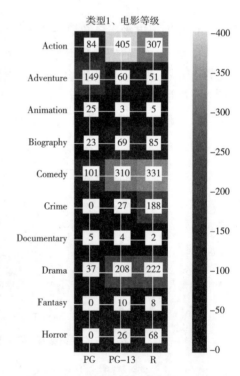

图 14-38 "类型、电影等级"热力图

2)评分、总票房——相关图

图 14-40 展示了总票房与评分之间的关系,从拟合的回归线中可以看出,电影的总票房和评分之间存在着一定的正相关关系,随着评分的增加,电影的总票房也在缓慢增加。电影的评分集中在 7.0 分左右,总票房集中在一千万以下。这表示电影要想获得较高的票房,口碑的因素是不可忽略的。

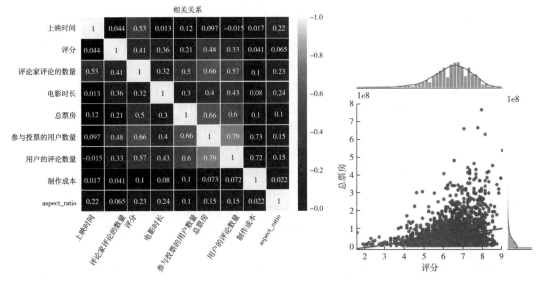

图 14-39 "相关关系"热力图   图 14-40 "评分、总票房"相关图

3)每种类型电影最高分、最低分——条形图

如图 14-41 所示,横轴的长度表示分数,纵轴表示电影类型,红色表示最高分,蓝色表示最低分。从图中可以看出评分最高的是动作片,其最高分高达 9 分,其最低分为 2.1 分。最低分最高的是传记片和科幻片,其最低分均有 5 分。分数最低的电影纪录片,其最低分为 1.6 分。

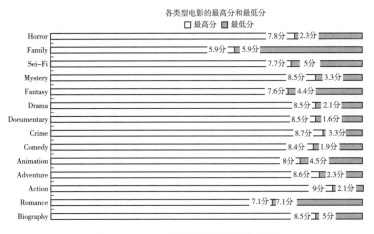

图 14-41 "各类型电影分数"条形图

14.2.4 小结

随着人们生活质量的提升,电影等娱乐成为人们生活中不可或缺的一部分。不同类型的电

影质量参差不齐,评分或高或低,观众在选择电影的时候,可以结合自己喜欢的类型,选择评分比较高的电影。电影的票房与电影评分的高低有着直接的关系,电影制作商在拍摄电影的时候一定要将更多的预算用在电影的制作上面,通过提高电影的制作质量来提高观众对电影的喜爱;同时演员也要提高自己的演技,避免由于演技拉低电影评分,进而导致电影票房低迷。

14.3 高中教学分析系统数据可视化探索

　　教育行业中大数据分析的主要目的包括改善学生成绩、服务教务设计、优化学生服务等。而学生成绩中有一系列重要的信息往往被我们常规研究所忽视。通过大数据分析和可视化展示,挖掘重要信息,改善学生服务,对于教学改进意义重大。美国教育部门构建"学习分析系统",旨在向教育工作者提供了解学生到底是在"怎样"学习的更多、更好、更精确信息。利用大数据的分析学习能够向教育工作者提供有用的信息,从而帮助其回答众多不易回答的现实问题。未来学生的学习行为画像、考试分数、发展潜力方向等所有重要信息的数据价值将会持续被显现出来,大数据将掀起新的教育革命,比如革新学生的学习、教师的教学、教育政策制定的方式与方法等。

　　为了更好地优化教学大数据应用场景,本案例通过学校教育数据分析和可视化工作,探索面向学生、校园的数据分析体系,构建优秀数据分析及可视化方案,设计并形成数据分析门户,从而更好地服务精细化教学管理工作[①]。

　　本案例数据来源于天池大数据竞赛中宁波教育局提供的"数智教育"数据可视化创新大赛数据集[②],数据集共 7 个 CSV 文件,所含数据字段如下:

- 1_teacher.csv:包含了近 5 年各班各学科的教师信息

字段名	字段含义
term	学期
cla_id	班级 ID
cla_Name	班级名
gra_Name	年级名
sub_id	学科 ID
sub_Name	学科名
bas_id	教师 id
bas_Name	教师名

- 2_studentinfo.csv:包含了当前在校学生详细信息

字段名	字段含义	字段名	字段含义
bf_StudentID	学生 ID	Bf_ResidenceType	家庭类型
bf_Name	学生姓名	bf_policy	政治面貌
bf_sex	性别	cla_id	班级 ID
bf_nation	民族	cla_term	班级学期
bf_BornDate	出生日期(年)	bf_zhusu	是否住校
cla_Name	班级名	bf_leaveSchool	是否退学
bf_NativePlace	家庭住址(省市或省)	bf_qinshihao	宿舍号

---

① https://tianchi.aliyun.com/competition/entrance/231704/introduction

② https://tianchi.aliyun.com/competition/entrance/231704/information

- 3_kaoqin.csv：包含学生考勤信息

字段名	字段含义	字段名	字段含义
kaoqin_id	考勤 ID	control_task_order_id	考勤事件 id
qj_term	学期	bf_studentID，学生 ID	对应学生信息表
DataDateTime	时间和日期	bf_Name	学生姓名
ControllerID	考勤类型 id	cla_Name	班级名
controler_name	考勤名称	bf_classid 班级 ID	classid 班级 ID

- 4_kaoqintype.csv：考勤类型

字段名	字段含义
controler_id	考勤类型 id
controler_name	考勤类型名称
control_task_order_id	考勤事件 id
control_task_name	考勤事件名

- 5_chengji.csv：学生成绩

字段名	字段含义		
mes_TestID	考试 id	exam_type	考试类型
exam_number	考试编码	exam_sdate	考试开始时间
exam_numname	考试编码名称	mes_StudentID	学生 id
mes_sub_id	考试学科 id	mes_Score	考试成绩（-1 作弊，-2 缺考，-3 免考）
mes_sub_name	考试学科名	mes_Z_Score	换算成 Z_Score
exam_term	考试学期	mes_T_Score	换算成 T-score
		mes_dengdi	换算成等第

- 6_exam_type.csv：考试类型

字段名	字段含义
EXAM_KIND_ID	考试类型 id
EXAM_KIND_NAME	考试类型名称

- 7_consumption.csv：本学年学生消费信息

字段名	字段含义
DealTime	消费时间
MonDeal	消费金额
bf_studentID	学生 id
AccName	姓名
PerSex	性别

特别说明：

（1）由于人为登记等不可避免原因，某些字段可能存在缺失或者异常值；

（2）从班级名可以看出，从 2017 年开始学校陆续启用了新校区，2018 年新校区统一命名为型为"白-高二（01）"和"东-高二（01）"的班级名；

（3）考勤类型中的"校服［移动考勤］"指的是没穿校服。

14.3.1 概况信息分析

本案例首先对学校数据进行基础的概况描述,通过可视化图形来对原始数据进行直观的表达,利用基础图形如柱状图、饼状图、旭日图、水滴图等对各年级的人数分布,住宿情况、生源地、政治面貌、家庭类型等进行数据可视化。

1) 各年级人数统计分析

首先,通过绘制条形图对学校各年级人数进行统计分析,如图 14-42 所示,可以看到该学校高一人数最多为 702 人,高二人数和高三人数为 555 和 508,高三人数最少。

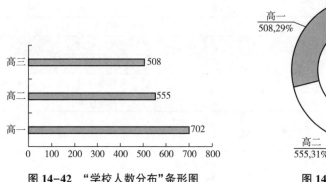

图 14-42　"学校人数分布"条形图

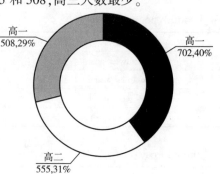

图 14-43　学校人数分布

其次通过绘制环形图可以更加清晰地表现出各年级人数占比情况,如图 14-43 所示。可以看到高一占比为 40%,为全校人数最多的年级,高二和高三占比相似,各占 30% 左右。可以看出该学校处于扩招状态。

进一步绘制各班级占全校人数之比的饼图,如图 14-44 所示,可以看到饼图的每个部分都较为均匀,说明每个班级的人数差不多都在 40 左右,可能不存在尖子班。

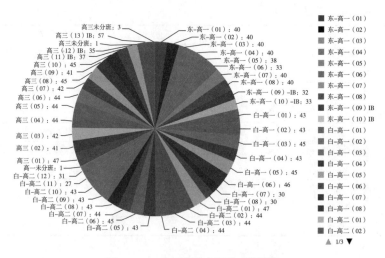

图 14-44　"各班级人数分布"饼图

2) 住宿生统计分析

通过旭日图(图 14-45)和圆环图(图 14-46)可以看到,高一住校生占比最大,为 63%,高二住校生占比第二,为 33%,高三住校生相对较少,仅占年级人数的 17%。结合各年级人数分析得到的扩招结论,推测出高一扩招的学生大部分为住校生。

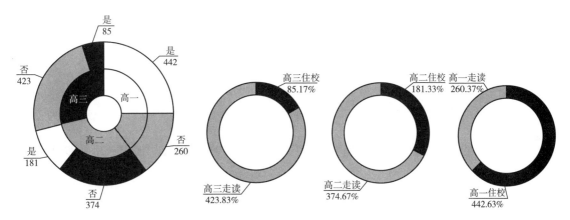

图 14-45 "住宿生分布"旭日图　　　　图 14-46 "住宿情况组合"圆环图

3)学生政治面貌分布

通过政治面貌分布(图 14-47)可以看到,大约90%的学生都是共青团员,还未入团的少先队员占8%,还有极少部分的党员和民主党派占2%。

4)学生家庭类型分布

通过学生家庭类型分布图(图 14-48)可以看到所有学生家庭类型都是城镇,没有来自农村家庭的学生。

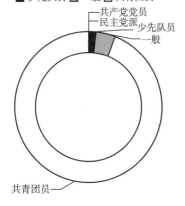

图 14-47 "学生政治面貌"圆环图　　　图 14-48 "学生家庭类型分布"圆环图和水滴图

14.3.2　食堂人流可视化分析

通过对食堂打卡记录数据分析绘制带时间滑杆的时间序列图(图 14-49、图 14-50、图 14-51),可以通过滑动时间轴来找到需要观察的时间点,从而观察到每天食堂的高峰期,制定计划来进行食堂分流。

通过图 14-51 可以看到,每天食堂人流量在 6:30—7:00 是早饭高峰期,12:00 左右是午饭高峰期,其次上午的大课间食堂也有两个小高峰,说明学生会在这两个时间段去食堂购买小吃。

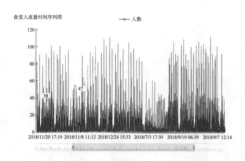

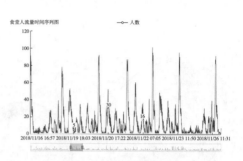

图 14-49　"食堂人流量时间"序列图(1 年内)　　　图 14-50　"食堂人流量时间"序列图(10 天内)

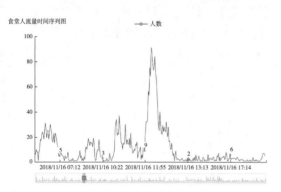

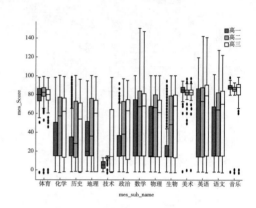

图 14-51　"食堂人流量时间"序列图(1 天内)　　　图 14-52　各年级各科成绩分布箱线图

14.3.3　学业成绩分析

1) 全校考试成绩分布

通过箱线图对各科成绩分布进行可视化分析。从图 14-52 可以看到:①体育、美术、音乐、信息技术、通用技术等的箱线图长度较短,说明这几个科目的成绩稳定均匀,与之有关的影响因素较少,在于学生的个人选择及天赋,可不必投入较多资源。②该学校的数学、英语、语文平均成绩明显较其他科目成绩好,说明该校的主要的教师资源,人力资源主要集中在三大学科上。

2) 某年级考试成绩分布

通过将分数段设置为 300 分以下,300~400 分,400~500 分,500~600 分,600~700 分以及700 分以上,而后绘制每个班级总分阶段的分布堆叠图,可以对比观察每个班级各个分数段人数的差异。

通过图 14-53 可以看到,高三 1 班,2 班和 6 班 600~700 分的尖子生较多,高三 1 班,2 班,4班的 500~600 分的中上成绩较多,高三 3 班,4 班和 6 班 400~500 分的同学较多,高三 6 班和 7班 300 分以下的同学与其他班级相比较多。从中可以推断出,高三 1 班、2 班和 4 班的成绩总体来说位于整个年级的前三,提高班级整体成绩的关键在于让 500~600 分的同学往 600 分以上提升,让 600 分以上的同学保持水平再继续提升。而高三 6 班、7 班 300 分以下的同学相对其他班级较多,整体成绩也相对较差,提升的关键点主要在于让 300 分以下的同学提升成绩。

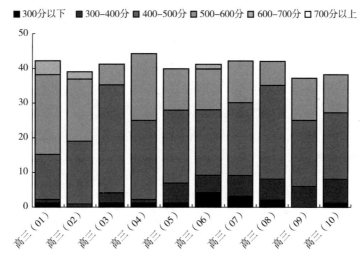

图 14-53　"高三各班总成绩分布"堆叠图

3) 某班级考试成绩分布

通过某个班级的成绩数据计算班级各科的平均成绩,绘制雷达图可以看到该班级各科目的水平。通过图 14-54 可以看到,该班级语数外这 3 门课程中英语的平均成绩最高,数学其次,语文最低。其他科目中物理生物化学的平均分相对较高,而政治历史地理的平均分相对较低,可以看出这个班级的学生更加擅长理科科目的考试。

进一步计算此次考试中整个高一年级各个科目的平均分,并对该班级各个科目的平均分进行对比,绘制雷达图(图 14-55)进行对比可以看到,该班级的物理科目平均分比年级平均分低,而其他科目的平均成绩都比年级平均要高,所以可以推测出该班级的物理水平还需要在后续通过更多的辅导进行提升。

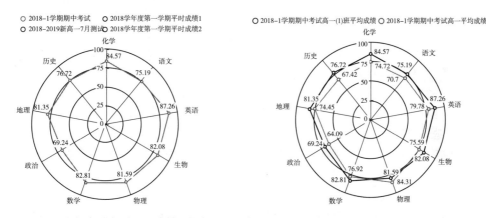

图 14-54　"班级考试各科平均成绩"雷达图　　图 14-55　"考试各科平均分与年级平均对比"雷达图

通过绘制班级每个学生期末考试相对于期中考试成绩进步的多少来绘制哑铃图(图 14-56),可以看到大部分同学的成绩都有或多或少的提升,通过哑铃图可以观察到哪些学生的成绩有较大进步,哪些学生的成绩发生了倒退,并且可以进行各个学生之间的对比分析,从而能够及时观察到成绩后退的学生,对不同的学生提出针对性的学习方案建议。

4) 个人成绩分析

通过绘制学生个人成绩的子弹图,将其成绩和班级本次考试的最高分、最低分和平均分进行对比。通过图14-57可以看到,该学生的高三五校联考成绩高于平均成绩,并且超过了自己制定的目标成绩,处于中上水平,但距离最高成绩还差一些。可以给每个同学制定子弹图来督促其对自己的成绩进行反思和总结。

根据子弹图,每个同学可以总结反思自己的成绩,然后通过每次考试的成绩瀑布图(图14-58)看到自己每次考试成绩的变化。

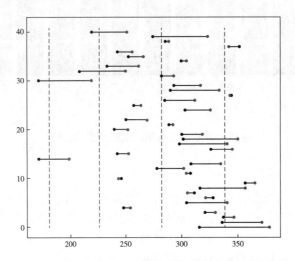

图14-56 "某班级期末总成绩相对期中总成绩变化"哑铃图

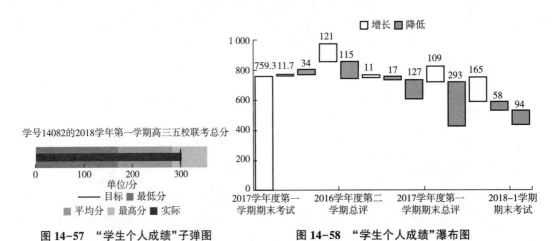

图14-57 "学生个人成绩"子弹图　　　图14-58 "学生个人成绩"瀑布图

5) 各年级各科目成绩分布

通过绘制每个年级各科目的分布峰线图,可以观察每个年级各科目的分数分布情况。

通过图14-59可以看到各个科目因为每次考试的总分不一样,因此分布图有两到三个峰值、体育、美术、音乐、信息技术,通用技术等科目只有一个峰值,说明这几个科目的成绩稳定均匀,与之有关的影响因素较少,在于学生的个人选择及天赋,可不必投入较多资源。而该学校的其他主要科目的分数主要分布在20分上下,是因为在高一阶段还未选课,基本都是平时测验考试,很少有大型考试,因此总分较低。

高二的学生分布和高一相似,但各科成绩的分布的另一个峰值逐渐突起,表明在高二阶段各科的大型考试逐渐增多,重在考查学生的综合成绩,如图 14-60 所示。

相比高一高二来说,高三的各科成绩较大的峰值位于 75~100 之间,说明在高三阶段,平时的小测验逐渐减少,大型考试逐渐增多,如图 14-61 所示。

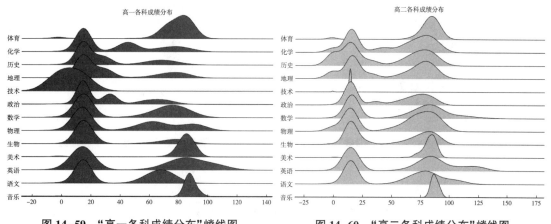

图 14-59　"高一各科成绩分布"嵴线图　　　　图 14-60　"高二各科成绩分布"嵴线图

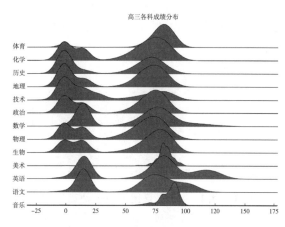

图 14-61　"高三各科成绩分布"嵴线图

6)学科"七选三"推荐

在高考改革后,学生需要从七个科目中进行选择,选择的关键在于学生在各个学科的竞争力强弱。但是在实际场景下,较多的学生对个人的学科竞争力没有明确的认知,通过可视化可为学生、老师、家长提供各个学科的评估结果,辅助学生做出决策。

如何帮助学生进行学科选择?首先,从学生的学生成绩趋势、学科的平均分、最高分、稳定性等维度对学生在各个学科方面的表现进行评估。根据评估的结果给出学科的推荐指数。其中,学生的成绩稳定性计算公式如下:

$$\sigma^2 = \frac{\sum (Score - Ave)^2}{Num}$$

Score:学生该学科每次考试的成绩

Ave:学生该学科平均成绩

Num:学生该学科的考试次数

然后通过计算出学生每科的成绩稳定性即推荐指数①,绘制南丁格尔玫瑰图,直观地表现出该学生较适合的三个科目,帮助学生进行科目的"七选三",如图 14-62、图 14-63 所示。

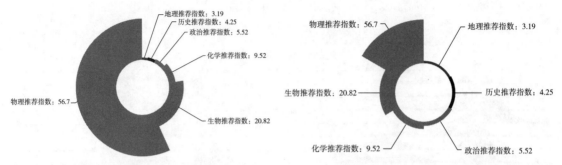

图 14-62 "某学生学科七学三推荐指数"玫瑰图 1   图 14-63 "某学生学科"七选三"推荐指数"玫瑰图 2

7)学生"七选三"情况

通过数据分析统计了高三年级的学生选择各科的人数以及"七选三"情况绘制桑基图,描绘学生对于各个学科的偏好性。由图 14-64 和图 14-65 可以看到选择"物理""化学""生物"这三门理科课程的学生比选择文科课程的学生多,而"七选三"中选择传统理科课程"物理""化学""生物"的学生最多,其次是"化学""地理""物理"这个课程组合。

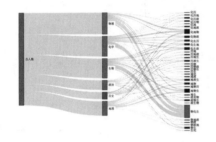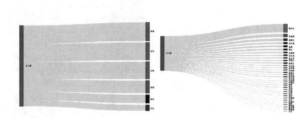

图 14-64 "高三'七选三'流向"桑基图 1   图 14-65 "高三'七选三'流向"桑基图 2

14.3.4 学生关系分析

1)班级学生关系图

通过考勤和食堂打卡数据统计出在相邻时间段打卡的同学以此来分析同学关系亲密度,将有联系同学的节点连接起来绘制环形链接图可以反映一个班级中有交集的同学关系,图 14-66 反映的是一个班级中的同学联系,因为同学太多导致图形较为复杂,也可绘制同学个人的网络关系图来更加详细地描述该同学和班上关系亲密同学的联系。

2)学生社交关系图

通过上面班级的网络图可以进一步挖掘个人在班级中的社交网络图,绘制出后可以通过观察图片来看到该学生较为亲密的同学是哪些,从而找到哪些学生被孤立,如图 14-67 所示。

---

① https://ambitionc-blog. oss-cn-hongkong. aliyuncs. com/Blog_Works/%E6%95%B0%E6%99%BA%E6%95%99%E8%82%B2%E7%AD%94%E8%BE%A9PPT. pdf

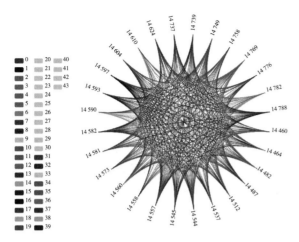

图14-66 "班级学生关系"环形链接图

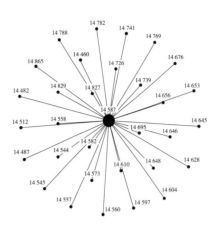

图14-67 "学生个人社交"关系图

14.3.5 学生消费情况分析

1) 全校学生消费情况

通过全校学生的消费数据,绘制消费总额和消费次数带边缘直方图的散点图来观察其大概分布,可以发现消费总额随消费次数升高而逐渐扩散,而消费次数少的同学消费总额也少,通过这些图可以辨别贫困学生,从而精准对其制定帮扶政策,如图14-68、图14-69所示。

2) 贫困生帮扶

我国建立了较为全面的贫困生资助体系,"奖、贷、助、补、减、免"等多种形式有机结合。但是贫困生的申请信息较为主观,贫困指标难以量化,导致贫困生的认定工作难以开展,不利于学校及政府贫困生帮扶事业的推进。

本案例建立了贫困生群体初步评估筛选方案,根据学生消费数据,统计平均消费金额低于均值、消费次数低于平均、消费总额远小的学生群体[①],初步确定贫困生群体,如图14-70、图14-71所示。

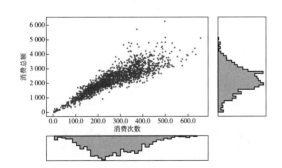

图14-68 "全校学生消费总额"散点边缘直方图

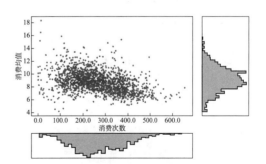

图14-69 "全校学生消费均值"散点边缘直方图

---

① https://ambitionc-blog. oss-cn-hongkong. aliyuncs. com/Blog_Works/%E6%95%B0%E6%99%BA%E6%95%99%E8%82%B2%E7%AD%94%E8%BE%A9PPT. pdf

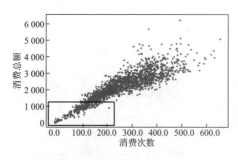

图 14-70 "根据消费总额和
次数筛选贫困学生"散点图

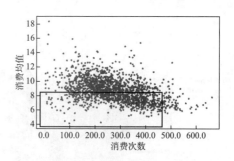

图 14-71 "根据消费均值和
次数筛选贫困学生"散点图

14.3.6 考勤情况分析

首先绘制矩形树图(图 14-72)和玉珏图(图 14-73)对考勤机器考勤的次数进行统计,通过矩形树图可以看到操场考勤机和移动考勤机是最常用的考勤方式,并且迟到的考勤次数仅仅比离校次数少 600 次。因此首先绘制迟到考勤的日历图。

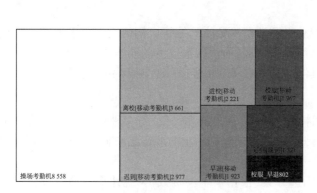

图 14-72 "考勤情况具体统计"矩形树图

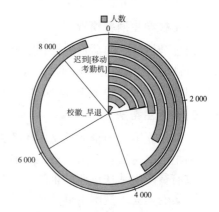

图 14-73 "考勤人数"玉珏图

通过迟到次数的日历图(图 14-74)可以看到,在 2018 年迟到次数较多的月份主要是一月,五月,六月,九月和十二月,而按周来看一周迟到最频繁的是在周一和周二或者节假日结束的第一天。可以推测,学生迟到频繁一般都在进入期末考试复习阶段的月份,刚开学的两个月迟到次数少,而迟到频繁的几个月中数除了周四的其他四个工作日迟到次数都较为频繁。

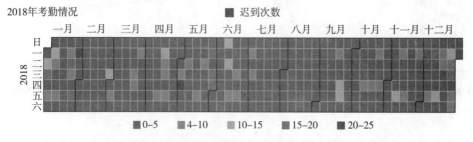

图 14-74 "2018 年每日迟到次数"日历图

进一步绘制不穿校服和早退次数的日历图(图 14-75、图 14-76),可以看到这两个主要集中在一月份,其他月份并没有明显的数据。

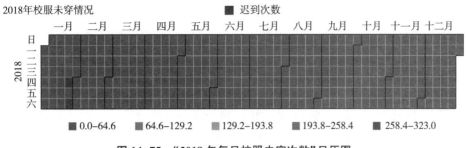

图 14-75　"2018 年每日校服未穿次数"日历图

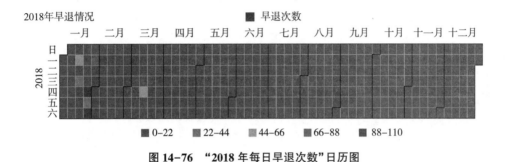

图 14-76　"2018 年每日早退次数"日历图

14.3.7　小结

　　本案例采用了柱状图、饼状图、旭日图、水滴图、折线图、箱线图、雷达图、哑铃图、子弹图、瀑布图、嵴线图、玫瑰图、桑基图、网络图、直方图、散点图、矩形树图、玉玦图、日历图等 19 类图表,分别展现了高中各年级的人数分布、住宿情况、生源地、政治面貌、家庭类型、学业成绩、学生关系、考勤情况、消费情况、食堂流量等多个维度的数据信息,为展示学校信息,辅助学校管理等提供了有效地支持。

14.4　历届足球世界杯数据可视化分析

　　足球作为世界第一大运动,有着无与伦比的影响力,人们对世界杯的关注度一度超过奥运会。国际足联世界杯是由全世界国家级别球队参与,象征足球界最高荣誉,并具有最大知名度和影响力的足球赛事。足球是各国广泛参与的项目,世界级足球比赛的胜利,能够显著增强民族自豪感和凝聚力。

　　从 1930 年第一届乌拉圭世界杯开始,该赛事每四年举办一次,1942 年和 1946 年因二战而停办。经历了近一百年的历史,足球世界杯已成功举办了 21 届,目前,世界杯全球电视转播观众超过 35 亿,足见足球这项运动的重要性与其影响力都越来越高。随着足球这项运动的发展,足球运动的发展水平也在一定程度上反映出一个国家的综合国力水平,全球排名靠前的国家其人均 GDP、国家经济总量等社会经济指标往往也较高。

　　另外,从现代足球的诞生发展到今天,世界足球运动的发展呈现出非常鲜明的地域性特征。在洲际层面上,欧洲和南美洲是世界足球的两极,在世界杯舞台上展现出超强的竞技实力。研究历届世界杯的发展特点有助于了解足球这项运动的发展变化,了解其特征,可以为研究足球运动发展提供理论依据。本案例将通过数据可视化分析,对世界杯影响力以及足球运动特点进行有说服力的展示与说明。

本案例通过对 1930—2014 年的世界杯数据进行分析,利用可视化方法展示出历届世界杯的发展特征,包括足球水平发展变化、世界杯影响力发展、各球队比赛、进球特征等,全面分析足球世界杯的发展历史、特点、规律和竞技格局,为该项赛事的持续、健康发展提供一定的理论依据。

本案例数据来源于鲸鱼社区的 FIFA 世界杯数据,数据包括"WorldCupMatches""WorldCupPlayers""WorldCups"和"penalties"这 4 个数据集,其整体特征如表 14-1 所示。

表 14-1　数据集的整体特征

数据集名称	变量数	样本数	数据内容
WorldCupMatches	20	4572	历届世界杯比赛相关数据,包括每场球的比赛时间、主客球队、比分、观众人数等
WorldCupPlayers	9	37784	世界杯球员相关数据,包括参赛球员名字、所属球队等
WorldCups	10	20	历届世界杯整体信息,包括前四强球队名称、进球数量、比赛次数等
penalties	6	26	历届世界杯的点球大战相关信息,包括胜负球队、比分等

在进行可视化分析前,首先对数据进行必要的预处理。根据 Matches 数据集里 MatchID 字段去掉重复的行。去掉重复行后,Matches 数据集含 837 个样本。根据 Matches 数据集里 Year 字段去掉有缺失值的行,删除缺失值后获得 Matches 数据集,共 836 个样本。进一步对 Matches 数据集中主客球队的名称进行字符替换,统一为该国家的英文名,获得最终进行数据可视化分析的 Matches 数据集。

14.4.1　世界杯影响力发展分析

1) 历届世界杯观众总人数

足球是一项与观众互动性很强的运动,比赛的观众人数在一定程度上能够反映出这项运动的影响力。分析历届世界杯的观众总人数,画出观众人数变化趋势图可以很好地展示世界杯影响力的发展趋势。

从图 14-77 可以发现,自 1930 年首届世界杯开始,世界杯比赛的观众人数整体呈上升趋势,其中,1994 年观众人数最多,达到 358.7 万人;1934 年观众人数最少,为 36.3 万人。比赛观众越来越多,一方面说明足球比赛条件、足球运动发展越来越好,能够容纳的观众越来越多;另一方面也说明足球世界杯的影响力越来越大,有更多的人愿意来观看足球比赛。

2) 平均每场比赛观众人数

由于每届世界杯比赛场次不同,因此需要进一步分析历届世界杯中每场比赛的平均观众人数,如图 14-78 所示。可以发现,平均每场比赛的观众人数变化趋势和观众总人数大致相同,都呈整体上升趋势,1994 年的比赛平均观众人数最多,1938 年的比赛平均观众人数最少。

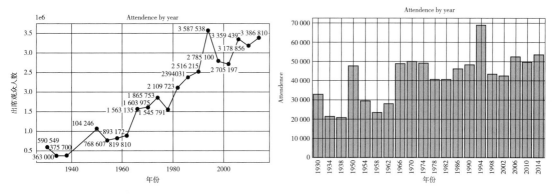

图 14-77　历届世界杯观众总人数变化趋势　　　　图 14-78　平均每场观众人数变化趋势

3) 观众人数最多比赛

对每场比赛的观众人数进行排序,找到观众人数最多的前 10 场比赛,如图 14-79 所示。观众人数最多的比赛是 1950 年在 Maracana 体育场举办的乌拉圭和巴西的比赛,观众人数超过 17 万。从图中可以发现,在观众人数最多的前 10 场比赛中,前 4 场比赛均来自 1950 年,而后 6 场比赛均来自 1986 年。

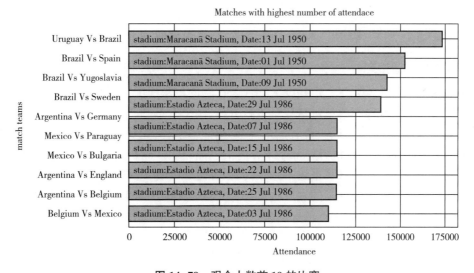

图 14-79　观众人数前 10 的比赛

值得关注的是,1950 年的世界杯观看总人数不到人数最多一届世界杯的 1/3,而巴西队的 4 场比赛却成为世界杯历史上观看人数最多的比赛。翻阅资料可以了解到,1994 年世界杯在美国举办,而且仅此一次。众所周知,美国经济实力强大,能吸引大批球迷到美国观看比赛;而美国队过早被淘汰,本国球迷关注某一场比赛的激情不高。反观 1950 年,世界杯在巴西举办,巴西队一路杀入决赛,受到本国球迷的热烈追捧,球迷对比赛关注度极高,可以看到最受欢迎的 4 场比赛都是巴西队的比赛。另外,由于二战原因,1942 年和 1946 年的世界杯都没有举办,1950 年是 12 年来的唯一一次世界杯。刚经过残酷的战争,在如此盛大的运动盛典上,巴西队本土作战,势不可挡,一路挺进决赛,这对于巴西人民来说,无疑是莫大的鼓舞,战争带来的苦楚全部转化为民族自豪感和呐喊,或许正是由于这特殊的历史背景,才使得当年巴西和乌拉圭的决赛成为世界杯有史以来观看人数最多的比赛。

4)世界杯各球队对阵关系

分析 1930 和 2014 年世界杯各参赛球队的对阵关系,如图 14-80 和图 14-81 所示。从图中可以明显看出,2014 年的网络结构比 1930 年的网络结构更加复杂,参赛的球队从 13 支增加到 32 支,足以说明从 1930 年到 2014 年足球世界杯在不断发展扩大,参加的国家越来越多,世界杯的包容性越来越强。参加的国家越多,各国观看比赛的人就会越多,足球在世界范围内的普及率越来越高。

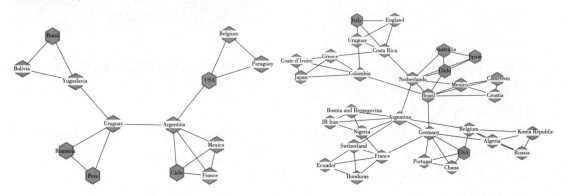

图 14-80　"1930 年世界杯各参赛球队"关系图　　　图 14-81　"2014 年世界杯各参赛球队"关系图

14.4.2　足球水平发展分析

1)历届世界杯总进球数

每场足球比赛的进球数在一定程度上能代表比赛的精彩程度与观赏性,也能反映足球的发展水平。我们对历届世界杯的总进球数量进行分析,画出散点图。

从图 14-82 可以看出,历届世界杯的进球数总体呈现上升趋势,最多时是 1998 和 2014 年,达到了 171 个进球,最少时是世界杯开始举办时的两届,只有 70 个进球。这说明在世界杯举办的初期,受各种因素影响,足球水平还不是很高,但经过 20 届世界杯的发展,世界足球水平和足球比赛的精彩程度呈现越来越高的发展趋势。值得关注的是,1954 年和 1982 年这两年出现了较大的跳跃,考虑可能是因为比赛场次或其他特殊原因。

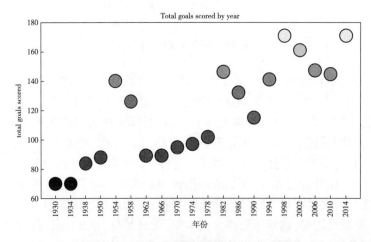

图 14-82　"历届世界杯总进球数"散点图

2）主办世界杯比赛次数最多的城市

分析历届世界杯主办比赛次数最多的城市,画出排名前 15 的城市,其条形图如图 14-83 所示。从图中可以发现,墨西哥城举办的比赛次数最高,达 23 次,第 2 和第 3 分别为乌拉圭的蒙得维的亚市和墨西哥的瓜达拉哈拉市。墨西哥在举办比赛的次数上呈现较高的数量,在一定程度上反映出墨西哥较好的足球氛围。

3）夺冠最多的国家

分析历届世界杯各国的夺冠次数,可以了解各国的足球发展水平。其次数排名条形图如图 14-84 所示。截至 2014 年世界杯,夺得冠军次数最多的球队是巴西,共 5 次夺冠,其次是德国和意大利有 4 次,阿根廷和乌拉圭有 2 次,英国、法国和西班牙分别各有 1 次。

从世界地图(图 14-84)上进一步分析各国的夺冠次数,可以发现足球发展呈现明显的地域特征。南美洲和欧洲确实表现为足球世界的两极,所有夺过冠的国家都分布在南美洲和欧洲,如图 14-85 所示。这与这两大洲的足球环境、足球氛围密切相关。

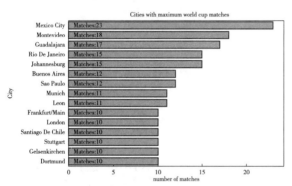

图 14-83　主办世界杯比赛次数前 15 的城市　　图 14-84　"各国夺冠次数"条形图

图 14-85　"各国夺冠次数"世界地图

4）世界杯决赛结果

进一步分析历届世界杯的决赛结果,除上述 8 个在决赛中夺得过冠军的国家,还有荷兰、捷克、匈牙利和瑞典国家也进入过决赛,且荷兰 3 次挤进决赛,但都在决赛中失利,获得 3 次亚军。另外,德国除了获得 4 次冠军以外,还获得了 4 次亚军,是进入决赛次数最多的国家,如图 14-86 所示。

5）参加世界杯比赛次数最多的国家

为进一步分析各国足球水平,画出参加世界杯比赛次数排名前十的国家,如图 14-87 所示。

参加比赛次数最多的是德国,有106次,其次是巴西,有104次。在这10个国家中,除了有过夺冠经历的8个国家外,新增了墨西哥和荷兰,分别排名第8和第10,其比赛次数分别为53次和50次。

　　结合前文,我们可以了解到墨西哥举办比赛次数较多,参赛次数也较多,但其并没有进入过决赛,这说明墨西哥的足球氛围较好,但比赛水平还未达到世界顶尖水平。

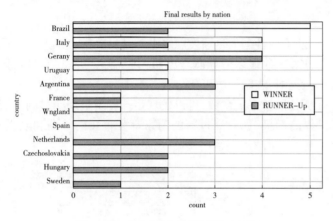

图14-86　"世界杯决赛结果"对比图　　　图14-87　世界杯比赛次数前10的国家

14.4.3　世界杯比赛特征

1) 主客场进球特征

　　分析世界杯的主客场进球特征。从主客场进球分布图(图14-88)中可以看出,主场和客场进球都呈偏态分布,都是进1个球的概率最大。整体来看,主场进球比客场进球更多,体现了主场优势的特征。

　　进一步画出历届世界杯主客场的进球分布小提琴图,图14-89显示主场进球数明显大于客场进球数,与前文整体分析一致。

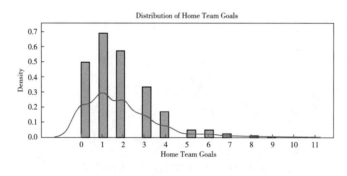

图14-88　"主客场进球分布"密度图

2) 主客场比赛结果特征

画出历届世界杯主客场比赛的结果环形图,从图 14-90 可以看出,在世界杯比赛中,客场获胜的比例只有 20%,而主场获胜的占 57%,比客场获胜的比例高出近两倍。另外还有 22% 的结果为平局。再次印证了主场存在优势的特点,在主场更容易获得比赛胜利。

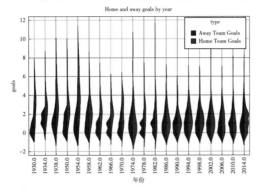

图 14-89 "历届世界杯主客场进球分布"小提琴图

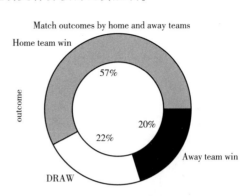

图 14-90 主客场比赛结果图

3) 参赛国家特征

分析参赛各国的比赛结果,画出其比赛结果图,按获胜的次数排序,如图 14-91 所示。巴西为比赛获胜次数最多的国家,其次是德国、意大利、阿根廷、西班牙、法国、荷兰、英国和乌拉圭。其赢球的次数都大于输球的次数。从图中也可以看出,德国是参加比赛次数最多的国家。

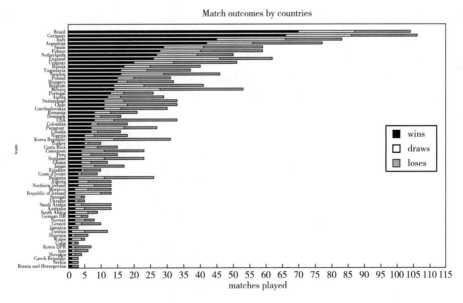

图 14-91 各国比赛结果图

进一步画出世界杯进球数排名前 10 的国家柱状图,从图 14-92 中可以看出,进球数排名前十的国家与前文分析的进入决赛次数最多的国家一致,说明这 10 个国家的足球水平处于世界前列。其中,排名第 1 的德国的总进球数为 224 个,排名第 2 的巴西为 221 个,阿根廷排名第 3 为 131 个。

由于各国参与的场次不同,因此我们也关注场均进球数。画出场均进球数前 15 的国家如图 14-93 所示。从图中可以看出，匈牙利是场均进球数最高的国家，场均进球数为 2.72 个；巴西排名第 2，稍高于德国，为 2.12 个；德国的 2.11 个场均进球排名第 3。其次分别是法国 1.8 个、荷兰 1.72 个。

匈牙利的场均进球表现情况值得关注，结合前文各国的比赛结果分析，可以发现，虽然匈牙利的场均进球数很高，但其比赛获胜率却只有 50%，也曾打入两次世界杯决赛，但遗憾的是都未能在决赛中取胜。

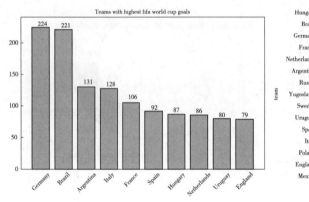

图 14-92　进球数前 10 国家　　　　　　　图 14-93　场均进球数排名

4) 点球大战特征

点球大战是足球运动中非常精彩刺激的一部分，往往能直接决定球队的比赛命运。分析历届世界杯出现点球大战的情况，首先画出历届世界杯出现的点球大战数量，如图 14-94 所示。从图中可以看出，截至 2014 年，每届世界杯点球大战的数量都在 1~4 场之间。值得关注的是，在 1982 年前，未出现过点球大战，所有比赛都在常规时间或者加时内比出结果。

进一步分析点球大战获胜最多的国家和点球大战输球最多的国家。从图 14-95 可以看出，阿根廷和德国是在点球中获胜次数最多的国家，分别都有 4 次点球大战获胜，说明其点球经验较为丰富。其次是巴西有 3 次和法国有 2 次。

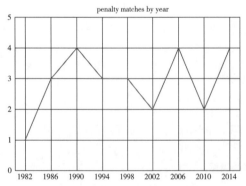

图 14-94　历届世界杯点球大战次数

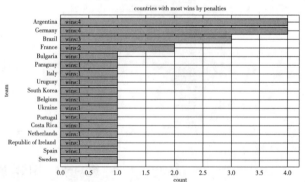

图 14-95　点球大战获胜最多的国家

在点球大战中输球的球队中（图 14-96），意大利和英国都输了 3 次，是输球最多的球队，而意大利有 1 次点球获胜，英国没有点球获胜经历。这两个国家可以通过加强点球大战的训练，提高比赛获胜几率。

5) 参赛球员特征

画出历届世界杯参赛球员的名字的词云图,如图 14-97 所示,从图中可以看出,历届比赛中出现最多的球员名字是 Jose,这是因为历史上有很多名字带 Jose 的球员。其他出现次数较多的球员名字分别有 Carlo、Luis 等。

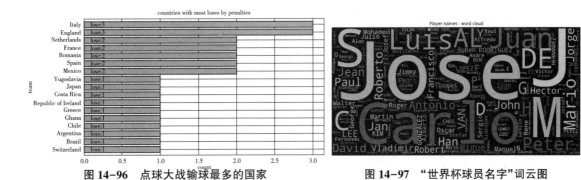

图 14-96　点球大战输球最多的国家　　　　图 14-97　"世界杯球员名字"词云图

14.4.4　各国比赛对比分析(德国 VS 阿根廷)

分析 2014 年冠亚军德国队与阿根廷的数据,如图 14-98 所示。从 1930—2014 年,德国队参加世界杯的总比赛次数、总进球数、赢球次数和平局次数均高于阿根廷。德国队参加世界杯的总比赛次数为 106 次,阿根廷只有 77 次;德国队的总进球数为 224 个,阿根廷的总进球数为 131 个。也就是说,德国队的场均进球数为 2.11 个,而阿根廷的场均进球数为 1.7 个。德国队总获胜次数为 66 次,阿根廷的总获胜次数为 42 次;德国队输球次数为 20 次,阿根廷的输球次数为 21 次;德国队的平局次数为 20 次,阿根廷为 14 次。因此,我们可以知道,德国队的获胜概率为 62.26%,阿根廷的获胜概率为 54.55%。不管是从场均进球个数还是比赛获胜概率来看,截至 2014 年,德国队都高于阿根廷,我们有理由相信其在 2014 年世界杯决赛中能够胜出。

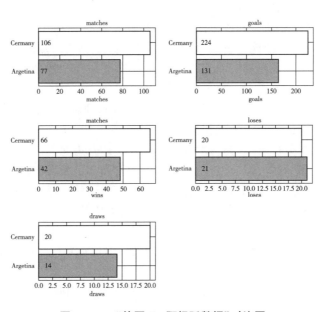

图 14-98　"德国 VS 阿根廷数据"对比图

14.4.5 小结

世界杯的话题经久不衰,通过本案例对历届世界杯数据的分析,我们可以对世界杯发展的整体情况有大体的了解,并得出以下结论:

(1)自1930年以来,足球世界杯的影响力越来越大,观看人数逐渐增多,参与的球队也越来越多,足球这项运动在世界范围内的普及性和受欢迎程度越来越高。

(2)世界整体的足球水平越来越高,每届世界杯的进球数量随时间呈上升趋势,且出现明显的地域特征,表现为南美洲和欧洲成为足球世界的两极。

(3)在世界杯比赛中,有主场获胜率更大的特征,在所有参赛国家中,德国、巴西、阿根廷和法国是强队,其在点球大战中,也同样表现出色。

(4)对比分析2014年冠亚军德国和阿根廷的比赛数据,德国全面占优,但其历史场均进球数还不是第1,第1是匈牙利。

这个案例的数据可视化分析,可以为世界杯研究提供理论事实依据,并可进一步进行相关统计分析。

14.5 基于招聘岗位的就业形势可视化分析

毕业生就业问题一直是社会关注的热门话题。受疫情影响,近两年全国的就业形势处于下滑阶段,无论是互联网企业还是实体企业都接连出现倒闭,诸多知名企业频繁裁员,综合就业率持续下滑。此外,企业出现资金倒挂、欠薪、未上"五险一金"等情况已成为就业市场的常见"雷区"。当今严峻的就业形势对大学生走进社会固然是个压力,但也是挑战。

据公开数据显示,2020年高校毕业生为874万,2021年高校毕业生人数达到了900万,而2022年的毕业人数直接突破了1000万。为在一定程度上缓解就业压力,近年来研究生招生人数一直在扩大,其中仅2020年硕士研究生扩招人数就达到了18.9万名。按当前趋势发展,硕士研究生在就业市场所占比例将日趋扩大。在不久的将来,就业形势可能发生更大的变动。因此,大学毕业生对就业形势有清晰的认知是十分必要的。

当今社会对人才在专业知识和各方面能力都有着较高的要求,且要求越来越高,如此高压的竞争环境会促使大学生不断地完善自我、提高自身能力。所谓"知己知彼,百战不殆",当代大学生在夯实专业基础、提高自身的能力的同时,也需要了解当今社会所需的人才类型,这对于找准就业方向、做好就业准备有着十分重要的意义。

本案例从数据科学相关专业学生所关心的就业岗位和领域出发,选取了6个主题岗位,分别为:数据分析、算法、产品、运营、金融和教育。

- 按岗位选取:数据分析、算法为技术岗代表,产品、运营为业务岗代表;
- 按领域选取:金融、教育,但应当注意,这里的教育岗多是教育机构的工作

从某主流招聘网站上按选取的6个主题岗位进行检索,将检索结果通过Scrapy爬虫框架进行爬取,共获取了包括北京、上海、广州、深圳,成都及杭州在内6个城市的近7000条数据。其中,每个城市的数据保存为一个CSV文件,每条数据包含岗位要求、公司名、学历要求、经验要求、行业、企业类型、岗位名称、工作地、公司规模、工资、岗位福利等15项内容。原始数据格式如图14-99所示。

由于用人单位招聘到合适的人员之后便会删除招聘信息,因此所获取的数据仅为目前公布的信息。考虑到考公信息每年均会变化,且不同省份不同地区的要求不尽相同,因此本案例仅针对非公务员性质的岗位进行分析报告。

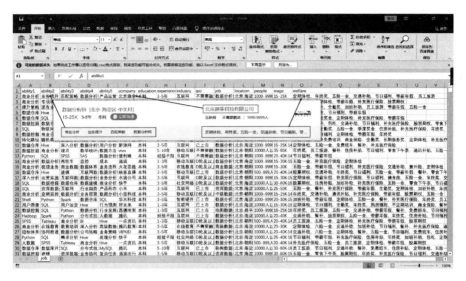

图 14-99　原始数据展示

在进行可视化分析前,首先对爬取的原始数据进行清理:

(1)去重及合并

将 6 个城市表内数据进行去除重复行处理,再将 6 个表的数据合并在一起,得到 job 表,共 6675 条数据;

(2)对岗位性质进行分类

a)若岗位名称 job 中包含"数据分析""分析",则将其认定为数据分析类;

b)若岗位名称 job 中包含"算法""NLP""架构师""自然语言""工程师",则将其认定为算法类;

c)若岗位名称 job 中包含"产品",则将其认定为产品类;

d)若岗位名称 job 中包含"运营""策划",则将其认定为运营类;

e)若岗位名称 job 中包含"银行""风控""风险""贷""金融""欺诈""信审""财""会计""融资""资产",则将其认定为金融类;

f)若岗位名称 job 中包含"教育""教师""老师""辅导员""班主任",则将其认定为教育类。

针对 job 表,添加 topic 列作为该行数据的类别标签。

(3)过滤、清洗数据

对于岗位名称不属于 6 类主题的行数据进行删除处理,最终得到了经过去重、合并、分类处理的 job 表,共 6 161 条数据。

(4)对所在城市进行划分

由于爬取到的信息中对于公司的定位精确到区(如"北京海淀"),因此只提取该企业所属城市信息,便于后续的分析,删除未得到城市划分结果的数据。

(5)对公司规模进行分类

a)若公司人数为 10 000 人以上,认定为特大企业;

b)若公司人数为 1 000-9 999 人:

i. 企业类型为已上市或处于 D 轮及以上融资状态,认定为大型企业;

ii. 否则为中大型企业;

c)若公司人数为 500-999 人,认定为中型企业;

d）若公司人数为 100-499 人，认定为小型企业；

e）若公司人数为 20-99 人或 0-20 人，认定为微型企业；

f）对不属于上述规模的公司，共 37 条记录，将其删除。

（6）年薪数值化处理

爬取的数据中年薪数据的格式为 $min - max\ K \cdot \alpha$ 薪，由于其为文本型数据，所以对其进行一系列的处理将其转化为数值型数据，使最终得到中位数年薪，便于后续对年薪数据进行分析，即：

$$15-25K \cdot 14\ 薪 \blacktriangleright 280000$$

经过一系列数据处理，我们将每条数据包含的 15 项字段转化为 4 大类，包括用人单位对应聘者的岗位要求、提供的岗位待遇、公司信息和岗位信息。具体如表 14-2 所示。

表 14-2　处理后数据描述表

数据项	岗位要求			岗位待遇		公司			岗位
	能力要求	学历要求	经验要求	工资	福利	所在城市	企业规模	所属行业	岗位性质
值类型	文本	类别	类别	数值	文本	类别	类别	类别	类别

14.5.1　岗位需求分析

首先，对我们关注的 6 类岗位信息进行分类统计，得到图 14-100。

经过一系列的处理之后得到的 6 124 条记录中，有 20% 的岗位为数据分析岗，16% 的岗位为运营岗，14% 的岗位为产品岗，13% 的岗位为教育岗，29% 的岗位为算法岗，8% 的岗位为金融岗。之后的分析均在此基础上进行。

1）需求分析——学历

图 14-101 表明，在当代的教育大环境下，虽然在各个领域就业岗位中超过半数的岗位学历要求仅为本科毕业，但是在算法领域，对研究生学历要求明显超出其他领域，表明随着大数据时代的发展，算法岗位以及数据分析岗位等与大数据息息相关的专业对高学历要求远超其余岗位。在未来，研究生学历也将越来越成为大数据时代的硬性要求。

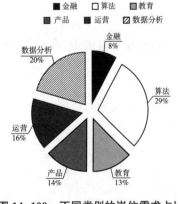

图 14-100　不同类别的岗位需求占比

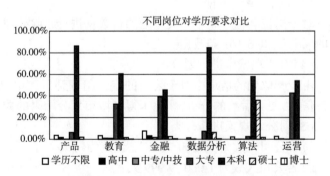

图 14-101　不同岗位对学历要求对比

2) 需求分析——经验

图 14-102 表明,在严峻的就业环境下,本案例所选取的 6 大类工作岗位,均要求有一定的工作经验,其中教育行业对工作经验的要求度最低,这表明我国教育行业处在一个平稳发展时期,对职场新人有较高的包容性;与此相反,算法以及数据分析岗位的所需经验要求相对较高,表明大数据行业在当代处于一个上升发展时期,算法、数据分析类需要由大量经验丰富的工作者来带动发展。由此可知,在校研究生如果想进入互联网行业发展,在校时应该多寻找相关实习机会充实自己的经验。

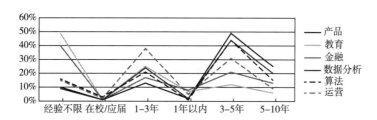

图 14-102　不同岗位所需经验分析

14.5.2　岗位薪资分析

1) 年薪分析——岗位

由图 14-103 可知,横向对比 6 个岗位的年薪,其中算法岗中位数年薪为 42 万元,显著高于其他岗位;其次是数据分析,为 28.1 万元;再次是产品经理,为 27 万元;最低的是教育岗,中位数年薪为 15 万元。由此可知,在大数据时代背景下,人才市场中对技术性人才的需求比较旺盛。具体而言,算法岗的工资极其高,其中位数年薪超过了 40 万,但这在一定程度上也可以反映算法的高端人才仍然稀缺,物以稀为贵,所以算法岗的薪资相对最高。

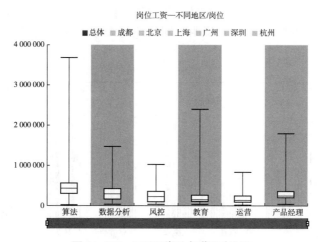

岗位工资—不同地区/岗位

图 14-103　"不同岗位年薪"对比图

分析其原因,由于人工智能以及科技未来发展的趋势,智能化的产品越来越普遍。智能化离不开算法,算法作为主要的支撑点,所以薪资相对最高,这方面的专业人才就得到很大的青睐。但同时,算法工程师相比别的编程职位难度要更大,所以薪资处于 6 大岗位之首,与之相反,教育岗位与运营岗位处于年薪相对较低的水平,说明目前这两类工作人才市场属于一个相对稳定的状态。

另外,需要额外说明的是,由于招聘网站上的岗位信息为社招岗,所以其大部分岗位并非面向应届生,也就是说这种工资并不是一毕业就可以拿到,一般需要工作几年之后才能匹配到每个岗位对应的工资。

2) 年薪分析——学历

由图 14-104 可知,要求不同学历的岗位的平均年薪有巨大差别,而且变化速度也随着学历提升阶段的变化不同。具体而言,在从本科到研究生学历的转变中,平均年薪变化的斜率最大,涨幅约为 15 万,说明从本科学历到研究生学历的提升是平均年薪产生质的飞跃的关键点。而大专以下学历平均年薪几乎没有差别,均在 10 万元左右。

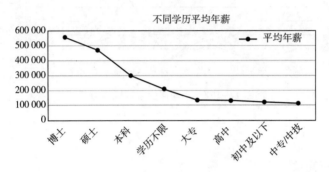

图 14-104　不同学历年薪

3) 年薪分析——岗位和学历

由图 14-105 可明显看出,在金融、算法、数据分析岗位上,要求硕士、博士学历的岗位平均年薪显著高于要求其他学历的岗位,基本称得上"一览众山小"。这说明在大数据时代,近 10 年一直处于热门的金融、算法以及数据分析岗对高学历人才开出的报酬更高,待遇报酬也处于遥遥领先的地位。而在产品、教育、运营岗位,各学历之间的年薪差异并不很大,甚至产品和运营岗上没有一份工作要求博士学历,这说明不同岗位对人才需求程度不一样,同样对人才的重视程度相差很大。

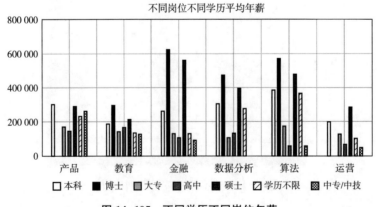

图 14-105　不同学历不同岗位年薪

从实际角度出发,如若想谋取一份高薪的工作,取得了硕士学历是一方面,进入相对而言的"高薪"岗位,又是另一方面。

4)年薪分析——城市

这里仅以数据分析岗(相对最符合本专业)作为代表来进行说明,其他岗位的数据读者可自行分析。

由图 14-106 可以看出,在我们所关心的 6 个城市中,数据分析岗的平均年薪从低到高依次为:成都(中位数年薪 12 万)、广州(中位数年薪 20.4 万)、上海(中位数年薪 31.5 万)、杭州(中位数年薪 33 万)、深圳(中位数年薪 34.75 万)、北京(中位数年薪 39 万)。

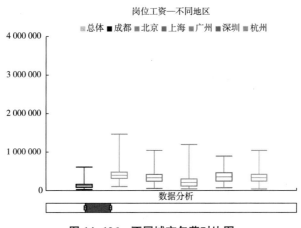

图 14-106　不同城市年薪对比图

分析其原因,这里的数据分析师岗位大多由互联网公司提供,所以工资除了与城市的物价水平、房价等有很大关系之外,还取决于当地的互联网发展水平,因而在选择就业城市时应综合多方面因素考虑。

5)年薪分析——企业规模

这里仅以数据分析岗(相对最符合本专业)作为代表来进行说明,其他岗位的数据读者可自行分析。由图 14-107 可知,基本上随着企业规模的变大,企业所提供岗位的年薪也在升高。

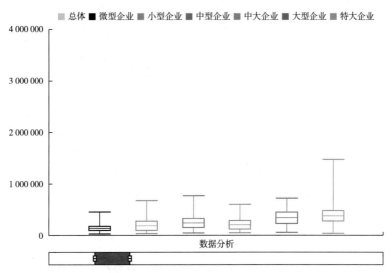

图 14-107　"不同规模企业年薪"对比图

14.5.3 岗位能力分析

提取不同岗位的能力要求并统计词频,具体处理时,数据分析、算法、产品、运营这 4 个岗位直接对原始数据中的能力描述进行统计,而教育、金融这两个岗位由于原始数据中能力描述的重合度过高,对其进行了分词处理,最终各岗位的前 10 高频词如表 14-3 所示。

表 14-3 高频词表

岗位	教育	数据分析	算法	产品	运营	金融
	教育	数据挖掘	深度学习算法	需求分析	店铺推广	风控
	教师	SQL	Python	市场调研	网店店长	银行
	销售	Python	Java	数据分析	淘宝天猫运营	催收
	培训	数据分析师	自然语言处理	产品经理	运营专员	金融
高频词	顾问	商业分析	C++	产品经验	跨境电商	销售
	教研	Hive	推荐算法	产品迭代	品类运营	风险
	数学	数据仓库	视觉图像算法	用户研究	电商平台	管理
	授课	建模	TensorFlow	项目管理	数据分析	信贷管理
	小学	大数据	PyTorch	产品上线	运营经理	建模
	课程	深入分析	搜索算法	功能产品	京东运营	信贷

1) 能力分析——教育岗

对教育岗位的能力要求进行进一步分析,根据词频大小绘制了词云图(图 14-108),可以看到其着重强调的能力有教研、教育、线上授课、一对一辅导、培训等,在科目上英语、数学、语文、理科的词频较高,在年级上初中、小学的词频较高。

2) 能力分析——数据分析岗

对数据岗位的能力要求进行进一步分析,根据词频大小绘制了词云图(图 14-109),可以看到其着重强调的能力有数据挖掘、SQL、Python、商业分析、数据仓库等,其中对数据挖掘能力的需求远高于其他需求,具体技能以 SQL 和 Python 为主。

图 14-108 "教育岗位能力要求"词云图　图 14-109 数据分析岗位能力要求词云图

3) 能力分析——算法岗

对算法岗位的能力要求进行进一步分析,根据词频大小绘制了词云图(图 14-110),可以看到其着重强调的能力有深度学习算法、自然语言处理、视觉图像算法、推荐算法、搜索算法、Python、TensorFlow 等。和数据分析岗位相比,算法岗位对各种能力的要求没那么集中,但对深度学习算法的要求仍然显著高于其他能力。

4) 能力分析——产品岗

对产品岗位的能力要求进行进一步分析,根据词频大小绘制了词云图(图 14-111),可以看到其着重强调的能力有市场调研、需求分析、产品经营、数据分析、用户研究、产品迭代、产品上线等,产品岗位的能力要求分布相对较为集中,主要就是市场调研、数据分析和需求分析。

图 14-110　"算法岗位能力要求"词云图　图 14-111　"产品岗位能力要求"词云图

5) 能力分析——运营岗

对运营岗位的能力要求进行进一步分析,根据词频大小绘制了词云图(图 14-112),可以看到其着重强调的能力主要和电商有关,包括淘宝、天猫、京东等各种网店的运营和推广,以及品类运营、电商活动、文案等各种技能。

6) 能力分析——金融岗

对金融岗位的能力要求进行进一步分析,根据词频大小绘制了词云图(图 14-113),可以看到其着重强调的能力主要有信贷管理、风险管理、风控建模、反欺诈调查等,基本上全部为风控方面的能力要求。

图 14-112　"运营岗位能力要求"词云图　图 14-113　"金融岗位能力要求"词云图

14.5.4 岗位福利分析

首先对岗位福利进行量化处理,将其从文本描述转化为数值比例(提供该福利的岗位占所有岗位的比例)。主要对两组福利进行了量化:

(1)基础:"五险一金"、带薪年假、定期体检、年终奖、节日福利、员工旅游、股票期权;

(2)进阶:餐补、交通补助、加班补助、通讯补贴、住房补贴、零食下午茶、补充医疗保险

举例而言,对"数据分析"岗位的处理过程为:

(1)从原始数据集中提取所有"数据分析"岗位的福利描述,每条描述都是一个长文本;

(2)以","为分割符将长文本切成词,得到每个岗位提供的各项福利;

(3)进行词频统计,得到"数据分析"岗位提供的各项福利数量;

(4)用某福利的词频数除以岗位总数,得到"数据分析"岗位中提供该福利的岗位比例。

1) 福利分析——基础福利

将各个岗位提供福利的情况绘制为雷达图,基础福利的雷达图如图 14-114 所示。

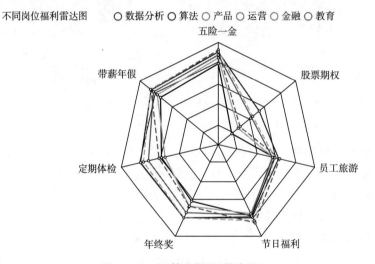

图 14-114 "基础福利"雷达图

由图 14-114 可以看出,在基础福利方面,比较不同岗位,可以看到算法岗位提供福利的比例最高,金融岗位提供福利的比例则是最低的,算法岗位对金融岗位完成了"全包围"。整体上看,技术岗位(数据分析、算法)提供福利的比例相较于业务岗位(产品、运营)更高。

在各项福利上,"五险一金"方面各岗位差距不大,都比较高,其中教育岗位中有 92.6% 的岗位都提供了"五险一金",为最高,金融岗位只有 79.2% 的岗位提供了"五险一金",为最低;

带薪年假方面和"五险一金"类似,算法岗位最高,金融岗位最低;

节日福利方面比较接近,各岗位都在 80% 左右;

员工旅游方面也比较接近,各岗位都在 60% 左右;

定期体检上差距较大,算法岗位、数据分析岗位达到了 80%,而运营岗位、金融岗位仅有 55%,这也侧面反映了技术类岗位对身体的消耗较为严重;

年终奖方面情况类似,算法岗位和数据分析岗位为 80%,最高,而金融岗位为 60%,最低;

而在股票期权方面各岗位差距很大,最高的算法岗位达到了 53%,最低的金融岗位仅有 17%,数据分析岗位、产品岗位在 40% 左右,教育岗位、运营岗位在 30% 左右。

2) 福利分析——进阶福利

进阶福利的雷达图如 14-115 所示。

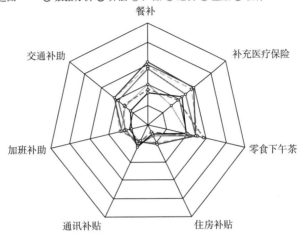

图 14-115　"进阶福利"雷达图

从图中可以看出,在进阶福利方面,各岗位提供福利的比例都不高且差异较大,比较不同岗位,可以看出算法岗位提供福利的比例是最高的,运营岗位提供福利的比例则是最低的,算法岗位对运营岗位完成了"全包围"。整体来看,算法岗位、数据分析岗位、产品岗位较为接近,且明显高于教育岗位、金融岗位、运营岗位。

在各项福利上,加班补助方面金融岗位仅为 17%,其他岗位都为 25% 左右;

通讯补贴方面金融岗位最高,为 24%,其他岗位都在 20% 左右;

住房补贴方面算法岗位和数据分析岗位为 20%,其他岗位都不高于 10%,再一次体现了技术岗位在福利上的优越;

零食下午茶方面教育岗位达到了 57%,为最高,金融岗位 39%,为最低;

补充医疗保险上差距较大,算法岗位、数据分析岗位达到了 57%,而运营岗位仅为 30%,这也再一次侧面反映了技术类岗位对身体的消耗较为严重;

餐补方面,算法岗位为 60%,最高,数据分析岗位和产品岗位为 57%,金融岗位为 32%,最低;

交通补助方面情况类似,最高的算法岗位和数据分析岗位达到了 43%,最低的金融岗位仅有 22%。

总体而言,技术类岗位福利较好且明显好于其他岗位,其中算法岗位福利最好,数据分析岗位次之,产品岗位再次之,另外 3 个岗位在不同福利上有差别但总体很接近。

14.5.5　岗位背景分析

1) 背景分析——岗位

这里仅以数据分析岗作为代表来进行说明,其他岗位的数据读者可自行分析。由图 14-116 可以看出,在岗位和城市交叉方面,6 个城市具的数据分析岗数量相差不大,均在 180~210 之间,其中北京(210)最多,上海(181)最少;在岗位和行业交叉方面,可以看到,互联网行业的数据分析岗位是最多的,其次是电子商务和金融、计算机软件,其余行业均很少。

2) 背景分析——行业

这里仅以互联网作为代表来进行说明,其他岗位的数据读者可自行分析。由图 14-117 可以看出,在行业和岗位交叉方面,互联网行业中的算法岗最多,数据分析岗次之,运营岗最少;在行业和企业规模交叉方面,互联网行业中提供岗位最多的是特大企业,其次是大型企业,微型企业最少。

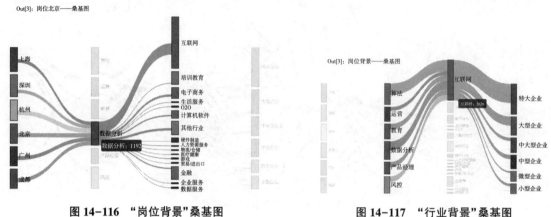

图 14-116 "岗位背景"桑基图

图 14-117 "行业背景"桑基图

14.5.6 就业现状分析

了解现今大学生的就业情况对当前在校生就业有着参考和借鉴的价值,故对某"双一流"财经院校某学院研究生就业现状进行分析。选择近 5 年(2015—2019)的数据,基于该真实毕业去向数据,对硕士研究生毕业后选择升学或就业,以及就业的行业类型进行了分析,样本总量为 107 份数,具体分布如表 14-4 所示。

表 14-4 抽样数据分布表

年份	样本量	读博人数	工作人数	互联网	金融
2019 年	22	4	18	4	10
2018 年	33	6	27	9	13
2017 年	22	1	21	12	8
2016 年	22	1	21	5	12
2015 年	8	2	6	1	5

硕士类型分为专业型硕士和学术型硕士;毕业去向分为升学(读博)和就业,其中,读博院校分为本校、985 院校(外校)及 211 院校(外校);就业的行业分为互联网、金融、行政、咨询和其他 5 类。

注意:由于样本量较小,属于抽样调查数据,抽样结果可能有偏差,下述分析结果仅供参考。

1) 总体去向分析

在现有的年份、硕士类型、毕业去向、行业细分这 4 个字段的基础上,我们尝试加入"性别"这一字段来对数据进行更深入的挖掘,通过绘制桑基图来直观显示研究生流向。

由图 14-118 可见,一方面,男生、女生在读研时对专业型硕士、学术型硕士的选择没有太大的性别差异;另一方面,男生、女生在毕业后大多都倾向于直接就业,少数人会选择读博进行深

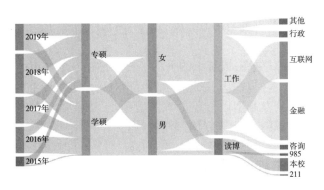

图 14-118　"研究生毕业"流向图

造。且在我们得到的数据中,女生读博的人数更多,说明女博士如今所占比例在逐渐提高。

毕业后读博的同学大多数都选择本校进行深造,在外校读博的同学中,985、211 院校的比例大致相同。而毕业后直接工作的同学大多数都选择互联网、金融行业,进入行政、咨询和其他行业的同学所占比例大致相同。

将图 14-118 稍作修改得到图 14-119,根据此图,从读博选择来看,学术型硕士选择读博的比例显著高于专业型硕士,专业型硕士同学几乎都于毕业后直接就业。从就业选择来看,不论男女,在毕业后均偏向于互联网、金融业。

2)历年去向分析

在上述数据处理的基础上,将毕业去向分为读博、进入金融行业、进入互联网行业、进入其他行业这 4 个大类,分析不同年份毕业去向的变化情况,绘制堆积图如图 14-120。

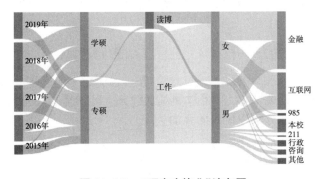

图 14-119　"研究生毕业"流向图

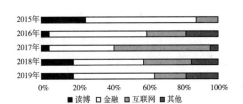

图 14-120　"毕业去向"堆积图

2015 年的数据较少,不能保证代表性,但观察后 4 年的分布情况可见,金融、互联网行业在每年均为大家选择就业的热门领域,且随着大数据时代的到来,进入互联网领域的毕业生比例有所提升。而且近两年选择读博的比例也在提高,可能是由于就业压力的增大,大家选择进一步深造提升自己,避免激烈的求职竞争。

根据以上分析,互联网、金融行业已成为数据分析相关专业学生毕业后的主流去向领域,主要原因在于数据分析的所在学院所学专业结合大数据和传统金融两个领域,在就业时选择面也较广,因而此类学生在找工作时可多关注这两方面的招聘信息。

14.5.7　小结

本案例对招聘及学校毕业生相关数据进行数据可视化,从而对现今数据科学相关专业的就

业情况进行分析,得到以下主要结论:

(1)技术岗位(算法岗、数据分析岗)的工资水平、福利待遇更好,与之相对,其对学历、经验的要求也更高;

(2)大厂的工资水平相对更高,成都市的平均工资水平在6个城市中相对较低;

(3)技术岗位的能力要求(算法岗、数据分析岗)相对更贴近本专业的培养体系;

(4)在就业去向上,无论专业型硕士还是学术型硕士,毕业后选择就业的人数所占比重均高于读博人数,且毕业生偏向于进入互联网、金融行业。

14.6　B站番剧数据可视化网站设计

随着经济不断发展,各国的文化交流也越发频繁。网络世界的年轻化,也促使多种产业的兴起,其中动漫产业是其中的典型代表。在越来越多年轻人将观看动漫当作日常消遣一部分的今天,我们有必要通过数据的视角去了解动漫,探索动漫备受追捧的秘密。B站作为近年来新兴崛起的视频网站,其发展上很重要的一个环节就是动漫的引进和推广,是当代年轻人观看动漫的首选。因此通过B站的动漫(在B站统称为番剧)数据,可以很好地表现出国内动漫爱好者的偏好及行为,进而从中发掘出有价值的规律。所以本案例希望以网站形式,将B站动漫数据以可视化方式呈现出来,供大家参考。

由于动漫更新速度较快,数据需要不断更新,因此本网站数据采用后台Python脚本形式每日早上进行更新,搭建采用腾讯云服务器,框架为Pyecharts+Nginx+Flask,网站分为总页面和单个番剧页面,总页面展现整体数据情况,单番剧页面着重展现各个番剧的表现。

案例数据重点关注番剧的追番人数、播放量、弹幕量、用户投币数量、评分等数据,数据起始时间为2021-01-09,并每日持续进行更新,读者可直接访问网站链接:https://www.hi-cpy.xyz:805/anime,体验更多互动。

14.6.1　主页面可视化展示

(1)"总体数据"柱状图+折线图

图14-121展现的是所有番剧的播放总量、追番人数、弹幕数和观众评分。其中播放总量、追番人数、弹幕数三个指标用柱状图呈现,观众评分采用折线图叠加呈现。

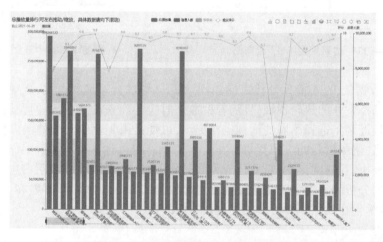

图14-121　"总体数据"柱状图+折线图

总体来看,此图展现了 B 站番剧的整体形势和各个番剧的基本播放情况,其中番剧按照总播放量进行排序。柱状图默认隐藏了弹幕量,因为番剧的受欢迎程度大部分还是依赖其余 3 个指标,并且 3 个柱状图同时排列可能造成视觉混乱。如受众需要,可以自行选择展示哪个柱状图。评分的呈现采用折线图叠加的形式,原因是评分范围为 1~10,不同番剧的差别不大,折线图能直观呈现评分信息。纵坐标分别使用了 3 个不同的坐标范围。由于播放量、追番人数、评分的取值范围相差较大,如果采用相同的坐标,会使数量极小的两个指标被忽略而难以查看。最后,图形加入缩放条,由于番剧总个数超过 140 个,难以在有限宽度的屏幕上呈现出来,所以默认首页展示 10% 数量的番剧,剩下的数据可以通过拉动下方的拖拽条查看,或者进行横坐标的缩放同时查看。

(2)"单日总播放量"日历图

日历图和热力图很类似,呈现了一个时间序列数据的大小分布。番剧单日总播放量日历图 (图 14-122)呈现了从数据起始点到最新一期数据的播放热度情况,其中单日数据采用的是当天番剧的总播放量数据。从日历图我们可以看到,由于番剧的放送周期一般是 3 个月一个大周期,新番的集中放送时间通常是 1 月底—2 月初、4 月底—5 月初,之后每 3 个月一次。图中我们看到,红色方块代表播放数较多的日期,而红色方块较为集中的是 1 月底—2 月初的这一段时间,这段时间也是 2021 年的第 1 个番剧集中放送期。而 4 月底—5 月底播放量相对较小,主要原因是这部分时间的新番总体不如人意,所以观看量也不多。而从星期几的维度来看,星期五—星期日的红色方块较为集中,所以 B 站用户观看番剧的时间更多地会集中在周末。

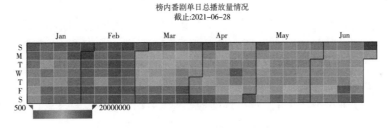

图 14-122 "单日总播放量"日历图

(3)"播放热度"仪表图

日历图展现的是一个整体的播放情况,单日数据没有很好地呈现出来,所以这里单独采取一个仪表盘来给受众直观的呈现出昨日番剧播放量整体是大于平均值还是小于平均值。图 14-123 可以展示昨日番剧的播放热度。

(4)"单日信息"玫瑰图

由于上面展示更多的是全时间段的数据,而作为网站,很重要的任务就是对每天的数据进行更新和呈现。因此这里使用玫瑰图(图 14-124),呈现出每日的新增数据情况,包括新增播放数、追番人数、弹幕增加数等。从这个维度,我们可以看到每日番剧的受欢迎程度,进而发现一些规律。比如新增播放的前几名通常还是老番,这是由于老番的用户积累量较多,所以在同样的播放比率的假定条件下,会得到更多的每日新增播放。而新增的追番人数则是新老皆有,这是由于老番的用户基数比较稳定,受众已经基本覆盖,因此就会给新番一些新增的机会。这里还将每个番剧的封面图用来替换饼图的文字部分(采用

图 14-123 "播放热度"仪表图

JavaScript），使得整个图更符合番剧用户的观看体验，一眼就能看到自己熟悉的角色。当然文字信息也有所保留，包括右侧的标签和鼠标指针移动到图上显示的浮动信息。

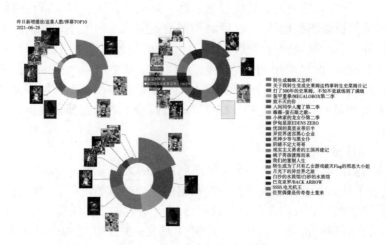

图 14-124　"单日信息"玫瑰图

（5）"热门番剧"词云图

这里每日搜集单日播放量 TOP10 的番剧最新一集弹幕，总计 3 000×10 = 30 000 条，采用 Jieba 分词和 Wordcloud 进行制作，可以直观地看出当日的热点词汇和热点主题，如图 14-125 所示。这里的蒙版采用的是 Pokemon（又称"宠物小精灵"、"精灵宝可梦"）初代 151 个角色每日随机选择，因为初代的 151 个宝可梦是玩家和动漫爱好者最为熟悉的角色，既可使得词云图没有那么单调，又比较贴切网站的主题，还会给动漫爱好者们带来亲切感，每日随机变换也能给用户带来新鲜的体验。

（6）"各类型番剧"雷达图

这里通过对番剧进行分类，通过对平均播放数量、平均评分等 6 个维度进行统计，展现出不同类型番剧的雷达图，方便用户对不同番剧类型进行比较。从图 14-126 中我们可以看出，恋爱类型番剧的整体评分比较低，但是平均的投币量、弹幕量都是顶尖水平，由此看出观看恋爱剧的观众会更大程度地在页面与番剧内容进行互动，但是恋爱类型番剧的整体质量其实并没有达到平均水平。同理，我们也能得到其他类型番剧的类似信息，这里不再赘述。

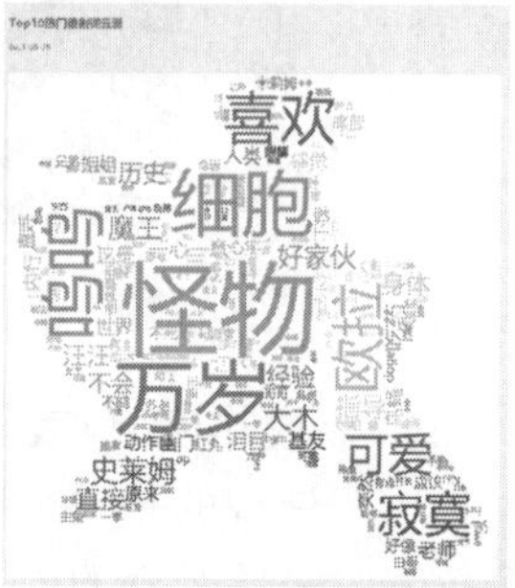

图 14-125　"热门番剧"词云图

（7）"声优"旭日图

就像看电影一样，我们通常只会关注单个电影的演职员表，而忽略了某段时间某个演员/导演同时参与了多少电影的制作。而这个问题又是较为重要的，它在一定程度上反映了某个演职员的受肯定程度。对于某个演职员的粉丝而言，也可以通过统计该演员的参演剧来观看。对于番剧来说同样如此，只不过将演员换成了声优（配音演员）。图 14-127 统计了 2021 年参演量超过 6 个的声优数量，不仅展现了声优和数量，还分别呈现了对应的番剧名以及对应的配音角色。其中参演最多的演员竟然参演了 10 部番剧的制作。

（8）声优桑基图

旭日图强调得更多的是结构化的数据，通过声优去找对应番剧。如果我们想要反过来用番剧对应不同的声优，旭日图便不够直观。因此我们通过桑基图（也可以用关系图）来展示这样的数据，通过对右部分节点的点击，就可以单独呈现某部番剧的演职员信息，如图 14-128 所示。

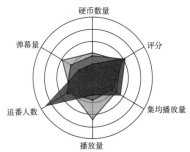

图 14-126 "各类型番剧"雷达图

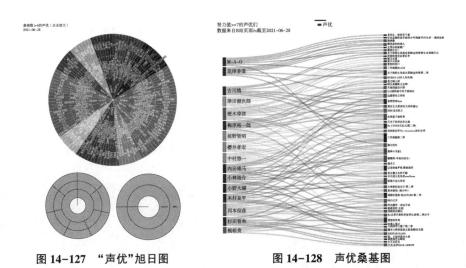

图 14-127 "声优"旭日图   图 14-128 声优桑基图

(9)"各类型番剧"矩形树图

之前我们展示了不同类型番剧的雷达图,但没有具体说明每个类型包括哪些番剧。因此我们使用矩形树图,将不同类型的番剧展示出来,更方便查阅,如图 14-129 所示。

(10)具体数据呈现

如果受众还想获得详细的数据,可以在原始数据中获取。其中默认颜色与主题色更为贴合,排序同样为总播放量,而每日排名上升的番剧自动更新为红色,下降的为绿色,如图 14-130 所示。

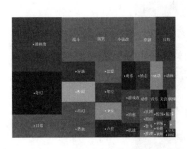

图 14-129 "各类型番剧"矩形树图   图 14-130 原始数据

14.6.2　单个番剧页面可视化展示

上一小节我们展现的是整体的历史数据或是单日新增数据，从中很难看到单个番剧的历史信息。比如我们想要知道喜欢的某个番剧某个时间段的播放量、评分走势等，这时候就需要对每个番剧单独进行呈现。这里我们将入口放在图14-130的原始数据上，单击左侧番剧名就可进入对应的番剧单独页面。（可点开网页体验跳转）

（1）单番剧播放量、集均播放量、播放排名走势图

我们采用柱状图和折线图结合的形式，呈现了单个番剧播放量的走势数据，如图14-131所示。其中由于数据较为密集所以隐藏了数据点，仅对最大值、最小值进行强调标记。对比多个番剧我们发现，通常集均播放不断上升的番剧，其排名都会比较稳定，比如《工作细胞第二季》在播放结束前一直稳定在第2—6名的范围内。当番剧全部集数放映完后，排名通常会下降，这是因为想要观看的用户在播放完前基本已经看完，新增用户会少很多。这个现象也说明番剧和电影、电视剧比较类似，重复观看体验不佳，很少有用户会选择进行重复观看。

（2）"单个番剧追番人数、弹幕总量、评分"走势图

这里对3个基本数据采用折线图的形式呈现，如图14-132所示。由于3个维度的取值范围相差较大，也使用了3个纵坐标的形式。从历史走势可以看到某些番剧可能存在部分异常值，这是由于一些特殊事件的影响，比如《约定的梦幻岛》由于制作方的问题，导致中间某段时间遭到了抵制和下架，导致其评分的持续走低和弹幕数量异常。同时我们联系图14-132的排名走势可以看到，某个番剧的评分走低影响其播放量的排名，有一个延后的效应。

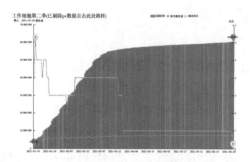

图14-131　"单番剧播放量、集均播放量、播放排名"走势图

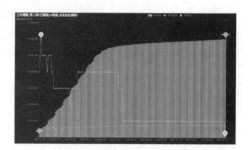

图14-132　"单个番剧追番人数、弹幕总量、评分"走势图

（3）单个番剧原始数据图

当然这里也将原始数据进行展示，方便受众查阅，如图14-133所示。

图14-133　单个番剧原始数据图

14.6.3 小结

本案例采用了柱状图、折线图、饼图、日历图、仪表图、雷达图、词云图、桑基图、矩形树图、旭日图、原始数据图等 11 类图表,分别展现了 B 站番剧整体播放数据和单个番剧的走势数据,6 个不同数据维度基本涵盖了所以用户关注的指标,通过不同的统计手段,展现了多种不同角度的数据。在基础图像还进行了进一步美化,比如利用 JS 替换饼图文字为番剧图片、词云图替换默认模板,以使其更符合网站主体和用户喜好。

[小测验]

1. 案例"美国暴力枪击事件可视化分析"未使用的可视化图像是(　　)。
A. 词云图　　　　B. 雷达图　　　　C. 平行坐标图　　　　D. 瀑布图

2. 案例《TMDB 电影数据可视化分析》中使用的仪表盘,可归为哪种可视化视角?(　　)
A. 分布　　　　B. 相关关系　　　　C. 局部与整体　　　　D. 时间趋势

3. 案例"高中教学分析系统数据可视化探索"中,绘制的学生个人社交关系图使用的节点布局方式属于(　　)。
A. 星型布局(star)　　　　　　B. 环形布局(circle)
C. 球型布局(sphere)　　　　　D. 随机布局(random)

4. 案例"历届足球世界杯数据可视化分析"中,图 14-91 使用的是小提琴图中的哪种变体?(　　)
A. 变换坐标系后的小提琴图
B. 分边小提琴图
C. 与散点图结合的小提琴图
D. 替换箱线图的小提琴图

5. 案例"基于招聘岗位的就业形势可视化分析"中,大量使用了箱线图,我们可以使用哪种图形对箱线图进行替代?(　　)
A. 柱状图　　　　B. 饼图　　　　C. 折线图　　　　D. 小提琴图

6. 案例"B 站番剧数据可视化网站设计"中多处使用了同一图形多个纵坐标刻度,其原因是(　　)。
A. 多个纵坐标的数量级差别较大
B. 纵坐标的数据类型不同
C. 便于进行交互
D. 信息展示更准确

第四部分　数据可视化建模

　　数据可视化是数据工作者了解并展示数据最为有效的工具。在计算机出现以前,人们已经开始利用可视化方法传递信息。而计算机的出现,使得可视化变得更加便利。然而,简单的数据可视化仅仅能展示数据的表象,隐藏在数据背后的规律则需要通过数据分析和建模来挖掘和展示。在第三章中,我们也曾通过钻石的例子来说明,有时候简单的数据可视化不但不能帮助我们发现数据的规律,反而常常误导我们得到错误的结论。

　　这一部分,我们将介绍常用的数据建模方法,主要包括统计学习模型、网络模型。

◆ 15　统计学习模型

统计学习是基于数据利用计算机来构建概率统计模型并使用该模型来进行预测和分析的学科。统计学习的主要特点有：①统计学习基于计算机和网络，建立在计算机和网络之上；②统计学习以数据为研究对象，是一种数据驱动的学科；③统计学习的目的是预测和分析数据；④统计学习以方法为中心，统计学习方法用于构建模型，模型用于预测和分析；⑤统计学习是概率论、统计学、信息论、计算理论、优化理论和计算机科学的结合。

赫伯特·西蒙（Herbert A. Simon）曾对"学习"给出以下定义："如果一个系统可以通过执行一个过程来提高其性能，那就是学习。"根据这种观点，统计学习是一种机器学习系统，它使用计算机系统和统计方法来提高系统性能。

统计学习分为有监督学习与无监督学习。有监督学习又被称为"有老师的学习"，所谓的"老师"就是标签。有监督学习先通过已知的训练样本（如已知输入和对应的输出）来训练，从而得到一个最优模型，再将这个模型应用在新的数据上，映射为输出结果。经过此过程后，模型就有了预知能力。而无监督学习被称为"没有老师的学习"，无监督相比于有监督，没有了训练的过程，而是直接用数据进行建模分析，这意味着要通过机器学习自行学习探索。有监督学习的核心是分类，无监督学习的核心是聚类（将数据集合分成由类似对象组成的多个类）。

在本章，我们将为大家介绍 K-近邻法、逻辑斯谛回归、支持向量机、集成学习这 4 种常见的有监督学习方法，以及主成分分析和 K-均值聚类算法这两种无监督学习方法。

15.1　K-近邻法

K-近邻法（K-nearest neighbor，KNN）是一种基本分类与回归的方法，1968 年由 Cover 和 Hart 提出，本书仅讨论分类问题中的 K-最近邻法。对应于特征空间的点，输出是一类实例，可以采用多个类。对于新实例，基于其 k 个最近邻居的训练实例的类别，通过多数表决等进行预测。因此，K-近邻法没有明确的学习过程作为其分类的"模型"。

15.1.1　算法介绍

测试样本（中心圆）可分为第一类方块或第二类三角形。如果 $k=3$（实线圆），它被分配到第二类，因为在内圆中只有 2 个三角形和 1 个方块。如果 $k=5$（虚线），则将其分配给第一类（外圆内有 3 个方块和 2 个三角形），如图 15-1 所示。

训练示例是多维特征空间中的向量，每个向量都有一个类标签。该算法的训练阶段只存储训练样本的特征向量和类标签。在分类阶段，k 是用户定义的常量，而向量（查询或测试点）是通过分配在最接近该查询点的 k 个训练样本中分配最频繁的标签来分类的。

连续变量的常用距离度量是欧几里得距离。对于离散变量，例如用于文本分类，可以使用另一个度量，例如重叠度量（或汉明距离）。在基因表达微阵列数据的背景下，例如，KNN 也被用于相关系数，如 Pearson 和 Spearman。通常，如果通过诸如大边距最近邻或邻域分量分析的专门算法来学习距离度量，则可以显著提高 KNN 的分类准确度。

当类分布偏斜时，"多数表决"分类会发生缺陷。也就是说，更频繁的类的例子倾向于支配新例子的预测，它们往往在 k 个最近的邻居之间是共同的，因为它们的数量很大。克服该问题的一种方法是对分类进行加权，同时考虑从测试点到其每个 k 个最近邻居的距离。k 个最近点中的每一个的类（或回归问题中的值）乘以与从该点到测试点的距离的倒数成比例的权重。克服偏差的另一种方法是通过数据表示的抽象。例如，在自组织映射（SOM）中，每个节点是类似点的集群的代表（中心），而不管它们在原始训练数据中的密度，然后再将 KNN 应用于 SOM。

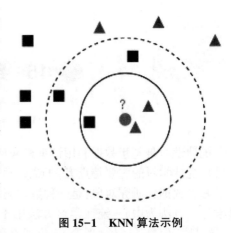

图 15-1　KNN 算法示例

15.1.2　参数选择

k 的最佳选择取决于数据，通常，较大的 k 值会降低噪声对分类的影响，但会使类之间的界限不那么明显，可以通过各种启发式技术选择好的 k。

KNN 算法的准确性可能因嘈杂或不相关特征的存在而严重降低。如果特征尺度与其重要性不一致，可选择或缩放特征以改进分类。一种特别流行的方法是使用进化算法来优化特征缩放。另一种流行的方法是通过训练数据与训练课程的相互信息来扩展特征。在二进制（两类）分类问题中，选择 k 作为奇数是很有帮助的，因为这避免了票数的限制。在这种情况下，选择最优 k 的一种常用方法是 bootstrap 法。

15.1.3　KNN 算法的性质

KNN 是一种特殊的情况，它是一种具有均匀核的可变带宽、核密度"气球"估计量。该算法的原始版本很容易通过计算从测试示例到所有存储示例的距离来实现，但是对于大型训练集来说，它的计算量很大。但使用近似最近邻搜索算法，可以使得 KNN 即使对于大的数据集也能进行计算。近年来，人们提出了许多最近邻搜索算法，这些算法通常寻求减少实际执行距离评估的数量。

KNN 有一些很强的一致性结果，当数据量接近无穷大时，两类 KNN 算法保证产生的错误率不低于贝叶斯错误率（给定数据分布的最小可实现错误率）的两倍。使用邻近图可以对 KNN 速度进行各种改进。

对于多类 KNN 分类，Cover 和 Hart（1967）证明了

$$R^* \leq R_{kNN} \leq R^* \left(2 - \frac{MR^*}{M-1} \right)$$

其中，R^* 是可能的最小错误率，R_{kNN} 是 KNN 错误率，M 是问题中的类数。对于 $M = 2$，当贝叶斯错误率 R^* 接近零时，此限制降低到"不超过贝叶斯错误率的两倍"。

我们使用鸢尾花数据来展示 KNN 算法的实现，代码如下：

```
#-* -coding:utf-8 -* -
from sklearn import datasets
#导入内置数据集模块
from sklearn.neighbors import KNeighborsClassifier
#导入 sklearn.neighbors 模块中 KNN 类
import numpy as np
```

```
iris=datasets.load_iris()
#导入鸢尾花的数据集,iris 是一个数据集,内部有样本数据
iris_x=iris.data
iris_y=iris.target

indices = np.random.permutation(len(iris_x))
#permutation 接收一个数作为参数(150),产生一个 0-149 一维数组,只不过是随机打乱的
iris_x_train = iris_x[indices[:-10]]
#随机选取 140 个样本作为训练数据集
iris_y_train = iris_y[indices[:-10]]
# 并且选取这 140 个样本的标签作为训练数据集的标签
iris_x_test = iris_x[indices[-10:]]
# 剩下的 10 个样本作为测试数据集
iris_y_test = iris_y[indices[-10:]]
# 并且把剩下 10 个样本对应标签作为测试数据集的标签

knn = KNeighborsClassifier()
# 定义一个 knn 分类器对象
knn.fit(iris_x_train, iris_y_train)
# 调用该对象的训练方法,主要接收两个参数:训练数据集及其样本标签
iris_y_predict = knn.predict(iris_x_test)
# 调用该对象的测试方法,主要接收一个参数:测试数据集
score = knn.score(iris_x_test, iris_y_test, sample_weight=None)
# 调用该对象的打分方法,计算出准确率

print('iris_y_predict = ')
print(iris_y_predict)
# 输出测试的结果
print('iris_y_test = ')
print(iris_y_test)
# 输出原始测试数据集的正确标签,以方便对比
print('Accuracy:', score)
# 输出准确率计算结果
输出如下:
iris_y_predict =
[1 1 1 2 0 1 2 2 1 2]
iris_y_test =
[1 1 1 2 0 1 2 2 1 2]
Accuracy: 1.0
```

15.2　逻辑斯谛回归

逻辑斯谛回归(Logistic Regression)是统计学习中的经典分类方法,属于广义线性模型。

15. 2. 1 算法介绍

我们想要的功能应该是接受所有输入并预测类别。例如,在两个类的情况下,上述函数输出 0 或 1。也许你已经接触过这种性质的函数,称为 Heaviside 阶跃函数,或者直接称为单位阶跃函数。但是,Heaviside 阶跃函数的问题是:此功能在跳转点从 0 跳到 1,此瞬时跳转过程有时难以处理。幸运的是,另一个函数具有类似的性质,在数学上更容易处理。Sigmoid 函数具体的计算公式如下:

$$\sigma(z) = \frac{1}{1 + e^{-z}}$$

图 15-2 给出了 Sigmoid 函数在不同坐标尺度下的两条曲线图。当 x 为 0 时,Sigmoid 函数值为 0.5。随着 x 的增大,对应的 Sigmoid 值将逼近于 1;而随着 x 的减小, Sigmoid 值将逼近于 0。如果横坐标刻度足够大(见图 15-2) , Sigmoid 函数看起来很像一个阶跃函数。

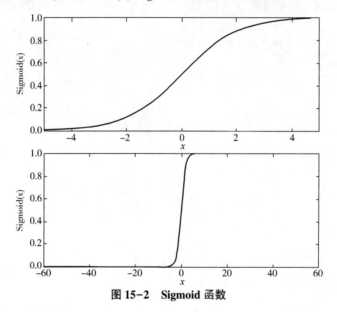

图 15-2 Sigmoid 函数

因此,为了实现逻辑斯谛回归分类器,我们可以在每个特征上都乘以一个回归系数,然后把所有的结果值相加,将这个总和代入 Sigmoid 函数中,进而得到一个范围在 0~1 之间的数值。任何大于 0.5 的数据被分入 1 类,小于 0.5 即被归为 0 类。所以, 逻辑斯谛回归也可以被看成是一种概率估计。

15. 2. 2 参数介绍

Sigmoid 函数的输入记为 z ,由下面公式得出:

$$z = w_0 x_0 + w_1 x_1 + w_2 x_2 + \cdots + w_n x_n$$

如果采用向量的写法,上述公式可以写成 $z = w^T x$, 这意味着两个数值向量的相应元素相乘,然后全部相加以获得 z 值。向量 x 是分类器的输入数据,向量 w 是我们想要找到的最佳参数(系数),因此分类器应尽可能准确。为了找到最佳参数,需要一些优化理论知识。此处用到的是梯度上升法。

梯度上升法基于的思想是:要找到某函数的最大值,最好的方法是沿着该函数的梯度方向探寻。如果梯度记为 ∇, 则函数 $f(x,y)$ 的梯度由下式表示:

$$\nabla f(x,y) = \begin{pmatrix} \dfrac{\partial f(x,y)}{\partial x} \\ \dfrac{\partial f(x,y)}{\partial y} \end{pmatrix}$$

这是机器学习中最令人困惑的地方之一。该梯度意味着沿着基部移动 $\dfrac{\partial f(x,y)}{\partial x}$，沿着 y 的方向移动 $\dfrac{\partial f(x,y)}{\partial y}$，其中，函数 $f(x,y)$ 必须要待在计算的点上有定义并且可微。

15.2.3　性质

逻辑斯谛的密度函数 $f(x)$ 和分布函数 $F(x)$ 的图形如图 15-3 所示，该曲线以点 $\left(\mu, \dfrac{1}{2}\right)$ 为中心对称，即满足

$$F(-x+\mu) - \frac{1}{2} = F(x-\mu) + \frac{1}{2}$$

曲线在中心附近增长速度较快，在两端增长速度较慢。形状参数 γ 的值越小，曲线在中心附近增长得越快。

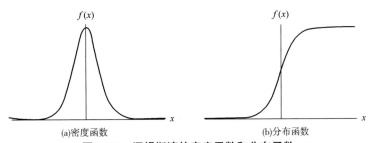

(a)密度函数　　　　　　　(b)分布函数

图 15-3　逻辑斯谛的密度函数和分布函数

逻辑斯谛回归梯度上升优化算法程序代码如下：

```
#逻辑斯谛回归梯度上升优化算法
/* 代码在开头提供了一个便利函数 loadDataSet(),它的主要功能是打开文件 data.txt 并逐行读取。每行前两
个值分别是 X₁ 和 X₂,第三个值是数据对应的类别标签。此外,为了方便计算,该函数还将 X₀ 的值设为 1,0. */
def loadDataSet():
    dataMat = [] ; labelMat = [ ]
    fr = open('data.txt')
    for line in fr.readlines():
        lineArr = line.strip().split()
        dataMat.append([1.0, float(lineArr[0]), float(lineArr[1])])
        labelMat.append(int(lineArr[2]))
    return dataMat,labelMat


def sigmoid(inX):
    return 1.0/(1+exp(-inX))


def gradAscent(dataMatIn, classLabels):
    dataMatrix = mat(dataMatIn)
    labelMat = mat(classLabels).transpose()
```

```
    m,n = shape(dataMatrix)
    alpha = 0.001
    maxCycles = 500
    weights = ones((n,1))
    for k in range(maxCycles):
        h = sigmoid(dataMatrix* weights)
        error = (labelMat - h)
        weights = weights + alpha *  dataMatrix.transpose ()* error
    return weights


A,B = loadDataSet()
gradAscent(A, B)


输出：
matrix([[-19.4948988 ],
        [  2.56997295],
        [ -0.9688063 ]])
```

15.3　支持向量机

　　支持向量机被一些人认为是最好的存储分类器,存储的意思是不轻易变动。这意味着可以从其基本形式获取分类器并在数据上运行它,并且结果有较低的误差率。支持向量机可以对训练集外的数据点做出正确的决策。

　　支持向量机(SVM)通常被认为是需要理论知识的算法。通俗理解二维上的 SVM 算法,就是找一条分割线把两类分开,问题是,如图 15-4 中,可以使用三种颜色线来区分点和星,但哪条线是最佳的,这是我们必须考虑的问题。

　　图 15-5 中 4 个 A-D 框中的数据点分布,如果在图表中绘制一条直线可以很容易地分离出两组数据点。在这种情况下,该组数据称为线性可分离数据。

　　上述分隔数据集的行称为分离超平面。在上面给出的例子中,由于数据点都在二维平面上,超平面的分离只是一条直线。但是,如果给定的数据集是三维的,那么此时用于分离数据的数据集就是一个平面。显而易见,更高维的情况可以依此类推。如果数据集是 1 024 维,那么您需要一个 1 023 维对象来分隔数据。这个 1 023 维的某某对象到底应该叫什么? $N-1$ 维呢? 该对象称为超平面,它是分类的决策边界。分布在超平面一侧的所有数据属于一个类别,而分布在另一侧的所有数据属于另一个类别。

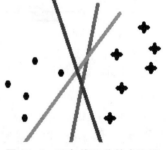

图 15-4　三色线区分的点和星

　　我们希望通过这种方式可以建立一个分类器,也就是说,如果数据点距离决策边界越远,那么最终的预测结果将更加可信。考虑图 15-6 中方框 B 到方框 D 的 3 条线,它们可以分离数据,但哪一条最好? 是否应最小化从数据点到分离的超平面的最小距离? 是否需要寻找最合适的直线? 是的,上面的方法有点像直线拟合,但这不是最好的解决方案。我们希望找到离分离超平面的最近点,确保它们尽可能远离分离面。从点到分离表面的距离称为间隔。我们希望区间尽可能大,因为虽然在有限的数据上训练分类器,但还是希望分类器尽可能健壮。支持向量是最接近分离的超平面的向量。接下来,尝试最大化从支撑向量到分离表面的距离。

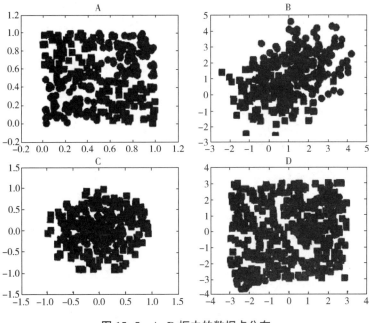

图 15-5　A-D 框中的数据点分布

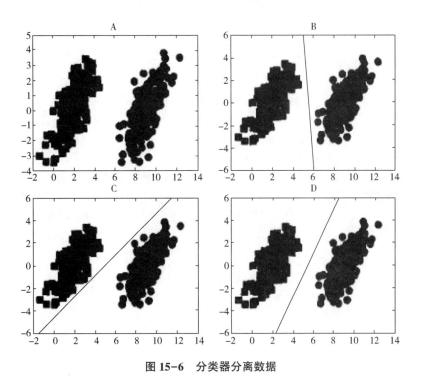

图 15-6　分类器分离数据

之前已经提到了分类器,但尚未对其进行描述,了解它的工作原理将有助于理解基于优化问题的分类器解决方案过程。将数据输入分类器将输出类别标签,这相当于一个类似于 Sigmoid 的函数在起作用。以下将使用像 Heaviside 阶跃函数这样的函数对(即单位阶跃函数) $w^T x + b$ 作用得到 $f(w^T x + b)$,其中当 $u < 0$ 时 $f(u)$ 输出-1,反之则输出$+1$。这和逻辑斯谛回归有所不同,逻辑斯谛回归中的类别标签是 0 或 1。

现在我们必须找到具有最小间隔的数据点,一旦我们找到间隔最小的数据点,我们需要最大化间隔。SVM 属于一类广义线性分类器，可以解释为感知器的扩展，也可以被视为规范化的特殊情况。它们有一个特殊的属性，可以同时最小化经验错误和最大化几何边缘区域，因此它们也被称为最大间隔分类器。

我们用以下假想数据（见图 15-7 所示）来展示支持向量机的算法，代码如下：

```
import numpy as np
from sklearn import svm
import matplotlib.pyplot as plt
data_set = np.loadtxt("data.txt")
train_data = data_set[:,0:2]
train_target = np.sign(data_set[:2])
test_data = [[3,-1], [1,1], [7,-3], [9,0]] #测试特征空间
test_target = [-1, -1, 1, 1]    #测试集类标号
plt.scatter(data_set[:,0],data_set[:,1],c=data_set[:,2])    #绘制可视化图
plt.show()
```

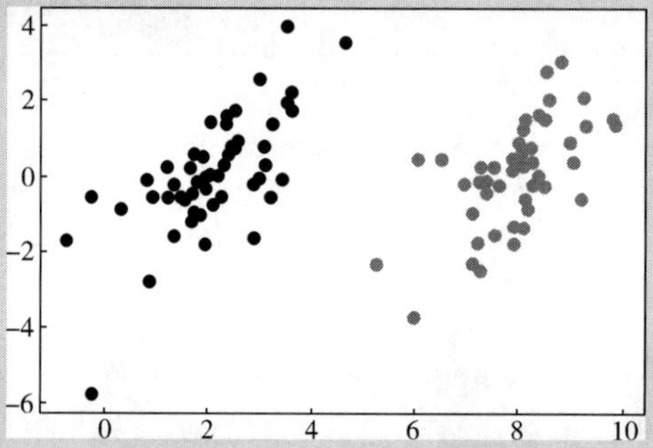

图 15-7　假想数据

```
#创建模型
clf = svm.SVC()
clf.fit(X=train_data, y=train_target,sample_weight=None) #训练模型。参数 sample_weight 为每
个样本设置权重。应对非均衡问题
result = clf.predict(test_data) #使用模型预测值
print('预测结果:',result) # 输出预测值[-1.-1.  1.  1.]
#获得支持向量
print('支持向量:',clf.support_vectors_)
#获得支持向量的索引
print('支持向量索引:',clf.support_)
#为每一个类别获得支持向量的数量
print('支持向量数量:',clf.n_support_)
输出:
```

15.4　集成学习

集成学习通过建立几个模型组合来解决单一预测问题。它的工作原理是生成多个分类器/模型，各自独立地学习和做出预测。这些预测最后结合成单预测，因此优于任何一个单分类做出的预测。随机森林是集成学习的一个子类。

随机森林中有许多分类树。要想对输入样本进行分类，我们需要将输入样本输入每棵树中

进行分类。打个形象的比喻:在森林里举行会议,讨论某个动物是小鼠还是松鼠,这取决于投票情况。森林中的每棵树都是独立的,99.9%的无关树木所做的预测涵盖了所有情况,这些预测将相互抵消。一些优秀树木的预测将超出"噪音",并做出一个很好的预测。几个弱分类器的分类结果被投票以形成强分类器。

随机森林算法的整个过程可以简要表示如下:

(1)如果训练集大小为 N,对于每棵树而言,随机且有放回地从训练集中抽取 N 个训练样本(bootstrap 抽样方法),作为该树的训练集;每棵树的训练集都是不同的,但里面包含重复的训练样本。

(2)如果每个样本的特征维度为 M,指定一个常数 m,m<M,随机地从 M 个特征中选取 m 个特征子集,每次树进行分裂时,从这 m 个特征中选择最优的。

(3)每棵树都尽可能地生长,没有修剪过程。

随机森林算法的参数介绍如下:

(1)最大特征数 max_features:可以使用很多种类型的值,默认是"None"。通常,如果样本特征的数量很小,例如小于50,我们可以使用默认的"无",如果特征的数量非常大,我们可以灵活地使用刚刚描述的其他值来控制划分时考虑的最大特征数,以控制决策树的生成时间。

(2)决策树最大深度 max_depth:默认可以不输入。如果不输入的话,决策树在建立子树的时候不会限制子树的深度。通常,当数据或特征很少时,可以忽略此值。如果模型样本量很大且特征很多,建议限制此最大深度。常用的可以取值 10~100 之间。

(3)内部节点再划分所需最小样本数 min_samples_split:此值限制子树继续划分的条件。默认值为2。如果样本量不大,则无须控制此值。如果样本量非常大,建议增加此值。

(4)叶子节点最少样本数 min_samples_leaf:此值限制叶节点的最小样本数。默认值为1,可以输入最小样本数,或最小样本数占样本总数的百分比。如果样本量不大,不需要管这个值。如果样本量非常大,建议增加此值。

(5)叶子节点最小的样本权重和 min_weight_fraction_leaf:此值限制叶节点的所有样本节点的权重总和的最小值。默认是0,就是不考虑权重问题。一般来说,如果我们的很多样本有缺失值,或者如果分类树样本的分布类别偏差很大,我们将引入样本权重,这时应该注意这个值。

(6)最大叶子节点数 max_leaf_nodes:通过限制叶节点的最大数量,可以防止过度拟合。如果施加限制,则算法将在叶节点的最大数量内建立最优决策树。如果特征不多,则可以忽略此值,但特征功能分为多个,则可以限制它们。

(7)节点划分最小不纯度 min_impurity_split:此值限制决策树的增长。一般不推荐改动默认值 1e-7。

随机森林算法的优点是,在许多当前的数据集中,它比其他算法具有很大的优势并且表现良好。它可以处理非常高维(特征很多)的数据,并且没有特征选择(因为随机选择了特征子集)。在训练完后,它能够给出哪些特征比较重要,在创建随机森林时,使用遗传误差而不进行偏差估计,模型泛化能力强,训练速度快,易于制作并行化方法(树和树在训练过程中相互独立)。在训练过程中,可以检测到特征之间的相互作用,实现比较简单,对于不平衡的数据集来说,它可以平衡误差。如果大部分特征丢失,仍可保持准确性。其缺点就是,随机森林在某些噪音过大的分类或回归问题上会过拟合,对于具有不同值的属性的数据,取值划分更多的属性将对随机森林产生更大的影响。因此,随机森林在这种数据上产生的属性权重是不可信的。

随机森林算法的具体实现代码如下(我们仍以鸢尾花数据为例):

```
#coding=utf-8
from sklearn import datasets
from sklearn. ensemble import RandomForestClassifier
#应用 iris 数据集
import numpy as np
iris=datasets. load_iris()
#导入鸢尾花的数据集,iris 是一个数据集,内部有样本数据
iris_x=iris. data
iris_y=iris. target

indices = np. random. permutation(len(iris_x))
#permutation 接收一个数作为参数(150),产生一个 0-149 一维数组,只不过是随机打乱的
x_train = iris_x[indices[:-10]]
#随机选取 140 个样本作为训练数据集
y_train = iris_y[indices[:-10]]
#并且选取这 140 个样本的标签作为训练数据集的标签
x_test = iris_x[indices[-10:]]
#剩下的 10 个样本作为测试数据集
y_test = iris_y[indices[-10:]]
#并且把剩下 10 个样本对应标签作为测试数据集的标签

#分类器:自由森林
clfs = {'random_forest': RandomForestClassifier(n_estimators=50)}

#构建分类器,训练样本,预测得分
def try_different_method(clf):
clf. fit(x_train,y_train. ravel())
score = clf. score(x_test,y_test. ravel())
print('the score is :', score)
for clf_key in clfs. keys():
print('the classifier is :',clf_key)
clf = clfs[clf_key]

try_different_method(clf)
输出:
the score is : 0. 8
the classifier is : random_forest
```

15.5　主成分分析

　　主成分分析(Principal Component Analysis,PCA)是一个统计过程,它使用正交变换对可能的相关变量进行一组观察,使用各种值将每个实体转换为一组称为主成分的线性不相关变量值。如果有 p 个变量的 n 个观测值,那么不同主成分的数量是 $\min(n-1,p)$。该转化以这样的方式使得第一主成分具有尽可能大的方差(即,占尽可能多的数据可变性),并且每个后续成分依次在约束下具有最高方差。它与前面的组件正交,得到的矢量(每个是变量的线性组合并包含 n 个观测值)是不相关的正交基组。

　　PCA 可以通过数据协方差(或相关)矩阵的特征值分解或数据矩阵的奇异值分解来完成。

由于 PCA 对原始变量的相对缩放敏感,因此,通常需要对初始数据进行归一化处理。每个属性的归一化包括中心化,即将每个变量数据值减去其平均值,使其经验均值(平均值)为零,并且进一步将每个变量的方差归一化,使其等于 1。PCA 的结果通常根据组件得分进行讨论,有时称为因子得分(对应于特定数据点的转换变量值)和加载(每个标准化原始变量应乘以得到组件得分的权重)。如果组件分数标准化为单位方差,则加载必须包含其中的数据方差(这是特征值的大小)。如果组件得分未标准化(因此它们包含数据方差),则加载必须按单位比例标准化,并且这些权重称为特征向量,它们是将变量正交旋转成主成分或后面的余弦。

PCA 是基于真实数据的多元分析中最简单的一种。通常,它的操作可以被认为是以一种最能解释数据差异的方式揭示数据的内部结构。如果多维数据集是高维数据空间中的一组坐标(每个变量 1 个轴),PCA 可以为用户提供低维图像,从最丰富的角度看这个目标的投影。这是通过只使用前几个主成分来完成的,这样就减少了转换数据的维度。

15.5.1　主成分分析算法

设有随机变量 $X_1, X_2, \cdots, X_p$,样本标准差记为 $S_1, S_2, \cdots, S_p$。首先做标准化变换,对同一个体进行多项观察时,必定涉及多个随机变量 $(X_1, X_2, \cdots, X_p)$,一时难以综合。这时就需要借助主成分分析算法来概括诸多信息的主要方面。我们希望有一个或几个较好的综合指标来概括信息,而且希望综合指标互相独立地各代表某一方面的性质。

除了可靠和真实外,任何指标都必须能够完全反映个体之间的差异。如果存在不同个体的值相似的指示符,则该指示符不能用于区分不同的个体。从这个角度来看,个体之间指标的变化越大越好。因此我们把"变异大"作为"好"的标准来寻求综合指标。

我们有如下的定义:

(1)若 $C_1 = a_{11}x_1 + a_{12}x_2 + \cdots + a_{1p}x_p$,且使 $\mathrm{Var}(C_1)$ 最大,则称 C_1 为第一主成分,其中 x_i 为 X_i 标准化变换后的随机变量;

(2)若 $C_2 = a_{21}x_1 + a_{22}x_2 + \cdots + a_{2p}x_p$,$(a_{21}, a_{22}, \cdots, a_{2p})$ 垂直于 $(a_{11}, a_{12}, \cdots, a_{1p})$,且使 $\mathrm{Var}(C_2)$ 最大,则称 C_2 为第二主成分;

(3)类似地,可有第三、四、五……主成分,最多有 p 个。

主成分 $C_1, C_2, \cdots, C_p$ 具有如下几个性质:

(1)主成分间互不相关,即对任意 i 和 j,C_i 和 C_j 的相关系数

$$\mathrm{Corr}(C_i, C_j) = 0$$

(2)组合系数 $(a_{i1}, a_{i2}, \cdots, a_{ip})$ 构成的向量为单位向量;

(3)各主成分的方差是依次递减的,即

$$\mathrm{Var}(C_1) \geqslant \mathrm{Var}(C_2) \geqslant \cdots \geqslant \mathrm{Var}(C_p)$$

(4)总方差不增不减,即

$$\mathrm{Var}(C_1) + \mathrm{Var}(C_2) + \cdots + \mathrm{Var}(C_p) = \mathrm{Var}(x_1) + \mathrm{Var}(x_2) + \cdots + \mathrm{Var}(x_p) = p$$

这一性质说明,主成分是原变量的线性组合,是对原变量信息的一种改组,主成分不增加总信息量,也不减少总信息量。

(5)主成分和原变量的相关系数 $\mathrm{Corr}(C_i, x_j) = a_{ij} = a_{ij}$。

15.5.2　主成分分析的计算步骤

(1)计算相关系数矩阵

$$R = \begin{bmatrix} r_{11} & r_{12} & \cdots & r_{1p} \\ r_{21} & r_{22} & \cdots & r_{2p} \\ \vdots & \vdots & & \vdots \\ r_{p1} & r_{p2} & \cdots & r_{pp} \end{bmatrix}$$

其中，$r_{ij}(i,j = 1,2,\cdots,p)$ 为原变量 x_i 与 x_j 的相关系数，$r_{ij} = r_{ji}$，其计算公式为

$$r_{ij} = \frac{\sum_{k=1}^{n}(x_{ki} - \bar{x}_i)(x_{kj} - \bar{x}_j)}{\sqrt{\sum_{k=1}^{n}(x_{ki} - \bar{x}_i)^2 \sum_{k=1}^{n}(x_{kj} - \bar{x}_j)^2}}$$

（2）计算特征值与特征向量

解特征方程 $|\lambda I - R| = 0$，常用雅可比矩阵（Jacobi）求出特征值，并使其按大小顺序排列 $\lambda_1 \geq \lambda_2 \geq \cdots \lambda_p \geq 0$；

分别求出对应于特征值 λ_i 的特征向量 $e_i(i = 1,2,L,p)$，要求 $\|e_i\| = 1$，即 $\sum_{j=1}^{p} e_{ij}^2 = 1$，其中 e_{ij} 表示向量 e_i 的第 j 个分量。

（3）计算主成分贡献率及累计贡献率

$$\text{贡献率：} \frac{\lambda_i}{\sum_{k=1}^{p} \lambda_k}(i = 1,2,\cdots,p)$$

$$\text{累计贡献率：} \frac{\sum_{k=1}^{i} \lambda_k}{\sum_{k=1}^{p} \lambda_k}(i = 1,2,\cdots,p)$$

一般取累计贡献率达 $85\% \sim 95\%$ 的特征值，$\lambda_1, \lambda_2, \cdots, \lambda_m$ 所对应的第1、第2、$\cdots$、第 $m(m \leq p)$ 个主成分。

（4）计算主成分载荷

$$l_{ij} = p(z_i, x_j) = \sqrt{\lambda_j} e_{ij}(i,j = 1,2,\cdots,p)$$

（5）各主成分得分

$$Z = \begin{bmatrix} z_{11} & z_{12} & \cdots & z_{1m} \\ z_{21} & z_{22} & \cdots & z_{2m} \\ \vdots & \vdots & & \vdots \\ z_{n1} & z_{n2} & \cdots & z_{nm} \end{bmatrix}$$

主成份分析的程序代码如下：

```
#通过 PCA 过程将数据由二维降到一维,只需要最大的特征值对应的特征向量即可
import numpy as np
import matplotlib.pyplot as plt
data=np.array([[2.5,2.4], [0.5,0.7], [2.2,2.9], [1.9,2.2], [3.1,3.0], [2.3,2.7], [2.0,1.6],
[1.0,1.1],
[1.5,1.6], [1.1,0.9]])
plt.plot(data[:,0],data[:,1],'* ')
plt.show()
meandata=np.mean(data,axis=0)          #计算每一列的平均值
data=data-meandata                     #均值归一化
covmat=np.cov(data.transpose())        #求协方差矩阵
eigVals,eigVectors=np.linalg.eig(covmat)#求解特征值和特征向量
pca_mat=eigVectors[:,-1]               #选择第一个特征向量
pca_data=np.dot(data,pca_mat)
```

```
print(pca_data)
[- 0.82797019  1.77758033 - 0.99219749 - 0.27421042 - 1.67580142 - 0.9129491  0.09910944
1.14457216  0.43804614  1.22382056]
```

输出如图 15-8 所示。

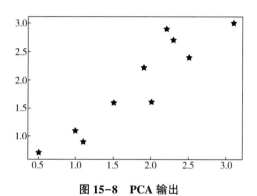

图 15-8　PCA 输出

15.6　K-均值聚类

聚类就是"有一些数据,把类似的东西放在一起,有哪些具体的组合"。通过聚类分析,试图将相似的东西放在一个集群中,而将不类似的东西放在另一个集群中。这种相似性的概念依赖于相似性度量。K-均值聚类算法是集简单和经典于一身的基于距离的聚类算法,采用距离作为相似性的评价指标,即认为两个对象的距离越近,其相似度就越大。每一个集群都是由一个点来描述的,这个点位于聚类中所有点的中心。K-均值聚类是一种为给定数据集查找 K 集群的算法,集群 K 的数量是用户定义的。K-均值聚类易于实现,但是仅可以收敛于局部最低点,在非常大的数据集上运行缓慢。

K-均值聚类是这样工作的:首先,将 K 质心随机分配给一个点。接下来,数据集中的每个点都被分配给一个集群。分配的程序是通过找到最近的节点并将点分配给该集群来完成的。在这一步之后,通过获取集群中所有点的平均值来更新所有数据。该算法认为类簇是由距离靠近的对象组成的,因此把得到紧凑且独立的簇作为最终目标。其核心思想是,通过迭代寻找 K 个类簇的一种划分方案,使得用这 K 个类簇的均值来代表相应各类样本时所得的总体误差最小,而且各聚类本身尽可能地紧凑,而各聚类之间尽可能地分开。

K-均值聚类划分聚类有 3 个关键点。

(1)数据对象的划分

距离度量的选择,计算数据对象之间的距离时,要选择合适的相似性度量,较著名的距离度量是欧几里得距离和曼哈顿距离,常用的是欧氏距离,公式如下:

$$d(x_i, x_j) = \sqrt{\sum_{k=1}^{d}(x_{ik} - x_{jk})^2}$$

其中, x_i, x_j 表示两个 d 维数据对象,即对象有 d 个属性, $x_i = (x_{i1}, _{i2}, \cdots, x_{id})$, $x_j = (x_{j1}, x_{j2}, \cdots, x_{jd})$ 。 $d(x_i, x_j)$ 表示对象 x_i 和 x_j 之间的距离,距离越小,二者越相似。

根据欧几里得距离,计算出每一个数据对象与各个簇中心的距离。

选择最小距离,K-均值聚类算法的基础是最小误差平方和准则,即如果 $d(p, m_i) =$

$\min\{d(p,m_1),d(p,m_2),\cdots,d(p,m_k)\}$,那么,$p \in c_i$。$P$ 表示给定的数据对象;$m_1,m_2,\cdots,m_k$ 分别表示簇 $c_1,c_2,\cdots,c_k$ 的初始均值或中心。

(2)准则函数的选择

K-均值算法采用平方误差准则函数来评估聚类的性能,即聚类结束后,对所有聚类簇用该公式评估。公式如下:

$$E = \sum_{i=1}^{k}\sum_{p \subset C_i} | p - m_i |^2$$

对于每个簇中的每个对象,求对象到其簇中心距离的平方,然后求和。其中,E 表示数据库中所有对象的平方误差和,P 表示给定的数据对象,m_i 表示簇 c_i 的均值。

(3)簇中心的计算

用每个簇内所有对象的均值作为簇中心,公式如下:

$$m_i = \frac{1}{n_i}\sum_{P \subset C_i} p, i = 1,2,\cdots,k$$

这里假设簇 $c_1,c_2,\cdots,c_k$ 中的数据对象个数分别为 $n_1,n_2,\cdots,n_k$。

各类簇内的样本越相似,其与该类均值间的误差平方越小,对所有类所得到的误差平方求和,即可验证分为 k 类时,各聚类是否是最优的。

下面是 K-均值聚类算法的伪代码:

```
****************************************************************
为启动创建 k 点(通常是随机的),在任何点都已更改群集分配的同时,对于数据集中的每个点:
对于每一个质心,计算点与点之间的距离,将点分配到距离最近的集群,对于每个集群,计算出该集群中各点的平均值,把质心分配给平均值
****************************************************************
```

K-均值聚类的具体实现代码如下:

```python
import os
import pandas as pd
import numpy as np
from sklearn. cluster import KMeans
import matplotlib. pyplot as plt
import matplotlib as mpl
thisFilePath=os. path. abspath('.')
os. chdir(thisFilePath)
os. getcwd() #设置工作目录为当前目录
df=pd. read_csv('DataForCluster. csv') #取全部的表
df. head()
```

		yuwen	shuxue	ClusterResult	testClusterResult
0	0	87	90	63	1
1	1	87	79	86	2
2	2	71	71	81	3
3	3	85	86	87	2
4	4	67	71	93	3

```
myData=pd.read_csv('DataForCluster.csv',usecols=['yuwen','shuxue','ClusterResult']) #取特定的列
data_xy=np.array(myData[['yuwen','shuxue']])
data_y=myData.iloc[:,-1].values
plt.figure()
plt.clf()
plt.scatter(data_xy[:,0],data_xy[:,1],c=data_y,edgecolors='black',s=20)
plt.title('data_class')
plt.show()
```

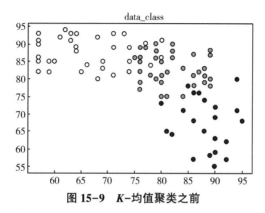

图 15-9 K-均值聚类之前

```
test_xy=np.array(myData[['yuwen','shuxue']])
model_KMeans=KMeans(n_clusters=3)    #设置 3 个聚类中心
model_KMeans=model_KMeans.fit(test_xy)
model_KMeans.cluster_centers_    #聚类中心
model_KMeans.labels_   #聚类结果
myClusterResullt = pd.DataFrame (model_KMeans.labels_, index = myData.index, columns = ['testClusterResult'])
myCompareResult=pd.merge(myData,myClusterResullt+1,right_index=True,left_index=True)
myCompareResult.head()
```

	yuwen	shuxue	ClusterResult	testClusterResult
0	90	63	1	3
1	79	86	2	1
2	71	81	3	2
3	86	87	2	1
4	71	93	3	2

```
h = 1     # point in the mesh [x_min, x_max]x[y_min, y_max].
# Plot the decision boundary. For that, we will assign a color to each
x_min, x_max = test_xy[:, 0].min() - 1, test_xy[:, 0].max() + 1
y_min, y_max = test_xy[:, 1].min() - 1, test_xy[:, 1].max() + 1
xx, yy = np.meshgrid(np.arange(x_min, x_max, h), np.arange(y_min, y_max, h))
Z = model_KMeans.predict(np.c_[xx.ravel(), yy.ravel()])
train_y=myData.iloc[:,-1].values
```

```
plt.figure()
plt.clf()
plt.scatter(test_xy[:,0],test_xy[:,1],c=train_y,edgecolors='black',s=20)
# Plot the centroids as a white X
centroids = model_KMeans.cluster_centers_
plt.scatter(centroids[:, 0], centroids[:, 1],
            marker='x', s=169, linewidths=3,
            color='r', zorder=10)
plt.title('K-means')
plt.xlim(x_min, x_max)
plt.ylim(y_min, y_max)
plt.show()
```

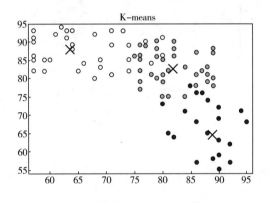

图 15-10   *K*-均值聚类之后

本章介绍了统计与机器学习的常用方法。*K* 近邻法、随机森林是分类方法,具有模型直观、方法简单、实现容易等特点。逻辑斯谛回归和支持向量机是更复杂但更有效的分类方法,并且通常具有更高的分类准确度。主成分分析可以消除评估指标之间的相关性,减少指标选择的工作量。*K*-均值聚类的最大优点是简单快速。

[小测验]

1. 在 *K*-近邻法中,对于 *K* 的选择说法正确的是(   )。

A. *K* 越大模型越准确   B. *K* 越小模型越准确

C. *K* 不能太大也不能太小   D. *K* 是随机选择的

2. 逻辑斯谛模型属于哪一类回归模型?(   )

A. 线性回归模型   B. 广义线性模型

C. 非参数模型   D. 半参数模型

3. 在支持向量机模型中,通常两种分类的标签设置为(   )。

A. 1 和 −1   B. 1 和 0

C. −1 和 0   D. 1 和 2

4. 以下哪种算法属于集成学习？（　　）

A. K-近邻法 　　　　　　　　　　B. 逻辑斯谛模型

C. 支持向量机模型 　　　　　　　　D. 随机森林模型

5. 在主成分分析中,获得的各个主成分之间是(　　)。

A. 共线的 　　　　　　　　　　　　B. 不相关的

C. 独立的 　　　　　　　　　　　　D. 随机的

6. 以下关于 K-均值聚类和 K-近邻法的说法正确的是(　　)。

A. 两者都是有监督学习方法

B. 两者都是无监督学习方法

C. K-均值聚类是有监督学习,K-近邻法是无监督学习

D. K-均值聚类是无监督学习,K-近邻法是有监督学习

16 图论与网络模型

众所周知,图论起源于一个非常经典的问题——柯尼斯堡问题。如果想从 4 个陆地中的任何一个开始,柯尼斯堡有 7 座桥梁将普雷盖尔河的两座岛屿连接到河岸,每座桥只传递一次,然后再次返回起点。当然,也可以通过多次尝试来解决这个问题,但是,城市居民的任何尝试都没有成功,见图 16-1 所示。

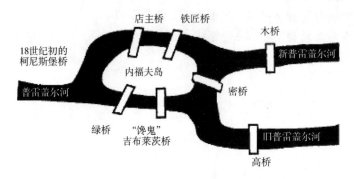

图 16-1　柯尼斯堡问题

1738 年,瑞士数学家莱昂哈德·欧拉(Leonhard Euler)解决了柯尼斯堡问题。为了解决这个问题,欧拉采用了一种建立数学模型的方法。他用几个点替换了每块土地,并用连接两点的几条线代替了每座桥。因此,得到了 4 个"点"和 7 条"线"这样一个图,如图 16-2 所示。问题简化为:从任何点出发绘制七条线然后返回起点。欧拉总结了典型一笔画的结构特征,并给出了一笔画的经验及判定法则:此地图已连接,每个点都与偶数行相关联。欧拉将这一经验法则应用于七桥问题,不仅完全解决了这个问题,而且为图论研究开创了先例。由此,图论诞生,欧拉也成为了图论的创始人。

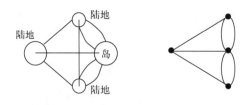

图 16-2　七桥问题简图

1840 年,德国数学家莫比乌斯(A. F. Mobius)提出了完全图(complete graph)和二分图(bipartite graph)的概念,波兰数学家库拉托斯基(Kuratowski)通过趣味谜题证明它们是平面的。德国物理学家古斯塔夫·基尔霍夫(Gustav Kirchhoff)于 1845 年提出树的概念,即没有环的连通图,另外,他还使用图论思想来计算电路或电网中的电流。

1852 年,法朗西斯·古特里(F. Guthrie)发现了著名的四色问题。之后在 1856 年,英国数学家托马斯·科克曼（Thomas P. Kirkman）和爱尔兰数学家、物理学家威廉·哈密顿（William R. Hamilton）研究了多面体循环并发明了哈密顿量的概念。1913 年，H. Dudeney 提到了一个问题，这一次被认为是图论真正的诞生。

1857 年，数学家阿瑟·凯莱（Arthur Cayley）在有机化学领域发现了一种重要的图，称之为"树"，这在理论化学中具有许多意义，也促使了枚举图论（enumerative graph theory）的诞生。术语"图形"都是由英国数学家詹姆斯·约瑟夫·西尔维斯特（James Joseph Sylvester）于 1878 年引入的，他将"量子不变量"与代数和分子图的协变量进行了比较。1941 年，拉姆齐（Ramsey）致力于着色问题，这发展了图论的另一个分支——极值图论。1969 年，海因里希（Heinrich）使用计算机解决了四色问题。另外，图论和拓扑学有许多共同的概念和定理，它们的历史也密切相关。

以下几点可以激励大家在日常数据科学问题中使用图论及其思想：

● 为了处理关系和交互等抽象概念，图提供了一种更好的方法。它还提供了直观的视觉方式来思考这些概念，图很自然是分析社会关系的基础。

● 图数据库已逐渐成为 SQL 和 NoSQL 数据库的替代品，是一种常用的计算工具。

● 图用于以定向非循环图（DAG）的形式进行建模及分析。

● 一些神经网络框架为了模拟不同层中的各种操作，也使用定向非循环图来实现。

● 图论在数据科学中最著名的应用是社交网络分析。图论及其思想不仅可用于研究和模拟社交网络，还可用于研究欺诈模式、功耗模式、社交媒体的病毒性和影响力等。

● 图用于聚类算法，特别是 K-均值聚类算法。

● 一些图论也用于系统动力学。

● 路径优化问题中也使用到了图的概念及理论等。

● 从计算机科学的角度来看，图提高了计算效率。与表格数据相比，某些算法的较大复杂度对于以图形式排列的数据更有优势。

16.1　无向图与有向图

无向图和有向图是图论中的基本概念，本节将为大家介绍无向图、有向图以及更为复杂的多重图的基本概念和矩阵表示方法。

16.1.1　无向图

设 V 是一个有 n 个顶点的非空集合：$V = \{v_1, v_2, \cdots, v_n\}$ ；E 是一个有 m 条无向边的集合：$E = \{e_1, e_2, \cdots, e_m\}$ ，那么集合 V 和集合 E 就构成了一个无向图，记作 $G = (V, E)$ 。

若 E 中任何一条边 e 连接到顶点 u 、v ，记为 $e = [u, v]$（或 $[v, u]$），u 、v 被称为无向边 e 的两个端点，且边 e 与点 u 、v 相关联，点 u 与点 v 相邻。对于图 G ，顶点集 V 和无向边集 E 也可以分别表示为 $V(G)$ 和 $E(G)$ 。

通常使用 $|V|$ 和 $|E|$ 表示图中的顶点数和边数。

无向图有一系列基本概念，如简单图、完整图、连通图、子图、链、循环、切边和权重等。网络优化考虑的一个重要目标是加权连通图。根据实际问题的需要，每个边的权重可以是时间、成本和距离等的对应值。

16.1.2　有向图

设 V 是一个有 n 个顶点的非空集合：$V = \{v_1, v_2, \cdots, v_n\}$ ；E 是一个有 m 条弧的集合：$E =$

$\{e_1,e_2,\cdots,e_m\}$，那么集合 V、集合 E 构成了一个有向图，记作 $D=(V,E)$。

有向图还有一些基本概念，例如简单图、完整图、基本图、子图、弧、度、孤立点、同构图、链、路径、循环和加权等。与加权连通图一样，加权有向图也是网络优化研究的重要对象。

16.1.3　图的矩阵表示

1) 无向图的关联矩阵和邻接矩阵

设 $G=(V,E)$ 为一个无向图，其中 $V=\{v_1,v_2,\cdots,v_n\}$，$E=\{e_1,e_2,\cdots,e_m\}$，图 G 的关联矩阵为 $A=(a_{ij})_{n\times m}$，其中

$$a_{ij}=\begin{cases}1 & v_i \text{ 与 } e_j \text{ 关联} \\ 0 & v_i \text{ 与 } e_j \text{ 不关联}\end{cases}$$

关联矩阵描述了无向图的点和边相关联的状态。

图 G 的邻接矩阵为 $B=(b_{ij})_{n\times n}$，其中

$$b_{ij}=\begin{cases}1 & v_i \text{ 与 } v_j \text{ 间有边相连} \\ 0 & v_i \text{ 与 } v_j \text{ 间没有边相连}\end{cases}$$

邻接矩阵描述了无向图的点和点相邻接的状态。

无向图的关联矩阵和邻接矩阵有如下特点：

- 对于无向图的关联矩阵 A，第 i 行元素之和总是等于点 v_i 相关联的边的数量，并且，A 的任意一列元素之和总是等于 2；
- 无向图的邻接矩阵 B 为一个对称矩阵。

2) 有向图的关联矩阵和邻接矩阵

设 $D=(V,E)$ 为有向图，其中 $V=\{v_1,v_2,\cdots,v_n\}$，$E=\{e_1,e_2,\cdots,e_m\}$，也可以构造 D 的关联矩阵 $A=(a_{ij})_{n\times m}$ 和邻接矩阵 $B=(b_{ij})_{n\times n}$，其中

$$a_{ij}=\begin{cases}0, & \text{顶点 } v_i \text{ 和弧 } e_j \text{ 不关联} \\ 1, & \text{顶点 } v_i \text{ 为弧 } e_j \text{ 的起点} \\ -1, & \text{顶点 } v_i \text{ 为弧 } e_j \text{ 的终点}\end{cases}$$

$b_{ij}=$ 以 v_i 为起点，以 v_j 为终点的弧的数量。

有向图的关联矩阵和邻接矩阵有如下特点：

- 对于有向图的关联矩阵 A，第 i 行非零元素的个数总是等于与 v_i 相关联的边的数量，并且，A 的任意一列元素之和总是等于 0；
- 有向图的邻接矩阵 B 不一定对称；
- 对于有向图的邻接矩阵 B，第 i 行各元素之和总是等于以 v_i 为起点的边的数量，第 j 列元素之和总是等于以 v_i 为终点的边的数量。

16.1.4　多重图

在无向图中，如果存在与一对顶点相关联的多个无向边，则边称为平行边，并且平行边的数量称为多重。在有向图中，如果多个有向边与一对顶点相关联，并且边的起点和终点是相同的（即，它们在同一方向上），那我们就可以称这些边为平行边。具有平行边缘的图形称为多图形，没有平行边缘或环形的图形称为简单图形。

例如图 16-3 分图(a)中 e_5 与 e_6 是平行边，在分图(b)中 e_2 与 e_3 是平行边。注意，e_6 与 e_7 不是平行边。(a)和(b)两个都不是简单图。

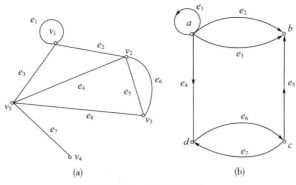

$$(a) \qquad\qquad\qquad (b)$$

图 16-3　多重图示例

16.1.5　多重图的矩阵表示。

类似于有向图的方法可用于表示具有矩阵的多重图,其中每个元素 a_{ij},若从 v_i 到 v_j 无边相连,则有 $a_{ij} = 0$;若有边相连,且其重数为 k,则 $a_{ij} = k$。

16.2　图的集聚系数

在图论中,为了衡量图中各点趋于集聚在一起的程度,就有了集聚系数的概念。这一度量有两种版本的方法:全局的和局部的。全局方法是测量整个网络的集聚性,而局部方法是为了测量单个节点的嵌入性。

16.2.1　全局集聚系数

全局集聚系数(Global clustering coefficient)是基于节点三元组的。一个三元组是三个节点,其中两个无向边连接到开放三元组,有三个无向边连接到封闭三元组。三角形由三个闭三元组组成,且三角形集中在每个节点上。全局集聚系数是所有开三元组和闭三元组中封闭三元组的数量。定义如下:

$$C = \frac{3 \times 三角形个数}{三元组个数} = \frac{闭三元组个数}{三元组个数}$$

16.2.2　局部集聚系数

图中节点的局部聚合系数(Local clustering coefficient)表示相邻节点与完整图像的接近程度。1998 年,邓肯·瓦茨(Duncan J. Watts)和史蒂芬·斯托加茨(Steven Strogatz)提出了一种测量图形是否是一个小世界网络的方法。

定义:

$G = (V, E)$:图 G 包含一系列节点 V 和连接它们的边 E。

e_{ij}:连接结点 i 与节点 j 的边。

$N_i = \{v_j : e_{ij} \in E \cap e_{ji} \in E\}$:$v_i$ 的第 i 个相邻节点。

k_i:v_i 相邻节点的数量。

节点的本地聚合系数是其邻居之间的连接数与所有可能连接数之比。对于有向图,差异是不同的,因此每个相邻节点的相邻节点之间可能存在余量(节点的访问程度之和)。

节点 v_i 的局部集聚系数 C_i 是其相邻节点之间的连接数与它们所有可能存在连接的数量的

比值。对于有向图来说，e_{ij} 与 e_{ji} 是有差异的，因此，每个邻节点 N_i 在邻节点之间可能存在 $k_i(k_i - 1)$ 条边。

因此，有向图的局部集聚系数为：

$$c_i = \frac{|\{e_{jk}\}|}{k_i(k_i - 1)} : v_j, v_k \in N_i, e_{jk} \in E$$

无向图的为：

$$c_i = \frac{2|\{e_{jk}\}|}{k_i(k_i - 1)} : v_j, v_k \in N_i, e_{jk} \in E$$

定义 $\lambda_G(v)$，$v \in V(G)$ 为无向图 G 中三角形的数量。$\lambda_G(v)$ 是 G 的有三条边和三个节点的子图的数量，其中一个是 v。定义 $\tau_G(v)$ 为 $v \in V(G)$ 中三元组的数量。也就是说，$\tau_G(v)$ 是有两条边和三个节点的子图的数量，其中一个节点是 v，因此，有 v 两条入射边。那么我们可以定义集聚系数为：

$$C_i = \frac{\lambda_G(v)}{\tau_G(v)}$$

很容易能够证明上述两个定义是等价的，因为

$$\tau_G(v) = C(k_i, 2) = \frac{1}{2}k_i(k_i - 1)$$

16.2.3　网络的平均集聚系数

由瓦茨和斯托加茨定义的整个网络的集聚系数（Network average clustering coefficient）是：所有节点 n 的局部集聚系数的平均值：

$$\bar{C} = \frac{1}{n}\sum_{i=1}^{n} C_i$$

如果图的平均集聚系数明显高于同一节点集生成的随机图，并且平均最短距离近似于相应的随机生成的随机图，那么这个图被认为是小世界的。具有较高平均集聚系数的网络具有模块化结构，在不同节点中具有较小的平均距离。

16.3　常见的网络优化问题

在这一小节，我们将为大家介绍 4 种著名的网络优化问题，包括最小支撑树问题、最短路问题、最大流问题以及最小费用最大流问题。

16.3.1　最小支撑树问题

树是图论中最简单但非常重要的图。我们通常需要在最短路径网络中连接几个固定顶点，例如铺设各种管道、规划交通网络和设置通信线路。这是最小支撑树问题。

1）树和有向树

树是一种特殊的无向图，也称为无向树，通常用 T 表示。

结论 1：如果 $T = (V, E)$ 是一棵树，且 $|V| = n$，$|E| = m$，则下列命题等价。

- T 连通且无回路；
- T 没有回路且只有 $n - 1$ 条边，即 $m = n - 1$；
- T 连通且只有 $n - 1$ 条边；
- T 没有回路，但在任何两个不相邻的顶点之间添加边，正好得到一个回路；

- T 连通,且去掉 T 的任意一条边, T 不连通;
- T 任意两个顶点之间有且仅有一条初等链。

2)支撑树

支撑树——如果无向图 G 的生成子图 T 也是树,那么就称 T 为 G 的支撑树或生成树。

结论 2:图 $G = (V,E)$ 有支撑树的充分必要条件是 G 为连通图。

3)最小支撑树

给定网络 $G = (V,E,w)$,设 $T = (V,E_1)$ 是 G 的支撑树,所有边的权数之和就称为树 T 的权重,记作 $w(G)$

$$w(T) = \sum_{e \in E_1} w(e)$$

如果 G 的支撑树 $T^* = (V,E^*)$ 满足

$$w(T^*) = \min_{E_1} w(T) \ 或 \ \sum_{e \in E^*} w(e) = \min_{E_1} \sum_{e \in E_1} w(e)$$

则称 T^* 为 G 的最小支撑树,简称最小树。

对于连接的网络,如何查找或构建最小支撑树通常被称为最小支撑树问题。有许多用于构建最小生成树的算法。下面描述了生成最小支撑树的两种算法:普里姆算法和克鲁斯卡尔算法。

普里姆算法(Prim 算法)

首先从图形中的起点 a 开始,将 a 添加至集合 U ,然后从与 a 有关联的边中找到权重最小的边,且边的终点 b 位于顶点集合 $(V - U)$ 中,我们再将 b 添加至集合 U 中,合并输出边 (a,b) 的信息,以使得我们的集合 U 具有 $\{a,b\}$,然后从与 a 关联和 b 相关联的边中找到权重最小的边,并且,边的终点也在集合 $(V - U)$ 中,我们继续将 c 添加至集合 U 中,输出对应边的信息,使得我们的集合 U 具有 $\{a,b,c\}$ 三个元素,依次类推,直到所有顶点都添加至集合 U 中。

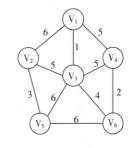

图 16-4　求最小支撑树问题

下面我们使用普里姆算法对图 16-4 求最小支撑树。

假设我们从顶点 V_1 开始,不难看出 (V_1,V_3) 侧的权重最小,因此,输出第一条边:$V_1\text{-}V_3 = 1$;

然后,我们希望能够找到权重最小的边,且由 V_1 和 V_3 作为起点。排除已经输出的 (V_1,V_3) ,从其他边中发现 (V_3,V_6) 这条边的权重是最小的,所以输出第二条边:$V_3\text{-}V_6 = 4$;

然后从 V_1、V_3、V_6 这三个点相关联的边中找到一条权重最小的边,可以发现边 (V_6,V_4) 权重最小,所以输出第三条边:$V_6\text{-}V_4 = 2$;

再从 V_1、V_3、V_6、V_4 这四个点相关联的边中找到权重最小的边,输出第四条边:$V_3\text{-}V_2 = 5$;

然后是 V_1、V_3、V_6、V_4、V_2 这五个点相关联的边中找到第五条输出的边:$V_2\text{-}V_5 = 3$。

最后,我们发现所有 6 个点都已添加到集合 U 中,并且已经建立了最小支撑树,如图 16-5 所示。

该算法代码实现如下:

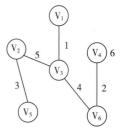

图 16-5　最小支撑树结果

```
##prim算法
def Prim(graph):
    vnum=graph.vertex_num()
    mst=[None]* vnum
    cands=PrioQue([(0,0,0)])
    count=0
    while count<vnum and not cands.is_empty():
        w,u,v=cands.dequeue()
        if mst[v]:
            continue
        mst[v]=((u,v),w)
        count+=1
        for vi,w in graph.out_edges(v):
            if not mst[vi]:
                cands.enqueue((w,v,vi))
    return mst
```

克鲁斯卡算法(Kruskal 算法)

克鲁斯卡算法是一种贪心策略。其思路是:首先,将图中的所有边都去掉。其次,按重量从小到大的顺序将边添加到图中,确保在添加过程中不形成循环。最后,重复第二步直到所有顶点都连接起来,此时生成最小支撑树。

我们再次根据克鲁斯卡算法建立图 16-4 的最小支撑树。

首先从这些边中找出权重最小的边,因此,输出第一条边:V_1-V_3=1;

然后在剩下的边中找到下一条权重最小的边,因此,输出第二条边:V_4-V_6=2;

以此类推,输出第三条边和第四条边:V_2-V_5=3,V_3-V_6=4;

最后,我们需要找到最后一个边来完成这棵最小支撑树的建立,此时,(V_1,V_4),(V_2,V_3),(V_3,V_4)这三条边的权重都是5。首先我们如果选择(V_1,V_4)作为最后一条边,得到的图如图16-6 所示。

我们发现它看起来像一个环,这绝对不符合我们的算法要求。所以我们再尝试第二个选择(V_2,V_3),如此得到了与普里姆算法相同的结果,如图 16-5 所示,该图中没有环,所有顶点都添加到树中。所以(V_2,V_3)是我们需要的最后一条边,所以最后一个输出的边是:V_2-V_3=5。

该算法代码实现如下:

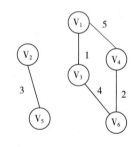

图 16-6　克鲁斯卡算法求解结果

```
##克鲁斯卡算法
def Kruskal(graph):
    vnum=graph.vertex_num()
    reps=[i for i in range(vnum)]
    mst,edges=[],[]
    for vi in range(vnum):
        for v,w in graph.out_edges(vi):
            edges.append((w,vi,v))
    edges.sort()
```

```
for w,vi,vj in edges:
    if reps[vi]! =reps[vj]:
        mst.append(((vi,vj),w))
    if len(mst)==vnum-1:
        break
    rep,orep=reps[vi],reps[vj]
    for i in range(vnum):
        if reps[i]==orep:
            reps[i]=rep
return mst
```

16.3.2　最短路径问题

最短路径问题在网络优化中非常普遍,可以解决许多实际问题,如铺管、布线、最小运费和最短运输时间。

对于一个赋权有向图 $D=(V,E)$, $V=\{v_1,v_2,\cdots,v_n\}$, $w(v_i,v_j)=w_{ij}$ 。若 Q 为一个顶点 u 至 v 的有向路径,则 $w(Q)=\sum_{e\in Q}w(e)$ 就被称为路径 Q 的长度。由于顶点 u 至 v 的有向路径不一定是唯一的,因此必须有一个有向路径 Q^* 。

$$w(Q^*)=\min\{w(Q)\mid Q \text{ 为 } u \text{ 至 } v \text{ 路径}\}$$

我们将 Q^* 称为 u 至 v 的最短路径,将 $w(Q^*)$ 称为 u 至 v 最短路径的长度,并将其表示为 $d(u,v)$ 。

在指定有向图中找到最短路径的问题称为最短路径问题。迪杰斯特拉算法、逐次逼近算法、Floyd 算法等通常用于获得最短路径。

迪杰斯特拉算法(Dijkstra 算法)

迪杰斯特拉算法是用于计算从一个节点到所有其他节点的最短路径的典型最短路径算法。主要特征是起点以外层为中心,直到它延伸到终点。迪杰斯特拉算法可以导出最短路径的最优解,但是它是低效的,因为它需要遍历计算许多节点。其基本思想是,不断地做贪心选择来增加顶点集合 S 。当且仅当已知从源到顶点的最短路径长度时,顶点才属于集合 S 。

初始时,S 中仅含有源。设 u 是 G 的某个顶点,从源到 u 且只经过 S 中顶点的路径被称为特殊路径,使用数组 dist 来记录当前对应的每个顶点的最短特殊路径长度。每次迪杰斯特拉算法从 $V-S$ 中获取具有最短特殊路长度的点 u 时,它会将 u 添加到 S 中并对数组 dist 进行必要的修改。一旦 S 包含了 V 中的所有点,dist 将记录从源到其他所有顶点的最短路径长度。

用 python 实现的具体步骤如下:

(1)创建三个散列表(graph,dist,PATH);

第一个 graph 实现图的结构。

第二个 dist 代表了起点到每个点最短路径的长度。

第三个 PATH 用来存储节点的父节点。

(2)找出具有最短路径的节点,遍历相邻节点,检查它们是否有更短的路径,并更新信息;

(3)重复过程,直到图中所有节点都完成了上述操作;

(4)计算最终路径。

迪杰斯特拉算法可用于解决有权图的单源最短路问题,代码实现如下:

```
##首先找到 dist 最小的节点
def find_lowest_dist_node(dist):
    lowest_dist = float('inf')
    lowest_dist_node = None
    for node in dist:    ##遍历所有的节点
        value = dist[node]    ##得到节点对应的值
        if (value < lowest_dist and node not in add):
            lowest_dist = value
            lowest_dist_node = node
    return lowest_dist_node    ##返回了最小的节点
##接下来处理这个节点
def handle(dist):
    while True:
        node = find_lowest_dist_node(dist)    ##得到未处理的节点中 dist 最小的节点
        if node is None:    ##如果节点不存在
            break
        for i in graph[node]:    ## node 节点遍历相邻的节点
            if (dist[node] + graph[node][i] < dist[i]):    ## graph[node][i]表示权重值
                dist[i] = dist[node] + graph[node][i]    ##更新 dist
                PATH[i] = node    ##更新父节点
        add.append(node)    ##记录下这个节点,表示已经被处理
    print("dist: ", dist)
    print("PATH: ", PATH)
##构建图
graph = {}
graph['a'] = {}
graph['a']['b'] = 6
graph['a']['c'] = 2
graph['b'] = {}
graph['b']['d'] = 1
graph['c'] = {}
graph['c']['d'] = 5
graph['c']['b'] = 3
graph['d'] = []    ##表示后面没有其他节点
##为了能够代表起点到每个点最短路径的长度,构建 dist{},dist[],
dist = {}
dist['a'] = 0    ##把 A 作为起点,起点到起点的距离为 0
x = float('inf')    ## float('inf')表示正无穷,其他顶点 dist 设置为无穷大
dist['b'] = 6    ##初始化与起点相邻两节点的 dist 为权重
dist['c'] = 2
dist['d'] = x
##构建 PATH{},PATH 用来存储节点的父节点
PATH = {}
PATH['a'] = -1
PATH['b'] = 'A'    ##初始化与起点的邻节点为 A
PATH['c'] = 'A'
PATH['d'] = -1
add = []    ##记录被处理过的节点
add.append('A')    ##已初始化过,因此不用再次检查 A
```

```
print("原dist:{}".format(dist))
print('原PATH:{}'.format(PATH))
handle(dist)
输出:
原dist:{'a': 0, 'b': 6, 'c': 2, 'd': inf}
原PATH:{'a': -1, 'b': 'A', 'c': 'A', 'd': -1}
dist: {'a': 0, 'b': 5, 'c': 2, 'd': 6}
PATH: {'a': -1, 'b': 'c', 'c': 'A', 'd': 'b'}
```

16.3.3 最大流问题

网络中的流量被广泛使用,例如,运输系统中的交通流量,供水、电力系统中的水流量,经济现金流,供应链系统中的物流以及控制系统中的信息,流都与网络中的流量相关。通常人们需要知道通过给定网络的最大流量,这构成了最大的流量问题。

1)基本概念

容量网络——由于每个弧在容量网络中具有容量限制,因此整个网络中的流量必然受到限制。

- 容量限制条件:对 D 中的任意一条弧 v_{ij} , $0 \leqslant f_{ij} \leqslant c_{ij}$;
- 平衡条件:对于 D 中的任何中间点 v_i ,要求中间点的总流入量等于总流出量,即 $\sum_j f_{ij} = \sum_k f_{ki}$;

对于源和汇,要求从源发出的流量必须等于汇接收到的流量,即 $\sum_j f_{ij} = \sum_k f_{kT}$ 。

可行流——可行流就是满足上述两个条件的流量集合 f_{ij} ,可以表示为 $f = \{f_{ij}\}$ 。显然可行流一定存在。

可增广链——若 f 作为一个容量网络 D 的可行流且满足

$$\begin{cases} 0 \leqslant f_{ij} < c_{ij}, & (v_i, v_j) \in Q^+ \\ 0 < f_{ij} \leqslant c_{ij}, & (v_i, v_j) \in Q^- \end{cases}$$

则 Q 就是关于 f 从 v_S 到 v_T 的可增广链。

割集——容量网络 $D = (V, E, C)$,以及 v_S 和 v_T 为源和汇,如果有弧集 $E' \subset E$ 存在,则将网络 D 分为两个子图 D_1 和 D_2 ,其顶点集合分别为 S 和 $\bar{S}$, $S \cup \bar{S} = V$, $S \cap \bar{S} = \phi$, v_S 和 v_T 为别属于 S 和 $\bar{S}$,则称弧集 $E' = (S, \bar{S}) = \{(u, v) \mid u \in S, v \in \bar{S}\}$ 为 D 的一个割集。

2)最大流最小割定理

定理 16.1 设 f 为网络 $D = (V, E, C)$ 中任何一个流量为 W 的可行流, $(S, \bar{S})$ 为分离 v_S 到 v_T 的一个割集,则有 $W \leqslant C(S, \bar{S})$ 。

定理 16.2 (最大流—最小割集定理)任何一个容量网络 $D = (V, E, C)$ 中,从源 v_S 到汇 v_T 的最大流的流量等于分离 v_S 、 v_T 的最小割集容量。

Ford-Fulkerson 方法(F-F 算法)

首先,介绍一下残留网络(residual capacity):容量网络-流量网络=残留网络

具体而言,就是假定一个源点为 s 、汇点为 t 的网络 $G = (V, E)$ 。 f 是 G 中对应 u 、 v 的一个流。在不超过边容量即 $C(u, v)$ 的情况下,可以从 u 、 v 间额外推送的网络流量,就是边 (u, v)

的残余容量。

残留网络 *Gf* 可能会包含 *G* 不存在的边。为了增加总流量,算法对流量进行操作并缩减特定边上的流量。我们将边 (u,v) 加入到 *Gf* 中来表示对一个正流量 $f(u,v)$ 的缩减,且 $cf(v,u) = f(u,v)$。也就是说,一个边所被允许的反向流动最多可以抵消其前向流动。

残留网络中的这些反向边允许算法发回已经发送出来的流量。从同一边向后发送回去相当于减少这个边的流量,这是一种在很多算法中都存在和使用的操作。

Ford-Fulkerson 算法的实现过程如下:

(1)开始,对于所有节点 $u,v \in V$, $f(u,v) = 0$,给出的初始流值为 0;

(2)在每次迭代中,通过在剩余网络中找到增强路径来增加流值。使用的方法是将 BFS 算法遍历到剩余网络中的每个节点,然后将相等的流值添加到增强路径中的每个边缘;

(3)虽然 Ford-Fulkerson 方法每次迭代都会增加流值,但是有必要或不增加特定边缘的流量。

(4)重复此过程,直到其余网络中没有其他扩充路径。最大流量最小割定理将表明在算法结束时获得最大流量,该算法的本质是为程序提供纠正的机会。

Edmonds-Karp 算法(E-K 算法)

如果使用广度优先来找到增强路径,则可以提高 Ford-Fulkerson 算法的效率,即,每次选择的增强路径是从 *s* 到 *t* 的最短路径。根据边的数量,计算每条边的权重。其运行时间为 O(VE^2)。值得注意的是,E-K 算法适用于提高 F-F 算法的效率,并且边缘的重量只能是容量限制。每侧的重量具有容量限制,并且单位流量损失是两个值。

16.3.4 最小费用最大流问题

在研究网络流量时,有必要注意流量的可行性、效率和经济性。实际网络中的流量必须是可行的流量,其流量不能超过最大流量的流量。网络以最低成本通过可行流的问题是最小成本流问题。

成本最低和最大流量的问题是经济和管理的典型问题。在网络中的每个路径都有两个"容量"和"成本"限制的情况下,对这些问题的研究试图找出:从 A 到 B 流量,如何选择路径并通过路径分配流量,人们可以在最大流量时实现最低成本要求。例如,*n* 辆卡车需要将物品从 A 运输到 B。由于每个路段必须支付不同的费用,因此每条道路可容纳的车辆数量是有限的。最低成本的最大流量问题是如何分配卡车的出发路径以实现最低成本并交付物品。

为了解决最小成本和最大流量的问题,通常有两种方法。一种方法是使用最大流量算法计算最大流量,然后根据边际成本,检查在流量平衡条件下是否可以调整侧流量,从而降低总成本。只要有这个可能,就进行这样的调整。调整后,得到一个新的最大流。然后,在这个新流的基础上继续检查、调整。迭代继续,直到不再进行进一步调整,并获得最小成本最大流量。这个想法是保持问题的可行性(始终保持最大流量)并前进到最优;另一种解决方案类似于上述最大流算法的思想。通常,首先给出零流作为初始流,并且流的成本为零,这必须是最小成本。然后找到沉降器流的源链,但要求流必须是所有链中最便宜的。如果可以找到流动链,则流动链上的流动增加以获得新的流动,将此流视为初始流并继续查找流链增加。此迭代继续,直到找不到流,并且此时的流是最小成本最大流。该算法的思想是保持解的最优性(每次获得的新流是最便宜的流)并逐渐接近可行解到最大流。

16.4 社交网络分析

社交网络模型的许多概念都来自图论,因为社交网络模型本质上是一个由节点(人)和边

(社交关系)组成的图。

在线社交网络分析(Online Social Network Analysis),是随着在线社交服务(Social Network Service,SNS)的出现而诞生。在线社交服务有 4 种类型:即时消息类应用(QQ、微信、WhatsApp、Skype 等),在线社交类应用(QQ 空间、人人网、Facebook、Google 等),微博应用(新浪微博,腾讯微博,Twitter 等),共享空间应用(论坛,博客,视频分享,评估共享等)。它有 4 个特点:速度、传染、平等和自组织。由于这些特点,几十年来,它在互联网上拥有数十亿用户,并对现实世界的各个方面产生影响。在 2016 年美国总统大选中,当选总统特朗普充分利用 Twitter 作为宣传工具;在国内,从"魏泽西事件"到"酒店毛巾门事件",两者都迅速在社交网络上发酵,最终影响了现实世界。而且,这种在线影响的趋势正变得越来越明显。

除了社会网络对社会和经济的积极影响外,它还有许多负面影响。从 Facebook 和 YouTube 上的暴力恐怖主义到微博微信上的大量谣言和虚假新闻,这些有害信息迅速传播通过社交网络的特征,往往带来无法控制的后果。

为了利用好社交网络的特点来创造价值,消除危害,出现了社会网络分析科学。

首先了解一下社交网络的网络特性:

(1)小世界现象:小世界现象意味着地理上遥远的人可能具有较短的社交关系间隔。早在 1967 年,哈佛大学心理学教授史丹利·米尔格拉姆(Stanley Milgram)就通过一项信函传递实验,总结并提出了"六度分割理论(Six Degrees of Separation)",也就是说,任何两个人都可以通过平均五个熟人相联系在一起。1998 年,邓肯·瓦茨(Duncan Watts)和史蒂文·斯特罗加茨 (Steven Strogatz)在《自然》杂志上发表了里程碑式的文章 *Collective Dynamics of " Small- World" Networks*,文章正式提出了小世界网络的概念,并建立了一个小世界模型。

小世界现象已在在线社交网络中得到充分证明。根据 2011 年 Facebook 数据分析团队的一份报告,Facebook 的约 7.2 亿用户中任意两个用户之间的平均路径长度仅为 4.74。而这一指标在推特中为 4.67。可以说,在 5 个步骤中,任何两个网络上的个体可以彼此连接。

(2)无标度特性:大多数真正的大规模社交网络在大多数节点上具有少量边缘。一些节点具有大量边,并且它们的网络缺乏统一的度量并且显示出异质性。我们将这种分布程度的属性称为无分布范围的有限度量。无标度网络的度分布以幂律分布为特征,这是这种网络的无标度特征。

在社交网络中进行数据可视化,最常见的就是诸如信息传播轨迹和词云图等等。社交网络信息的可视化使我们能够直观地看到对于制作公众舆论报告和新闻报道有用的事实,如图 16-7 和图 16-8 所示。

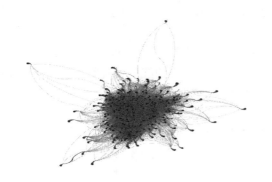

图 16-7　微博用户关注网络图

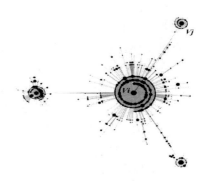

图 16-8　社交网络挖掘示意图

16.4.1 社交网络数据的采集

"社交网络数据的采集",是使用互联网搜索引擎技术来实现对用户兴趣、爱好、活动、人际关系等数据的捕获,以及根据一定的规则和筛选标准对数据进行分类并形成数据库文件的过程。

社交网站上有很多公共数据为研究人员测试理论模型提供了很多便利。例如,斯坦福大学的社交网络分析项目共享许多相关数据集。社交网站经常开展各种合作项目,如腾讯的"Rhinoceros 项目",除用于自己开发外,还通过 Kaggle 竞赛与 Facebook 等公司的研究人员共享数据。

但是,有时研究人员不得不自己收集数据。由于网站本身的信息保护和研究人员自身的编程水平,在捕获互联网数据的过程中仍存在许多问题。我们可以通过以下三种途径运用 Python 进行数据抓取:直接获取数据、模拟登录捕获数据,以及基于 API 接口捕获数据。

16.4.2 数据可视化实例

通过百度指数平台获取网民关于"雾霾"关键词的百度搜索量趋势,分析发现:2012 年以前网民对"雾霾"一词的搜索量与之后相比可忽略不计;2012—2013 年期间出现骤增,此后至今日每年春季和冬季的搜索量都远高于其他时间段,如图 16-9 所示。

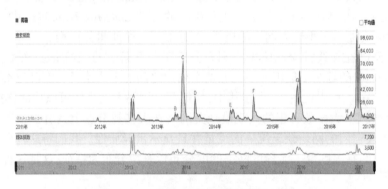

图 16-9 "雾霾"百度指数搜索量趋势

2011 年,美国驻华大使馆曾在新浪微博的官方帐号持续播报北京 PM2.5 指数,此行为引发了我国社会关注,当时关于 PM2.5 的激烈讨论在网络上展开,推动了舆论的发展。"雾霾问题"已经持续受到人民的广泛关注并呈现突发性激增情况,截至 2017 年 4 月近半年的百度指数搜索量趋势如图 16-10 所示。

由此可以发现,2016 年 12 月关于"雾霾"一词的搜索量骤增,经调查:我国华北大部分地区在此时间段内出现持续雾霾天气,12 月 16 日至 22 日超过 5 天的红色预警空气污染指数使得关于"雾霾"的搜索量出现激增。根据全网媒体的数据搜索结果显示,关于"最严重雾霾"的网络舆情事件的传播和发展媒介,微博占比最高。

实验采集 2016 年 12 月 1 日至 2017 年 1 月 31 日期间的微博数据,共计 34 742 条。由图 16-11 可明显看出,整个事件的首次爆发点是 2016 年 12 月 18 日,转发类型的数据较为突出,加上原创和媒体的关注,将事态发展推向高点。

选择 2016 年 12 月"最严重雾霾"舆情事件转发量在前两名的微博内容进行分析,分别为:头条新闻官方微博于 2016 年 12 月 17 日上午 8 时 32 分发布的博文(以下简称头条新闻微博)和新浪资讯台于 2016 年 12 月 17 下午 17 时 59 分发布的博文(以下简称新浪资讯台微博),如

图 16-12 所示。

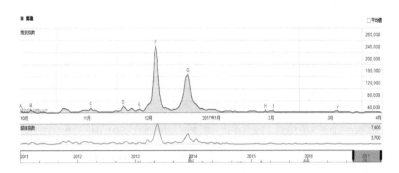

图 16-10　"雾霾"百度指数搜索量趋势(截至 2017 年 4 月的数据)

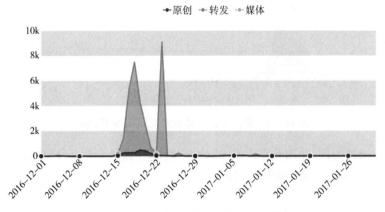

图 16-11　"最严重雾霾"舆情事件发展趋势

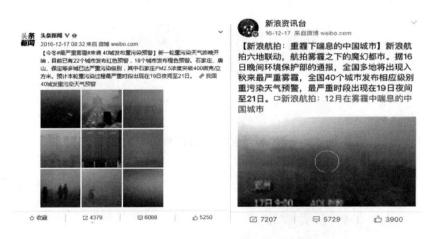

图 16-12　"最严重雾霾"微博热门话题内容

　　头条新闻和新浪资讯台作为官方认证微博,粉丝量分别为 5 100 万多和 790 万多。头条新闻微博的转发量为 4 379,点赞数 5 250,评论数 6 088,阅读数 2 610 万多;新浪资讯台微博的转发量为 7 207,点赞数 3 900,评论数 5 729,阅读数 697 万多。

　　通过转发评论时间趋势图(图 16-13、图 16-14),可发现在发布当日受到意见领袖的评论和转发影响,网民的关注度会直线上升并迅速达到峰值,随后逐渐呈现减弱的趋势。

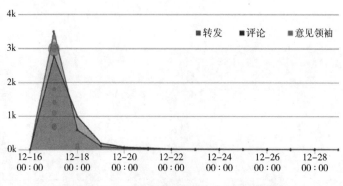

图 16-13　头条新闻微博转发、评论时间趋势

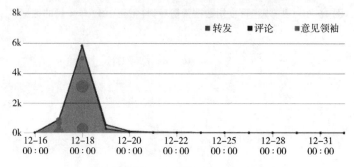

图 16-14　新浪资讯台微博转发、评论时间趋势

　　以头条新闻微博为例,使用北京大学 PKUVIS 微博可视化工具以及微博提供的数据分析接口,做进一步传播关系的分析,如图 16-15 和图 16-16 所示。

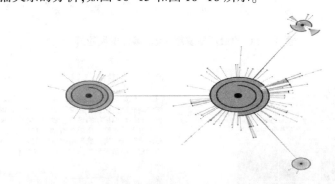

图 16-15　头条新闻微博全部转发的传播关系图(圆环视图)

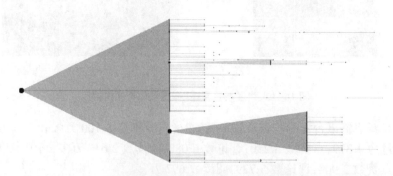

图 16-16　头条新闻微博全部转发的传播关系图(树状视图)

图 16-15 和图 16-16 的阈值设定为 50,主要以节点的转发数量设定节点的大小。从中可看出,头条新闻微博的传播关系主要有 4 个核心节点,其中一级转发占比最高,为 63%,二级转发占比 34%。共有 6 级转发,随层级增加而呈现转发数量减少的趋势。

16. 4. 3　网络数据分析

对于网络数据的分析,首先是一些网络的统计指标。根据分析的单位,可将它分为网络属性、节点属性和传播属性。

1) 节点属性

就节点的属性而言,我们首先关注节点之间的距离。测量节点与网络中所有其他节点之间的距离,其中最大距离是节点的偏心率。网络的半径(radius)就是最小的节点离心度;网络的直径(diameter)就是最大的节点离心度。然而,偏心率的计算需要将定向网络转换为无向网络。

另外一个方面,我们关心节点的中心程度。常用的测度包括:节点的度(degree)、接近度(closeness)、中间度(betweenness)。

网络研究一个非常重要的方面是关注网络的分布程度。现实生活中大多数网络节点的程度高度异构,即某些节点的程度较大,大多数节点的程度较小。度表示的是相关性,联合度分布即是相邻节点之间度的关系。这个数值用于表示靠近的两个节点可能会互相连接的程度。因此,联合度分布为节点的出度和入度的平均值。以新浪微博的应用关注数为出度,粉丝数为入度。计算公式为:

$$K_{nn} = \frac{\sum k_{out} k_{in}}{k_{out}}$$

其中,K_{nn} 为联合度分布,k_{out} 为出度值,k_{in} 为入度值。在微博中节点就是突发事件的用户,k_{out} 是这些用户的关注量,k_{in} 该用户的粉丝数。

从图 16-17 显然可知,节点的联合度分布同节点出度均值的变化是递减的。这和新浪微博的网络大 V 推荐相关,关注度小的一般用户都会自然地关注度大的网红,由此形成意见领袖。所以在微博中突发事件没有明显的核心网络,让突发事件变成舆论甚至大规模舆情的是一般用户,也就是人民的力量。由此可知,大 V 们要是在微博散布谣言或者其他有爆炸性消息,可以迅速在普通民众当中扩散开来,对网络安全和社会安定有极大的影响。

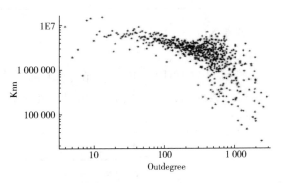

图 16-17　联合度分布随节点出度均值的变化

2) 网络属性

我们可以使用 Networkx 工具包(详见 16.5 节)轻松计算网络级属性。节点数和链路数可用于了解网络密度(实际存在的链路数和给定节点数量与可能具有链路数量的比值),或者也可以使用 nx. info( ) 函数。

如果网络密度关注的是网络中的链接,那么传递性(transitivity)关注的则是网络中的三角形的数量,因此,传递性也被定义为存在的三角形数量与三元组的数量的比值再乘以 3(因为一个三角形构成三个未闭合的三元组)。

还可以基于节点所在的闭合三角形的数量来计算节点的集聚系数。我们知道,对于没有权重的网络而言,节点的度(D)越高,可以占用的三角形数量就越高。使用 nx. triangles(G)函数可以计算出每个节点所占有的三角形数量,结合节点的度,就可以计算出节点的集聚系数。当然了,节点集聚系数也可以直接使用 nx. clustering(G)得到。计算所有网络节点的集聚系数,并取网络集聚系数的平均值。另一个网络统计指标是匹配的,网络节点度的匹配度为负,即小度节点与大度节点连接,正值相反。

3) 传播网络结构

以 2017 年具有代表性的经济领域的舆情热点事件"雄安新区"为例,分别从其传播趋势以及传播网络结构等方面对其进行分析及探究。对具有代表性的微博数据用 Gephi 可视化得到的传播网络结构图如图 16-18 所示。图中主要有"头条新闻""新京报"这两个源节点用户,其余节点都是它们的直接或间接转发。

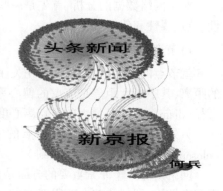

图 16-18 "雄安新区"网络结构

整体结构分析

对传播结构图进行平均度、平均路径等基本整体指标的计算结果如表 16-1 所示。平均度较小,说明平均每个节点的度为 1.113。图密度为 0.001,说明网络较分散。平均聚类系数较小说明节点间的聚集程度较小,较分散。平均路径较小,一个节点发布的消息要通过 1 个节点才可到达另一个节点,传播范围小。网络直径较小,传播范围较小。模块度较大,说明用户社区划分质量高,共分为 5 个社区。

表 16-1 "雄安新区"网络结构基本指标汇总表

平均度	图密度	平均聚类系数	平均路径长度	模块度	网络直径
1.113	0.001	0.038	1	0.516	1

中心度分析

①入度出度分析

从图 16-19 中可以看出,大量节点都只是转发一个节点的微博,入度大于 1 的节点分布较多,说明他们转发了多个不同节点的微博,此类节点对事件关注度尤其高。

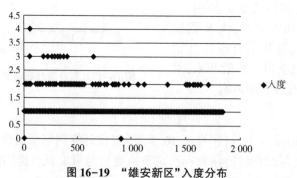

图 16-19 "雄安新区"入度分布

从图 16-20 可以看出大量节点转发微博后再也无人转发,只有少量节点的微博被转发。出度越大,说明其影响力越大,越能扩大事件的传播,可能是该事件的意见领袖。

②介数中心度分析

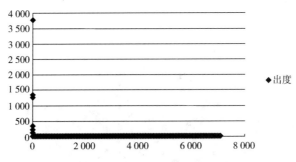

图 16-20 "雄安新区"出度分布

从图 16-21 中可看出,大量节点介数中心度为 0,说明他们的微博没有被再次转发,对该事件的传播影响力较小,转发层级不多,传播范围较小。

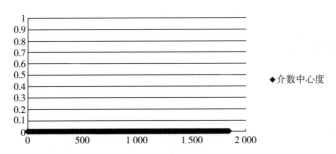

图 16-21 "雄安新区"介数中心度分布

16.4.4 WS 模型计算示例

WS 模型是解释小世界网络的模型,由瓦茨和斯托加茨于 1998 年提出。WS 模型基于一个假设:小世界模型是传统网络和随机网络之间的网络。因此,该模型以完全规则的网络开始,并以一定的概率重新连接网络中的连接。

1)计算平均集聚系数

首先,我们使用 Networkx 生成一个 WS 网络模型。概率 p 设置为 0.1(接近规则网络)、0.4 和 0.9(接近随机网络)。每个节点的平均邻居设为 5。Python 代码如下:

```
import matplotlib.pyplot as plt
import networkx as nx
plt.figure(figsize=(15,10))
##生成一个包含二百节点数的 WS 网络,平均邻居数为 5,概率 p 为 0.9
WS = nx.random_graphs.watts_strogatz_graph(200, 5, 0.9)
print( nx.average_clustering(WS))##计算平均聚集系数
nx.draw_networkx(WS,pos=nx.spring_layout(WS),nodesize = 10, width = 0.8, with_labels =
False, node_color = 'b', alpha = 0.6)
  plt.show()
```

平均集聚系数:0.021726190476190475

平均集聚系数计算如图 16-22 所示。

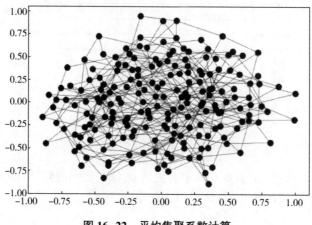

图 16-22　平均集聚系数计算

2) 计算平均最短路径长度

```
import matplotlib.pyplot as plt
import networkx as nx
```

```
plt.figure(figsize=(15,10))
##生成一个包含二百节点数的 WS 网络,平均邻居数为5,概率 p 为 0.1
WS = nx.random_graphs.watts_strogatz_graph(200, 5, 0.1)
print (nx.average_shortest_path_length(WS))##计算平均最短路径长
nx.draw_networkx(WS,pos=nx.spring_layout(WS),nodesize = 10, width = 0.8, with_labels =
False, node_color = 'g', alpha = 0.6)
plt.show()
```

平均最短路径长度:6.165125628140704

平均最短路径计算如图 16-23 所示。

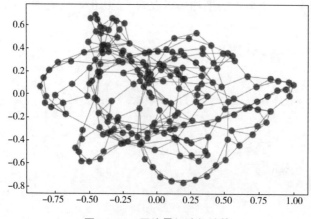

图 16-23　平均最短路径计算

16.5　Networkx 工具包

Networkx 是一种用 Python 语言开发的图论和复杂网络建模工具。Networkx 支持创建简单的无向图、有向图和多图；内置许多标准的图论算法，节可以是任何数据；支持任何边界值维度，功能丰富且易于使用。除了 Networkx 之外，还有 igraph、graph-tool、Snap. py 等其他类库。

16.5.1　Networkx 功能介绍

（1）导入扩展包并创建多重边有向图

```
import networkx as nx
DG = nx.DiGraph()
```

图形对象主要包括点和边，Networkx 创建图包括：Graph 无多重边无向图、DiGraph 无多重边有向图、MultiGraph 有多重边无向图、MultiDiGraph 有多重边有向图共四类。

（2）采用序列来增加点

```
DG.add_nodes_from(['A', 'B', 'C', 'D'])
增加点可以通过 G.add_node(1)、G.add_node("first_node") 函数增加一个点，也可以调用 DG.add_nodes_
from([1,2,3])、DG.add_nodes_from(D) 函数批量增加多个点。删除点调用 DG.remove_node(1) 或 DG.remove_
nodes_from([1,2,3]) 实现。
```

（3）采用序列来增加多个边

```
DG.add_edges_from([('A', 'B'), ('A', 'C'), ('B', 'D'), ('D','A')])
```

添加边可以调用 DG.add_edge(1,2) 函数，表示在 1 和 2 之间添加一个点，并从 1 指向 2；还可以调用 DG.add_edge(∗ e) 函数实现定义 e=(1,2) 边，∗ 用来获取元组(1,2)中的元素。使用 DG.add_edges+from([(1,2),(2,3)]) 函数来实现添加多个边。

同理，删除边采用 remove_edge(1,2) 函数或 remove_edges_from(list) 实现。

（4）访问点和边

```
DG.nodes()    ##访问点,返回结果:['A', 'C', 'B', 'E',]
DG.edges()    ##访问边,返回结果:[('A', 'B'), ('A', 'C'), ... , ('D', 'A')]
DG.node['C']        ##返回包含点和边的列表
DG.edge['B']['D']    ##f 返回包含两个 key 之间的边
```

（5）查看点和边的数量

```
DG.number_of_nodes()    ##查看点的数量,返回结果:4
DG.number_of_edges()    ##查看边的数量,返回结果:6
DG.neighbors('A')        ##所有与 A 连通的点,返回结果:['B', 'C', 'D']
DG['A']    ##所有与 A 相连边的信息,{'B': {}, 'C': {}, 'D': {}},未设置属性
```

（6）设置属性
将各种属性可以被分配给图形、点和边，其中权重属性是最常见的，例如权重，频率等。

```
DG.add_node('A', time='7s')
DG.add_nodes_from([1,2,3],time='7s')
```

```
DG.add_nodes_from([(1,{'time':'5s'}), (2,{'time':'4s'})])  ##元组列表
DG.node['A']  ##访问
DG.add_edges_from([(1,2),(3,4)], color='red')
```

16.5.2 draw 绘图

绘制图只要调用 draw(G) 函数,比如:nx. draw(DG, with_labels = True, node_size = 900, node_color = colors)。

参数 pos 表示布局,包括 spring_layout、random_layout、circular_layout、shell_layout 四种类型,如 pos =nx. random_layout(G);参数 node_color='b'设置节点颜色;edge_color='r'设置边颜色;with_labels 显示节点; font_size 设置大小;node_size=10 设置节点大小。

circular_layout:节点在一个圆环上均匀分布。

random_layout:节点随机分布。

shell_layout:节点在同心圆上分布。

spring_layout:用 Fruchterman-Reingold 算法排列节点。

16.5.3 Networkx 操作示例

1) 无向图

首先引入画无向图的包,

```
import networkx as nx
import matplotlib.pyplot as plt
```

在图中画出一个点,结果如图 16-24 所示。

```
G = nx.Graph()
G.add_node(1) ##这个图中增加了 1 节点
nx.draw(G, with_labels=True)
plt.show()
```

接下来我们以 10 个点为例,画一下点,结果如图 16-25 所示。

```
G = nx.Graph()
H = nx.path_graph(10)
G.add_nodes_from(H)
H = nx.path_graph(10)
G.add_nodes_from(H)
nx.draw(G, with_labels=True)
plt.show()
```

图 16-24　增加 1 个节点 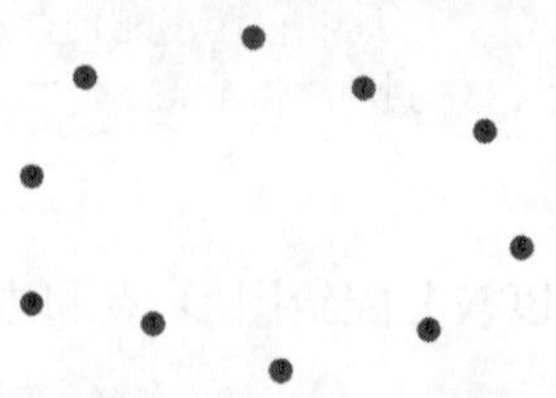　　　　图 16-25　增加 10 个节点

点的位置随机,数字序号也是随机的。

接下来我们将边导入,画出无向图。

```
G=nx.Graph()
##导入所有边,每条边分别用 tuple 表示
G.add_edges_from([(1,2),(1,3),(2,4),(2,5),(3,6),(4,8),(5,8),(3,7)])
nx.draw(G,with_labels=True, edge_color='b', node_color='g', node_size=1000)
plt.show()
```

结果如图 16-26 所示。

知道如何给图添加边和节点之后,我们来构造环,结果如图 16-27 所示。

```
H = nx.path_graph(10)
G.add_nodes_from(H)
G = nx.Graph()
G.add_cycle([0,1,2,3,4,5,6,7,8,9])
nx.draw(G, with_labels=True)
plt.show()
```

图 16-26　添加边和节点

图 16-27　构造环

给图中的边加入权重,最后结果如图 16-28 所示。

```
G = nx.Graph()
G.add_edge('a', 'b', weight=0.6)
G.add_edge('a', 'c', weight=0.2)
G.add_edge('c', 'd', weight=0.1)
G.add_edge('c', 'e', weight=0.7)
G.add_edge('c', 'f', weight=0.9)
G.add_edge('a', 'd', weight=0.3)
elarge = [(u, v) for (u, v, d) in G.edges(data=True) if d['weight'] > 0.5]
esmall = [(u, v) for (u, v, d) in G.edges(data=True) if d['weight'] <= 0.5]
pos = nx.spring_layout(G)    ## positions for all nodes
## nodes
nx.draw_networkx_nodes(G, pos, node_size=700)
## edges
nx.draw_networkx_edges(G, pos, edgelist=elarge, width=6)
nx.draw_networkx_edges(G, pos, edgelist=esmall,width=6, alpha=0.5, edge_color='b', style='dashed')
## labels
```

```
nx.draw_networkx_labels(G, pos, font_size=20, font_family='sans-serif')
plt.axis('off')
plt.show()
```

2) 有向图

在无向图的基础上,接下来画有向图,结果如图 16-29 所示。

```
from __future__ import division
import matplotlib.pyplot as plt
import networkx as nx
G = nx.generators.directed.random_k_out_graph(10, 3, 0.5)
pos = nx.layout.spring_layout(G)
node_sizes = 40
M = G.number_of_edges()
nodes = nx.draw_networkx_nodes(G, pos, node_size=node_sizes, node_color='red')
edges = nx.draw_networkx_edges(G, pos, node_size=node_sizes, arrowstyle='->', arrowsize=10,
edge_color='blue', edge_cmap=plt.cm.Blues, width=2)
## set alpha value for each edge
for i in range(M):
    edges[i].set_alpha(edge_alphas[i])
ax = plt.gca()
ax.set_axis_off()
plt.show()
```

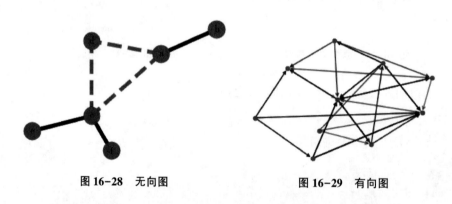

图 16-28　无向图　　　　图 16-29　有向图

本章首先介绍了图论与网络模型的历史和基本概念,并用编程实例展示了有向图、多重图的绘制。介绍了图的集聚系数,可运用 Python 中 Networkx 库中的一些函数进行计算。继而,列举了一系列常见的网络优化问题及其算法:最小支撑树问题、最短路问题、最大流问题及最小费用最大流问题等。通过社会网络分析,从数据的抓取、数据的预处理、网络数据可视化及网络数据分析这 4 个角度系统性地介绍了网络数据可视化的应用。最后,详细介绍了 Python 中 Networkx 库的详细使用方法。

[小测验]

1. 以下关于有向图和无向图的临接矩阵说法正确的是(　　　)。

A. 都是对称矩阵

B. 都是非对称矩阵

C. 有向图的是对称的,无向图的是非对称的

D. 有向图的是非对称的,无向图是对称的

2. 多重图是指 ( )。

A. 一个顶点出发有多条边的无向图

B. 一对顶点之间有多条边的无向图

C. 一条边连接多个顶点的无向图

D. 一条边连接同一个顶点的无向图

3. 下面关于局部集聚系数的说法正确的是( )。

A. 一个图只有一个局部集聚系数

B. 每个节点有一个局部集聚系数

C. 每个边有一个局部集聚系数

D. 每个节点和边的组合有一个局部集聚系数

4. 图 G=(V,E)有支撑树的充分必要条件是( )。

A. G 为连通图   B. G 为非连通图

C. G 为有向图   D. G 为无向图

5. 以下哪一个是常用的最短路径算法? ( )

A. Prim 算法   B. Kruskal 算法

C. Dijkstra 算法   D. Ford-Fulkerson 算法

6. 在社交网络中,小世界现象是指( )。

A. 通常社交网络是在一个较小的范围中研究

B. 地理上遥远的人可能具有较短的社交关系间隔

C. 地理上越遥远的人其网络关系越简单

D. 地理上遥远的人往往不存在社交关系

7. 以下不属于网络节点属性的测度指标是( )。

A. 节点度   B. 中间度   C. 接近度   D. 中心度

附录：Python 使用基础

近几年,计算在科学领域的作用已经发展到了一个全新的层次。像 MATLAB 和 R 一样的编程语言在学术界和科学计算领域已经非常普遍了。现今,Python 由于各种原因已经在科学计算领域扮演着举足轻重的角色。Python 工作者已经将很多高效的工具和软件包集成到一起,这不仅仅在科研群体,在很多像 Yahoo、Google、Facebook、Amazon 等成功的商业组织中也被广泛地使用。

Python 是一个高层次的结合了解释性、编译性、互动性和面向对象的脚本语言。20 世纪 80 年代末和 90 年代初,Python 由在荷兰国家数学和计算机科学研究学会工作的 Guido van Rossum 所设计出来的。Python 本身也由诸多其他语言发展而来的,这包括 ABC、Modula-3、C、C++、Algol-68、SmallTalk、Unix shell 和其他的脚本语言等。像 Perl 语言一样,Python 源代码同样遵循 GPL(GNU General Public License) 协议。现在 Python 由一个核心开发团队在维护,Guido van Rossum 仍然占据着至关重要的地位,指导其进展。

Guido van Rossum

Python 的主要特点有:①易于学习:Python 的关键字相对较少,结构简洁,语法定义明确,学习起来更加简单。②易于阅读:Python 代码定义得更清晰。③易于维护:Python 的成功在于它的源代码是相当容易维护的。④一个广泛的标准库:Python 最大的优势之一是丰富的跨平台的库,并与 UNIX,Windows 和 Macintosh 很好地兼容。⑤互动模式:互动模式的支持,使人们可以从终端输入执行代码并获得结果的语言,互动的测试和调试代码片断。⑥可移植:基于其开放源代码的特性,Python 已经被移植(也就是使其工作)到许多平台。⑦可扩展:如果你需要一段运行很快的关键代码,或者是想要编写一些不愿开放的算法,你可以使用 C 或 C++完成那部分程序,然后从你的 Python 程序中调用。⑧数据库:Python 提供所有主要的商业数据库的接口。⑨GUI 编程:Python 支持 GUI 创建和移植到许多系统调用。⑩可嵌入:你可以将 Python 嵌入 C/C++程序,让你的程序的用户获得"脚本化"的能力。

Python 作为软件开发圈子中的当红明星,已经连续几年在各大编程软件排行榜中霸占第一的位置。下图为 2018 年 IEEE 最热门的编程语言排行榜(来自微信公众号:新智元)。

Language Rank	Types	Spectrum Ranking
1. Python	🌐 🖥 ▮	100.0
2. C++	📱 🖥 ▮	98.4
3. C	📱 🖥 ▮	98.2
4. Java	🌐 📱 🖥	97.5
5. C#	🌐 📱 🖥	89.8
6. PHP	🌐	85.4
7. R	🖥	83.3
8. JavaScript	🌐 📱	82.8
9. Go	🌐 🖥	76.7
10. Assembly	▮	74.5

2018 年 IEEE 最热门的编程语言排行榜

本部分主要介绍 Python 语言的基本使用方法,主要包括如何使用 Python IDE,Python 数据结构基础,以及使用 Python 中的三个常见库 Numpy, SciPy 和 Pandas。通过本部分的学习,读者能够对 Python 语言的使用有基本的了解,为使用 Python 语言进行可视化编程打下基础。

具体学习内容可扫描下方二维码。

附录 A:开始使用 Python IDE

附录 B:Python 数据结构基础

附录 C:使用 NumPy 和 SciPy 库

附录 D:数据分析 Pandas 库